알기쉬운 트리즈

kalevi Rantanen · Ellen Domb 공저

김병재 · 박성균 공역

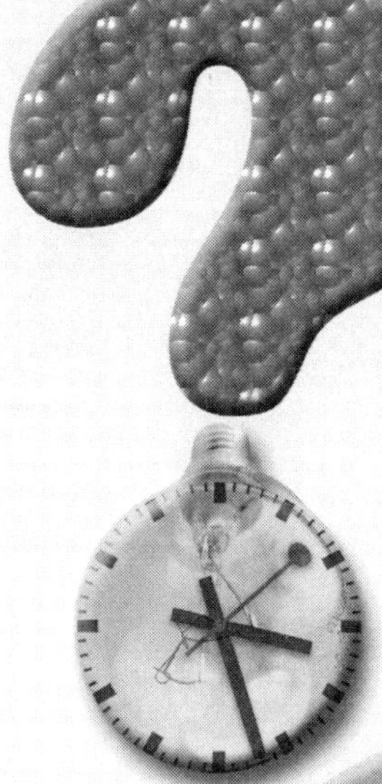

TRIZ Simplified

T. LUCIE PRESS

도서출판 GS인터비전

Preface

서 문

문제를 해결하고 해결책을 선택하면서 새로운 시스템을 개발하기 위한 더욱 나은 도구가 필요한 사람은:

- 기술 및 비 기술 분야에서 연구 개발을 하는 사람
- 기술 및 다른 분야 관리자
- 문제를 해결하는 모든 사람

이 책은 문제 해결을 위한 새로운 모형을 제시한다. 이 모형은 트리즈라 불리는 문제해결 이론에 기초를 둔 것이다. 트리즈는 오늘날 기술과 비 기술 분야에서 혁신적 해결책의 성공 일화에 자주 등장하고 있다. 포드, 프록터 앤드 갬블(Procter & Gamble)사, 그리고 미쓰미시와 같은 많은 500대 포춘 기업들이 더욱 빨리 더욱 좋은 제품을 개발하기 위해서 트리즈를 사용하고 있다. 점점 더 작은 회사와 개인 발명가들이 트리즈를 사용하고 있다. 마케팅, 교육 그리고 경영과 같은 다양한 분야의 사람들이 그들의 문제를 풀기 위해 트리즈를 사용하고 있다. 창의성이란 누군가는 가지고 있고 다른 사람은 부족하다는 특성이 있다고 생각하던 사람들이 트리즈 과정을 통해 모든 사람이 창의적일 수 있다고 알게 되었다.

제약 이론(TOC), 식스 시그마, 품질 기능 전개, 다구찌, DFM 기법 등과 같은 잘 알려진 많은 개선 방법 사용자들이 그들이 사용하고 있는 방법과 시스템에 트리즈가 가치 있는 보완책임을 알게 되었다. 트리즈는 그들을 도와 다른 방법들을 더욱 효과적으로 사용할 수 있게 해준다.

트리즈는 러시아 어 *Teorija rezbenija izobretatelskib zadacb*에서 나왔다. 이 영어 번역은 발명 문제 해결 이론(Theory of Inventive Problem Solving)이다. 전 세계 사람들이 러시아 이름으로 된 이 방법을 사용하고 있는 이유는 무엇인가?

트리즈는 전에 없던 전 세계적인 이론이다. 트리즈는 대부분의 경영과 창의성 방법론보다 훨씬 더 다국적 기반을 가지고 있다. 사업 전략으로써 혁신의 활용이 최소한 지난 20년 동안 강력했던 것을 볼 때, 미국, 일본, 독일, 영국, 프랑스, 한국, 이스라엘 그리고 다른 선진 산업 국가에서 트리즈의 인기는 놀라움이 아니다(하멜(Hamel)[1]과 포터(Porter)[2, 3]의 자료 참조).

트리즈는 알트슐러(1926~1998)가 창시하였고, 구소련에 그 뿌리를 두고 있다. 1950~1954 기간에 감옥과 캠프에 감금된 것과 북 러시아 페트로자봇스크에서 그의 말년을 보낸 것을 제외하고는 그는 대부분의 일생을 바쿠(Baku)에서 살았다. 2차 세계대전 말에 시작한 특허 연구에서 알트슐러는 다양한 기술 시스템과 기술은 공통된 진화 유형을 갖고 있다는 것을 알게 되었다. 발명가(또는 문제 해결사)는 그러한 진화 유형을 배울 수 있고, 의식적으로 그리고 체계적으로 새로운 기술을 개발하는데 그것을 이용할 수 있으며, 수많은 성과 없는 시행착오를 피할 수 있다. 일을 하는 방법을 개선하고자 한 그의 아이디어는 스탈린 정부를 기쁘게 하지 못했고, 1950년에 구속되었다. 스탈린이 죽은 후 1954년에 그는 복권되어 바쿠에 돌아 왔다. 그는 많은 동료들과 이 새로운 이론에 대한 작업을 계속하였다. 그는 주로 엔지니어를 위한 세미나와 과정을 열었고, 책과 논문을 썼다. 그 이후 30년 동안 트리즈 방법론은 발전하였다. 트리즈를 대학, 육군 사관학교, 초등학교, 고등학교, 그리고 독립적인 트리즈 학교 방송망에서 가르쳤다.

40년 이상이나 구소련 밖으로 그의 연구 결과는 알려지지 않았다. 1990년 초부터 소련 전문가들이 해외로 여행하였고 일부는 이민이 가능해 졌다. 트리즈

붐이 미국, 일본 그리고 많은 다른 나라에서 일어났다. 왜냐하면 부분적으로 트리즈의 사용을 영어로 지원해주는 소프트웨어가 이용 가능했기 때문이다. 많은 새로운 사용자, 연구자 그리고 서비스 제공자들이 포함되었다. 트리즈는 국제화가 되었다. "러시아 작품"이 서구의 소비자 지향 접근과 혼합되었다. 이 결과는 극히 효과적인 동서양 전통의 결합이었다.

"트리즈"라는 단어는 상표가 아니라 이론 이름이다. 트리즈가 번성함에 따라, 아주 다르게, 때로는 모순적인 일이 트리즈라는 이름으로 제시되어 왔다. 이 책은 그와는 다를 것이다.

우리가 자동차와 트리즈를 비교한다면, 이 책은 운전자를 위한 것이다. 당신은 차를 운전하기 위해서 자동차 엔지니어나 수리공이 될 필요는 없다. 당신은 트리즈를 사용하기 위해서 이 방법론의 전문가가 될 필요는 없다. 트리즈가 복잡하다고 사람들이 당신에게 말한다면, 걱정하지 말고 그들의 말을 믿지 말라. 아마도 이런 종류의 비평은 옛날 트리즈와 관련된 경험을 반영한다. 자동차 산업이 탄생했을 때는 운전사가 스스로 수리공이 될 필요가 있었다. 컴퓨터가 탄생된 시기에는 프로그래머만이 컴퓨터를 사용할 수 있었다. 트리즈도 이 유형을 따랐다. 처음 트리즈 사용자들은 트리즈 전문가였다. 오늘날 상황은 달라졌다. 이제 모든 사람이 트리즈를 배울 수 있고, 효과적으로 매우 빠르게 트리즈를 사용할 수 있다.

이 책은 현대적인, "국제" 트리즈를 제시한다. 이 책은 옛날 러시아 책의 번역이나 검토서가 아니다. 알트슐러와 그의 동료 업적에서 고른 핵심 개념은 다음과 같다.

- 모순
- 자원
- 이상성
- 진화의 유형
- 혁신 원리

이러한 개념은 시장의 어려운 시험을 통과하였다. 저자는 이 개념을 학생들에게 그리고 컨설팅에서 시험하였다. 초보자들은 이것들을 빠르게 이해하고 사용하였으며, 전문가에게도 역시 유용하였다.

한편, 트리즈 교제에 전통적으로 포함된 많은 자료는 생략하였다. 긴 단계별 가이드나 "알고리듬"은 피하였다. 일부 오래되고 불필요하게 복잡한 모델은 단순한 모델로 대체하였다. 전통적으로 트리즈 교제에 포함된 많은 훌륭하고 흥미로운 것들도 생략하였는데, 왜냐하면 그런 것이 트리즈를 빠르게 사용하고자 하는 사람에게 유용하지 못하기 때문이다. 만약 당신이 이 책에 포함되지 않은 다른 정보가 필요하다면, 각 장에서 제공하는 참고문헌을 참조하거나, 특별히 무료 온라인 자원인 TRIZ Journal[4]에서 쉽게 그런 것을 찾을 수 있다.

이 책은 실용서이다. 또한 이 책은 "입문서"이다. 이 책은 문제를 어떻게 창의적으로 푸는지를 보여주고, 알려줄 것이다. 더욱 더 중요할지 모르는 일로서, 문제를 찾고 문제와 해결책의 진화를 어떻게 예측하는지를 보여줄 것이다. 이 책은 많은 연습문제, 워크시트, 표를 담고 있다. 당신은 http://www.triz-journal.com/SimplifiedTRIZ/에서 빈 템플릿을 내려 받을 수 있다(한국 번역 템플릿은 http://www.sigmatriz.com/자료실-쉬운 트리즈 자료실에 올려놓았다).

이와 동시에 이 책은 대단히 과학적인 작품이다. 기본 개념과 이것들과 연결되는 모형을 강조하였다. "과학"이라는 단어는 독자 스스로 일반 모형을 시험하고 다듬어야 한다는 의미이다. 우리는 독자에게 다음을 조언 한다:

- 이것이 유행하고 있기 때문에 또는 잘 알려진 회사가 이것을 지원하고 있다는 이유만으로 트리즈를 받아들이지 마라.
- 이것이 당신을 위해, 그리고 당신의 문제에 대해 작동하기 때문에 받아들이고, 포용하라.

행동 과학의 결과, 특히 활동 이론과 인지 심리학의 발견이 이 책을 쓰는데 사용되었다. 이 책의 구조는 성공적인 학습과 이행 과정을 통해 독자를 안내하기 위해 설계되었다. 이 책을 공부하는 것은 여섯 단계를 통해 당신을 안내할 것이다.

1. 동기부여(왜 새로운 도구가 나에게 필요한가?)
2. 오리엔테이션(일반적인 비전 또는 지능 모형 만들기)
3. 내면화(지능 모형 확장 또는 새로운 지식 얻기)
4. 당신 자신의 문제에 모형의 적용
5. 평가(당신 자신의 경험에 비추어 모형을 시험하고 다듬기)
6. 이행(일반적 과정을 당신의 환경에서 작동하도록 변경하기)

이 책을 공부한 후에 당신의 조직체에서 다른 사람에게 트리즈에 관해 열성적으로 말하게 될 것이다. 다른 사람을 확신시키기 위해, 당신은 먼저 스스로 확신해야 한다. 그것을 위해 당신은 당신 자신의 예와 사례가 필요하다. 당신이 만약 이 책 전반에 있는 연습문제를 끝마치고 나면, 당신 업무에 기반을 둔 한 세트의 예를 갖게 될 것이다. 당신은 각 장을 분리해서 사용하며, 각 도구를 배울 수 있다. 또는 당신은 전체 시스템으로 작업할 수도 있다. 각각의 도구가 독립적으로 유용하지만, 함께 사용할 때 시스템이 더욱 유용하다는 것을 알 것이다. 12장은 당신의 조직에 트리즈를 어떻게 도입할 것인가에 대한 이정표를 제공한다. 연습문제를 푸는 것은 다른 사람이 트리즈의 필요성을 알아차리도록 하는데 당신을 도와 줄 것이다. 이것이 이행을 향한 첫 단계이다.

저자들은 처음에 트리즈 공동체를 위해 매달 나오는 무료 온라인 자원인 TRIZ Journal의 저자와 편집자로 만났다. 이 잡지를 읽고, 6단계의 학습을 통해 트리즈에 대한 그들의 경험을 기여함으로써 전 세계의 다른 사람이 이룬 것을 음미하는 데에 모든 우리의 독자를 초대한다.

참고문헌

1. Hamel, G., *Leading the Revolution*, Harvard Business School Press, Boston, 2000.
2. Porter, M.E., *On Competition*, Harvard Business School Press, Boston, 1998.
3. Porter, M.E., *Strategy and the Internet*, Harvard Business Review, March 2001.
4. *The TRIZ Journal* http://www.triz-journal.com.

Authors
저 자

칼레비 란타넌(Kalevi Rantanen)은 자신의 업무에 많은 다양한 경험과 지식 분야를 성공적으로 결합한 핀란드 트리즈 전문가이다. 1970년대에 그는 신생 조직에서 일하면서, 주로 교육과 훈련 문제를 다루었다. 198년대에 그는 구소련에서 공부하였고, 기계공학으로 석사 학위를 취득했으며, 기대하지 못했던 매우 흥분되는 새로운 세계, 트리즈를 알게 되었다. 그는 1985년부터 기업에서 일을 했고, 1991년부터 독립적인 사업체를 운영하였다. 그는 선진 창의성 이론과 비즈니스 목표 사이의 가교 역할로써 트리즈 교육에 주로 집중하고 있다.

엘렌 돔(Ellen Domb)은 PQR 그룹의 사장이며, 이 그룹은 품질과 기술의 전략 경영을 통한 고객만족, 생산성 및 이익을 최대화 하도록 조직을 돕는 미국 전문 컨설팅 회사이다. 이전에는 TQM(Total Quality Management) 실행을 위한 특별 책임이 있는 Aerojet 전자 시스템 부서의 이사였던 그녀는 품질과 서비스에 대한 캘리포니아 지방의회의 설립 위원회 멤버와 심사관이다. 그녀는 품질 기능 전개 연구소의 설립 멤버, 트리즈 연구소의 공동 설립자, 트리즈 저널(www.triz-journal.com)의 편집자이자, 제1회 영어 국제 트리즈 심포지엄의 의장이다.

Contents

차 례

Chapter One

1 왜 사람들은 문제를 풀기 위해 새로운 방법을 찾는가?

이 책에서 우리는 문제해결의 새로운 방법론인 트리즈(TRIZ)를 사용하여 좋은 해결책을 만들고 고르는 방법을 공부하게 될 것이다. “트리즈”란 용어는 “창의적 문제해결 이론”이라는 의미를 갖는 러시아 어구 “*teorija rezbenija izobretatelskib zadacb*”에서 온 것이다.

그렇지만 우리는 왜 새로운 이론이 필요한 것일까? 이론이 없으면 사람들은 어림짐작으로 아이디어를 낸 다음에 자기들이 좋아하거나 또는 남들이 좋아할 것이라고 생각되는 것들 중의 하나를 선택한다. 트리즈를 사용하면, 여러분은 더 나은 아이디어를 더 빠르게 도출할 수 있을 것이며 최고의 아이디어를 선택하기 위한 기반을 마련하게 될 것이다. 그렇게 선택된 아이디어는 여러분이 갖고 있는 문제를 효과적으로 해결해주며 향후 개선활동을 위한 초석을 마련하는데 도움이 될 것이다. 이 장에서 우리는 좋은 아이디어가 처음 제안되었을 때 자주 거부되는 것을 보게 된다. 좋은 아이디어가 거부될 경우에는 막대한 돈과 시간과 인력이 낭비된다.

사람들이 좋은 해결책들의 일반적인 특징을 깨닫지 못한다면, 적절한 아이디

사람들이 좋은 해결책들의 일반적인 특징을 깨닫지 못한다면, 적절한 아이디어를 선택하는 것도 불가능하고, 효과적으로 더 좋은 아이디어를 발상할 수도 없다는 것을 우리는 알 수 있다. 여기서 좋은 해결책은 모순의 해결과 유휴 자원의 사용이라는 일반적인 특징이 있다. 문제 해결에 대한 통상적이고 전형적인 방법들은 우리를 종종 막다른 길로 들어서게 만들곤 한다. 인간 심리에 기반을 두고, 이론 없이 접근하기 보다는 위대한 발명의 특징과 시스템 진화의 유형에 기반을 두고 있는 이론인 트리즈가 필요하다.

1.1 좋은 아이디어가 왜 거부되는가?

사람들은 새로운 기술을 창조하고, 기존 기술들을 창의적으로 사용하며, 수많은 아이디어를 만들어 낸다. 하지만 어떤 아이디어가 좋고 어떤 것은 그렇지 않은지를 어떻게 하면 알 수 있을까? 역사를 살펴보면 대체로 회사와 사회는 좋은 아이디어를 거부하고 비효과적인 아이디어에 돈을 투자한 일이 흔히 있었다는 것을 알 수 있다. 몇 가지 사례들을 보자.

1. 알렉산더 플레밍(Fleming)은 곰팡이 배양이 수많은 위험한 박테리아에게는 유독하지만 인간에게는 독성을 끼치지 않는 어떤 것을 만든다는 사실을 1928년에 관찰하였다. 그는 이 새로운 물질을 페니실린이라고 명명하였고, 그 결과를 저명한 전문 잡지에 1929년에 발표하였다. 1938년에, 언스트 체인(Ernst Chain)은 플레밍의 논문을 읽고서 페니실린에 대하여 흥미를 가지게 되었다. 1939년에, 그는 신약 개발 건으로 록펠러 재단으로부터 5,000달러 지원금을 받았다. 이것이 페니실린 산업의 시작이었다. 무슨 이유로 과학자와 투자가들은 10년 동안이나 페니실린의 중요성을 간과했던 것일까? 의약업계가 페니실린을 제쳐두고, 오래되고 때로는 지극히 비효율적인 투약과 치료법을 그렇게나 오랫동안 선호했었던 일은 어떻게 해서 가능했던 것일까?

2. T-드릴(T-DRILL)사는 튜브와 파이프 제조기계를 만드는 회사이다. 기본 아이디어는 간단하다. 전통적인 T자 이음(T-fitting)을 대신하여 튜브의 재질로 만든 이음 고리를 튜브 부품으로 만든다. 이음이 세 개에서 하나로 줄어들었다. 많은 응용분야에서 T자 이음이 없이 T자 연결의 장

점은 이제 논란의 여지가 없다. 이렇게 쉽게 이해할 수 있는 아이디어가 받아들여지기까지는 약 30년이 소요되었다. 무슨 이유일까?

3. 1948년에, 딕(Dick)과 막 맥도널드(Mac McDonald)는 고객 스스로 웨이터 역할을 수행하는 패스트푸드 식당을 개점했다. 1954년에, 레이 크록(Ray Kroc)은 이 맥도널드 식당을 둘러보았다. 그는 그렇게 많은 사람이 그렇게 빠르게 서비스를 받지 못하리라고 생각했다. 그는 곧바로 패스트푸드 식당의 개념을 이해했다. 하지만 기업이 이러한 개념을 이해하는 데 왜 6년씩이나 걸리게 되었을까? 대다수의 레스토랑 주인들은 왜 비싼 가격에 질이 낮은 서비스를 계속하였을까?

4. 몰록(Molok)은 쓰레기와 재활용품을 담기 위한 새로운 용기의 상품명이다. 이 원리는 간단하다. 몰록은 수직 모양의 컨테이너인데, 일부는 지하에 묻혀 컨테이너의 40% 정도만 보인다. 폐기물의 무게가 폐기물을 압축하는 데 사용된다. 이른바 중력이 일을 하는 셈이다. 새로운 통은 일부가 땅속에 묻혀 있으므로 악취가 없다. 복잡한 전용 설비가 없이도 꺼내서 운반하기 쉽도록 설계된 큰 자루를 컨테이너 안에 부착한다. 이런 단순한 혁신이 왜 1990년대까지 도입되지 않았을까? 그리고 이 방식이 상당한 반대에 부딪친 이유는 무엇일까?

5. 구리 제련에 사용되는 플래시 용련(Flash Smelting)은 1940년대에 오토쿰푸(Outokumpu)에 의해 발명되었으며, 20세기 야금학에서 거둔 가장 성공적인 사례 중의 하나이다. 여기서도 그 일반원리는 간단하다. 광물 속에 함유된 황은 용융을 위해 추가되는 연료의 효율을 높여준다. 외부로부터 공급해야 할 에너지는 급격하게 줄어든다. 오토쿰푸의 경쟁자들도 역시 광물이 황을 포함하고 있다면 용융에 이용할 수 있는 공짜 에너지가 존재한다는 사실을 익히 알고 있었다. 하지만 그들은 자기들이 알고 있는 것을 왜 무시하였을까 ?

모든 산업들에는 이러한 사례들이 있다. 당신이 관련된 산업에서 좋은 아이디어인데도 처음 도입될 때에는 무시되었던 것이 있는가? 좋은 해결책 사례들을 수집하기 위해서 표 1.1을 활용하여라. 학습 요령과 표는 www.triz-journal.com/simplified TRIZ/에서 내려받을 수 있다(한국어 빈 작업표는 www.sigmatriz.com/자료실-알기쉬운 트리즈 자료에서 내려받을 수 있다).

표 1.1 좋은 해결책의 예

도출된 년도	실행한 년도	아이디어

주: 이 책에 직접 쓰고 싶지 않거나 표의 사본을 추가적으로 원한다면, http://www.triz-journal.com/simplifiedTRIZ/에서 내려 받을 수 있다(한국어 빈 작업표는 www.sigmatriz.com/자료실-알기쉬운 트리즈 자료에서 내려받을 수 있다).

> 이렇게 수많은 탁월한 해결책이 사용되기 까지는 왜 몇 년(또는 몇 십년)씩 이나 걸리는가? 이러한 해결책들이 시급하게 필요하고 그 기술을 이용할 수 있었는데도 불구하고…

이 질문은 트리즈 수업, 발표와 토론에서 무수히 많이 질문했었던 것이다. 청중은 보통 다음과 같은 형태의 답변들을 주었다.

- 발명가는 대체로 훌륭한 영업사원이 아님
- 경영진으로부터 지원 부족
- 아이디어에 대한 서툰 발표
- 편견, 또는 널리 쓰이는 전문용어로 말하면 "패러다임 마비"
- NIH(여기서 발명하지 않았음(the not-invented-here) 증후군)

언뜻 보면 제시된 답들은 자명하다. 그렇지만, 면밀히 조사해 보면 이러한 답변들은 그리 큰 도움이 되지 않는다는 것을 알 수 있다. 모든 발명가들이 훌륭한 영업사원이 되고, 경영진의 지원을 받으며, 뛰어난 발표 자료와 발표능력을 가지고 있다고 상상해 보자. 하지만 발명가, 제품 개발자 또는 경영진이 어떻게 어떤 아이디어가 지원할 가치가 있는지를 알 수 있을까? 기업들은 종종 시대에 구식 제품을 팔기 위해서 탁월한 판매 기법을 사용하곤 한다. 리처드 포스터(Richard Foster)의 저서 이노베이션[1]은 다양한 역사적 사례를 보여준다. 1970년대에 내셔널 금전등록기 회사는 전자공학의 발전으로 이미 낡아 빠진 전자기계식 금전등록기의 광고를 고수했다. 자동차용 코드 타이어(cross ply tires)* 제조자들은 대단히 고객 지향적이었다. 이것은 개선된 벨트 타이어가 단기간에 전체 시장을 거의 장악했을 때에 도움이 되지 못했다. 이와 같은 사례를 나열하는 것은 쉽다. 범선 대 증기선, 진공관 대 트랜지스터, 전통적인 자전거 대 산악자전거 등. 여기서 중요한 점은 내용이다. 발명가들이 그들의 새로운 아이디어가 수용될 수 있도록 해야 한다고 말하기는 쉽지만, 그러나 어떤 아이디어가 정말로 새로운 것이며 구식 기술보다 더 나은 것인지는 그들이 어떻게 알 수 있을까?

편견에 대해서라면? 만일 전문가와 관리자들이 편견이 없고 더 창의적이라면 좋은 결과를 얻을 수 있을까? 발명가는 새로운 아이디어와 비평에 대해 사람보다 더 열린 사고를 가져야 한다는 주장은 옳다. 모든 아이디어는 저항과 무관심에 맞서서 끈질기게 싸울 수 있는 투사가 필요하다. 그러나 발명가들이 아이디어나 비판을 언제 받아들이고 언제 거부할지 어떻게 알 수 있을까? 다시 말하지만, 아이디어의 내용이 중요하다. 우리는 좋은 아이디어와 좋지 못한 아이디어가 뒤섞인 수많은 아이디어들 중에서 좋은 해결책을 선택해야 한다. 그러나 어떻게 해야 최선의 해결책을 선택할 수 있는가? 그것은 우리 고객에게 최선인가? 사업 측면에서 최선인가? 이것은 가장 흥미로운 기술인가?

좋은 아이디어가 거부되는 간단한 이유를 제안하면 다음과 같다. 사람들이 좋은 해결책을 거부하고 나쁜 해결책에 투자하는 이유로는 그들이 둘 간의 차이를 알지 못하기 때문이다.

기회를 놓쳐서 회사와 사회에 큰 손실을 끼친 사례를 살펴보면, 다음 둘 중 하나의 견해를 택할 수 있다.

1. 돌이켜보면, 매우 좋은 아이디어들이 채택되지 않고 나쁜 아이디어에 자원이 투입되는 일이 자주 있다는 것을 쉽게 알 수 있다. 그러나 처음 제안되었을 때 어떤 아이디어가 훌륭한지 아닌지 여부를 아는 것은 분명 불가능하다.

2. 동일한 양식이 몇 번이고 되풀이해서 반복되기 때문에 우리는 과거로부터 배울 수 있다. 진화의 유형이 발견될 수 있고 이를 통해서 오늘날 더욱 나은 해결책들을 얻을 수 있다.

좋은 아이디어에 관한 일반적 진화이론을 제공하는 트리즈를 사용하면서 위의 두 번째 견해를 지지하는 증거가 늘고 있다. 예를 들어, 저자 중 한 사람이 지도한 트리즈 수업 수강생들이 진술한 바를 들어보자(이름은 없이, 내용은 요약

* 역자주: 고무 속에 코드를 대각선 모양으로 겹쳐서 강화시킨 타이어

해서 인용함).

"트리즈의 위력에 대한 유감스럽지만 진실된 고백임. 당신이 OOO에서 지도한 어느 트리즈 수업에서, 접착제를 거품화하는 방법으로 증기로 변환시킨 물을 사용하는 방법을 찾아냈다. 이 아이디어는 가치가 있음에도 불구하고 실행되지 못했다. 최근에 경쟁회사 중 한 사람이 수증기로 접착제를 거품화하는 공정에 대한 특허를 취득했다."

1.2 좋은 해결책의 일반적인 특징

좋은 해결책은 몇 가지 공통된 특징을 갖는다. 좋은 아이디어는 다음과 같다.

1. 모순을 해결한다.
2. 시스템의 "이상성"을 증가시킨다.
3. 유휴의, 쉽게 이용 가능한 자원을 사용한다.

각각의 평범한 의미에 덧붙여서, 이러한 말들은 트리즈에서 특정한 기술적 의미를 가진다. 트리즈 개념을 공부함으로써 당신은 자신의 문제에 그것들을 적용하는 것, 좋은 해결책을 개발하는 것, 그리고 제시된 모든 것들로부터 최선의 해결책을 선택하는 것을 배우게 될 것이다.

1.2.1 최선의 해결책에 도달하기 위한 세 가지 기본 개념

1. 좋은 해결책은 문제의 원인인 모순을 해결한다. 모순에는 다음과 같은 두 가지 유형이 있다.

   ① 절충 모순(Tradeoff Contradiction): 만일 어떤 좋은 일이 발생되면 역시 어떤 나쁜 일도 발생되는 것을 의미한다.
   ② 고유 모순(Inherent Contradiction): 두 가지 반대되는 성질을 갖는 한 가지 사물을 원한다는 것을 의미한다.

2. 어느 시스템의 "이상성"은 그것이 완전한 시스템에 얼마나 근접되어있는가에 관한 척도이다. 완전한 시스템(트리즈에서는 "이상적 최종 결과"로 부름)은 비용이 들지 않고, 유해한 효과가 없이, 고객이 원하는 모든 장점을 갖는 시스템이다. 이에 따라서 시스템은 당신이 원하는 특성이 더해

지거나 또는 당신이 원하지 않는 특성이 줄어들거나, 원가가 절감되고, 보통은 복잡도가 줄어드는 경우에 이성성이 증가한다.

3. 시스템의 눈에 보이지 않는 유휴 자원들은 겉으로 볼 때 양립되지 않는 목표를 얻기 위해 사용된다. 이러한 자원들은 시스템 내부 또는 인접한 곳에 있는 자원들로부터 쉽게 이용할 수 있는 에너지, 물질, 대상물, 정보 또는 물건 등을 포함한다.

다음 다섯 가지의 새로운 기술에 대한 거부 사례들은 모두 모순 극복, 이상성 증가 및 자원 사용에 대한 개념들을 명확하게 설명한다.

1. 페니실린은 의약품의 전형적인 모순, 즉 세균을 죽이는 물질이 건강한 조직도 파괴하는 문제를 해결했다. 곰팡이는 어느 곳에나 존재하는 데, 모순을 해결하기 위하여 사용되었다.
   - 이상성 증가: 수많은 중요한 질병들은, 옛날에는 전혀 가망 없다고 생각되었었지만, 페니실린으로 쉽게 치료되었다.

2. 이음 고리를 튜브의 일부가 되게 해서, 별도의 T 이음이 필요 없다. 튜브 자체가 하나의 자원으로 사용된다.
   - 이상성 증가: 한 개 이음은 세 개의 이음보다 복잡도가 감소되고, 재료가 줄고, 노동이 적게 든다.

3. 패스트푸드 식당은 종업원이 없으나, 동시에 모든 고객들은 자기 자신이 종업원이 된다. 즉, 자기 스스로 봉사한다.
   - 자원: 고객 한 사람
   - 이상성 증가: 더 나은 서비스를 더욱 빨리 제공

4. 쓰레기 용기는 커야 하며 동시에 작아야 한다. 일부가 지하에 묻혀 있는 용기는(가용 부피가) 크면서 (보이는 부분은) 작다. 용기 아래 공간은 용이하게 사용할 수 있는 자원이다.

5. 플래시 용련(Flash Smelting)은 많은 에너지를 필요로 하지만 에너지를 전혀 사용하지 않아야 하는 모순을 해결한다. 광석 내부의 황은 쉽게 이용할 수 있는 에너지 자원이다.

이들 세 가지 개념이 되풀이해서 반복된다. 모순은 해결된다. 유휴 자원이 사용된다. 자원을 사용하여 모순을 해결하는 것은 시스템을 더욱 이상적으로 만든다. 문제로부터 해결책까지의 움직임을 간단한 도식(그림 1.1)으로 묘사할 수 있다.

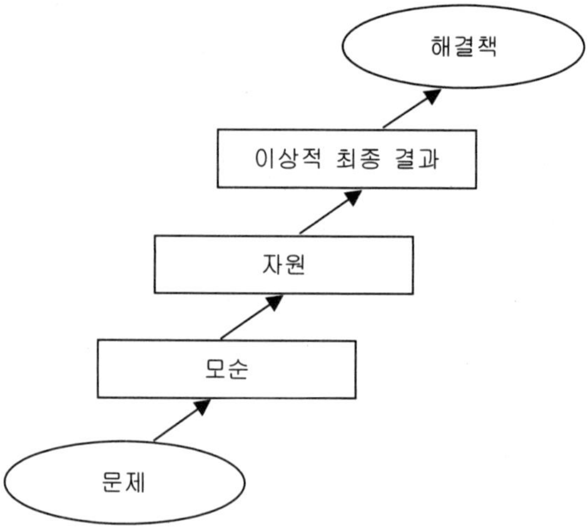

그림 1.1 좋은 해결책의 특징. 모순이 해결된다. 유휴 자원이 사용된다. 자원을 사용하여 모순을 해결하는 것은 시스템을 더욱 이상적으로 만든다.

연구개발(R&D), 제조, 마케팅, 경영 및 다른 분야에서 창의적 활동은 재구성할 필요가 있다고 판단된다. 다음 그림 1.2는 바람직한 변화 방향을 제시한다.

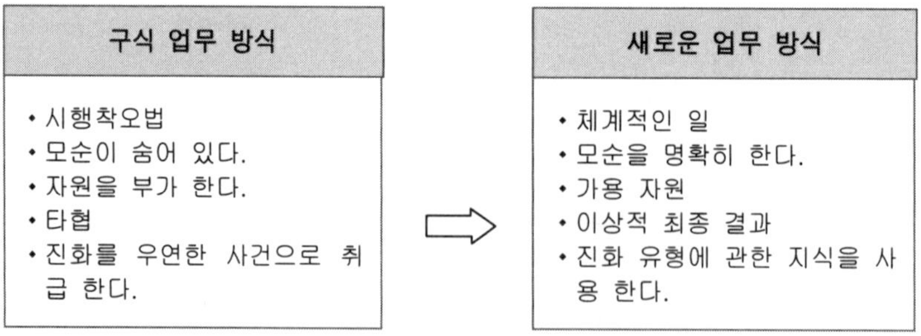

그림 1.2 창의적 활동의 재구성. 구식 업무 방법에서 새로운 업무 방식으로 전이.

1.3 문제해결을 위한 새로운 접근방법이 필요하다

창의적인 작업을 더욱 효율적으로 만들고 시행착오법을 대체하려는 수많은 시도가 물론 있었다. 이러한 방법들은 각기 다른 명칭을 갖고 있다. 그렇지만, 이 방법들을 두 개의 그룹으로 쉽게 나눌 수 있다.

1. 첫 번째 그룹은 합리적 또는 "경직된" 모형이라고 볼 수 있다. 맥그리거(McGregor)의 X 이론이 이 모형을 잘 설명해 준다.[2] 연구개발센터가 설립된다. 연구는 예산과 시간제한에 의해 통제된다. 사람은 다소 엄격하게 통제되고 관리되어야 한다는 묵시적 가정이 깔려있다. 이러한 종류의 관리는 작은 개선을 얻는 데에는 도움이 되지만, 위대한, 질적으로 새로운 아이디어를 주지는 못한다.
2. 합리적 모형의 단점을 극복하기 위해서 수많은 시도가 있어왔다. 많은 "창의적" 기법들이 제안되었다. 하지만 이들 간의 본질적인 차이점은 거의 없다. 이것들 모두는 인간적 또는 "유연한" 모형이라고 불리며, 맥그리거 Y 이론에 부합된다. 이 모형에서는 사람들이 태생적으로 상상력과 창의력을 가진다고 간주한다. 외부 통제가 좋은 결과를 얻기 위한 유일한 수단은 아니라고 본다. 따라서 비판과 통제는 최소화되거나 금지된다. 공상, 감정, 놀이, 직감 그리고 즐거움 등이 권장된다.

인간적 모형은 처음에는 종종 매력적이다. 수많은 아이디어들이 도출된다. 그렇지만, 대부분의 제안들이 예전 발명의 재탕임이 곧 드러난다. 가끔은 정말 좋은 아이디어들이 나오기도 하지만, 평가기준이 부족하기 때문에 이들이 제대로 인지되지 못한다(이 장의 처음에 제시된 사례들을 참조하기 바람).

크리스토퍼 프리먼(Christopher Freeman)[3]은 혁신 결정인자에 관한 논쟁에서 두 축으로서 수요-견인(demand-pull) 이론과 과학-밀어내기(science-push) 이론을 기술하였다. 합리적 활동과 인간적 활동은 전통적인 기술 활동을 개선하는 두 개의 상반되는 수단으로 간주되고 있으며, 이는 엥게스트롬(Engeström)[4]이 언급한 바이다. X 이론과 수요-견인 이론은 합리적 모형과 느슨하게 관련지을 수 있고, Y 이론과 과학-밀어내기 이론은 인간적 모형과 느슨하게 관련지을 수 있다.

"유연한" 접근 방법에서의 실망은 조직으로 하여금 "경직된" 모형로 선회하게 하였다. 그 뒤 얼마 후, 전통적인 경영은 창의성이 부족하다고 비판을 듣게 되었으며 "자유로운" 아이디어 발상법이 또다시 유행하기 시작하였다. 그런 일이 계속되었다. 산업에서의 창의성 방법론들은 경직된 모형과 유연한 모형 사이를 끊임없이 왕복하는 것처럼 보인다. 두 방법 모두 막다른 골목과도 같다. 둘 다 모두 만족스럽지 못하다.

시스템 개발 목적으로 사용할 수 있는 훌륭하고 강력한 도구들이 물론 많이 있지만, 그것들은 모두 문제해결을 위한 특수한 기법들이 빠져있는 것처럼 보인다. 이러한 방법들은 다음과 같다.

- 품질 기능 전개(QFD)는 고객의 목소리를 인지하고, 어디서 창의적 아이디어가 필요 하는지 조직이 인식하도록 도와준다. 그렇지만 이것은 고객의 빈번한 모순적 요구사항들을 만족시킬 수 있는 새로운 개념을 도출하기 위한 도구가 없다.
- 제약 이론(TOC)은 갈등을 정의하고 갈등 해소가 필요한 곳을 찾는데 도움이 되지만, 그러나 갈등을 해소할 수 있는 아이디어를 창출하기 위한 도구와 기법은 없다.
- 10년 동안에, 식스시그마는 "단지 또 다른 품질시스템"에서 벗어나 조직을 동원할 수 있는 그 능력 때문에 월가의 주목을 얻은 기업 경영 시스템으로 변모되어 왔다. 식스시그마는 문제 식별과 분석에 대한 많은 방법들을 통합하였으나, 2001년이 되자 식스시그마를 가르치는 일부 조직들은 파악된 문제의 좋은 해결책을 얻기 위해 트리즈와 결합하기 시작 하였다.

이 책의 맨 마지막 장은 이러한 방법들과 트리즈의 결합을 다루는 데, 그럼으로써 조직은 문제를 찾아내는 어떤 방법의 능력과 문제를 해결하는 트리즈의 능력을 결합할 수 있다.

경직된 모형도 아니고 유연한 모형도 아닌, 양쪽 기법의 장점을 결합한, 새로운 접근방법이 필요해졌다. 그것은 전통적인 사고 기법들의 기계적 합산이 아니다. 그것은 직관에 의존하지 않고 문제를 이해하고, 모순을 모형링하며 자원을 사용해서 이들을 제거하고 시스템의 이상성을 개선시키는 트리즈 시스템이다. 이는 개선되는 시스템에 관한 지식과 개선하기 위한 체계적인 방법에 대한 지식에 의거한다.

트리즈는 50년 이상의 연구에 기초해서 만들어졌지만, 거의 모든 산업계에 새로운 것이다. 전통적인 접근 방법들이 취약점을 가지고 있다는 인식이 증가함에 따라 트리즈에 대한 관심이 증대되어 왔다. 트리즈는 사람이나 조직이 창의적인 경우와 창의적이지 못한 경우의 차이점에 대해서는 중점을 두지 않는다. 트리즈가 중점을 두는 점은 다음과 같다. 아이디어, 해결책, 제품의 좋은 것과 나쁜 것의 차이점은 무엇인가? 트리즈는 개선되어야 할 대상물 또는 시스템 내에서의 창조성의 자원을 외부에서 추구하지, 사람이나 조직이 일하는 심리에서 추구하는 것이 아니다.

간단한 비교를 통해서 접근 방법을 설명한다. 달리기 선수는 육체적이고 정신적인 훈련을 통해서 속도를 높일 수 있다. 코치는 엄격한 방법 또는 유연한 방법, 즉 조직화된 훈련을 강요하는 방법을 사용하던지 또는 선수 자신이 원하는 대로 달릴 수 있도록 자유를 주는 방법을 사용해서 선수를 지도할 수 있다. 두 방법 모두 달리기 속도를 빠르게 하는 데 목적을 두고 있으며 특정한 방법은 특정한 선수에게 잘 맞을 수 있다. 속도가 증가될 수 있지만, 아주 대단히 큰 것도 아니고 아주 빠른 것도 아니다. 목표는 빨리 가는 것이고 선수에게 자전거, 자동차, 비행기와 배와 같이 탈 것을 제공하는 다른 방법이 있다. 이제 주안점은 사람들 간의 차이가 아니고, 도구 간의 차이가 되며 누구나 빨리 갈 수 있다. 트리즈는 더 나은 아이디어, 해결책 그리고 혁신으로 이동하기 위한 수단들을 제공한다. 좋은 해결책에 관한 특성 지식은 더 나은 해결책들을 도출하는 데 사용될 수 있는 "탈 것"이다. 요점은 창의성을 높이기 위해 사람들의 심리에 관하여 더 많이 배우는 것이 아니라, 트리즈를 사용해서, 각자의 직관력에 관계없이 창의적인 아이디어를 개발하는 것이다.

우리가 지금까지 고려한 모든 네 가지 접근방법을 다음 그림으로 간략하게 요약하였다(그림 1.3 참조). 이 모형들은 포괄적인 틀을 서술한다. 만약 여러분이 자신의 경험을 모형화한다면, 이는 이 틀이 여러분에게 더욱 의미를 부여할 것이다. 표 1.2를 연습하면 이를 실행하는 데 도움이 될 것이다. 우선 현재 자신이 속한 조직이 문제해결과 혁신을 위해 사용하고 있는 방법들을 빈 칸에 적어 넣어보자. 만일 당신이 한 가지 방법에서 다른 방법으로 이리저리 왔다 갔다 했다면 그 경로 표시로써 표에 화살표를 그려 넣어라. 만일 트리즈 또는 트리즈와 관련된 방법을 사용해 보았다면, 과학적으로 관리된 문제해결 아래의 빈 칸에 이를 기입하고 다른 방법들에서 트리즈까지 화살표로 경로를 나타내어라.

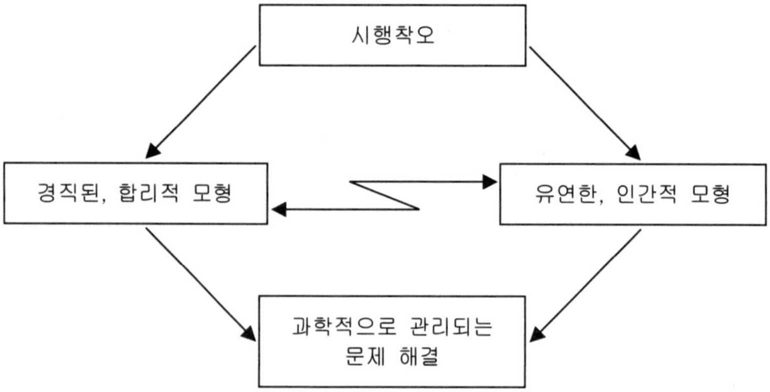

그림 1.3 창의적 업무 모형. 시행착오법은 아이디어를 찾는 가장 오래된 방법이다. "경직된" 모형과 "유연한" 모형은 일을 더욱 효율적으로 하기 위한 두 개의 유명한 시도이다. 과학적으로 관리된 문제해결은 트리즈 이론과 이 두 가지 접근의 강점을 결합한다.

표 1.2 문제해결과 혁신을 자극하기 위하여 당신의 조직이 사용하는 방법

시행착오방법	
경직되고, 합리적인 모형	**유연하고, 인간적인 모형**
과학적으로 관리된 문제 해결	

1.4 요 약

❖ 문제에 대한 좋은 해결책 관련 아이디어를 창출하고 이를 선택하기 위해서 당신은 강력한 아이디어와 약한 아이디어간의 차이를 알아야 한

다. 아이디어를 증진시키기 위하여 당신은 어떤 해결책이 추진할 가치가 있는지를 알아야 한다.

❖ 문제해결의 전통적인 방법들은 좋은 아이디어를 선택하기 위한 기준이 없다.

❖ 강력한 해결책은 모순을 해결하고, 유휴 자원들을 사용하며 시스템의 이상성을 증가시킨다. 트리즈는 성공적인 문제해결의 모형에 대한 기초를 제공하는 이론이다.

다음 장은 문제해결에 관한 새로운 모형에 대한 큰 그림을 제시할 것이다.

참고문헌

1. Foster, R.N., *Innovation: The Attacker's Advantage*, Summit Books, New York, 1986.
2. McGregor, D., *The Human Side of Enterprise*, McGraw-Hill, New York, 1960.
3. Freeman, C., The Determinant of Innovation, *Futures*, June 1979, 206.
4. Engestrom, Y., *Learning by Expanding* Orienta-Konsultit, Helsinki, 1987, 284.

Chapter Two

문제해결을 위한 새로운 모형 세우기:
문제로부터 이상적 최종 결과(IFR)로 이동

1장에서 우리는 문제 해결을 위한 새로운 접근방법이 필요하다는 것을 지적하였고, 트리즈의 기본적 특징에 대해 간략하게 서술하였다. 이 장에서 우리는 문제해결을 위한 모형을 세울 것이다. 이 모형은 글자와 그림으로써, 문제해결에서 가장 중요한 트리즈의 특징들을 어떻게 사용하는지 보여주는 일반 지도와 같다. 상세한 내용은 다음 장에서 다룰 것이다. 이 장은 짧지만 아주 중요하다. 제시된 모형은 세부 사항으로 당신을 안내해서, 여러분이 트리즈를 연구하고 사용하도록 길을 따라가게 해줄 것이다.

우리는 모형을 5단계로 구성할 것이다. 1단계에서 우리는 모순의 개념을 설명한다. 2단계에서 자원 맵핑이 모형에 추가된다. 3단계에서 이상적 최종결과의 개념이 정형화된다. 이 3단계가 모형의 내부 뼈대를 구성한다. 모형의 4단계와 5단계 부분은 진화의 유형과 혁신 원리이다.

이 문제해결 모형은 트리즈 이론과 이것을 사용하는 사람들의 사용자 피드백, 인간의 사고 유형에 관한 지식, 그리고 문제해결 활동에 관한 지식을 기반으로 하였다.

로 하였다.

2.1 모 순

2.1.1 어려운 문제들은 모순을 포함한다

트리즈 연구자들이 일찍이 간파한 것 중 하나는 문제를 해결하는 것이 모순을 제거한다는 의미가 있다는 것이었다. 만약 트리즈의 문제해결 방법론을 나무에 비교한다면, 모순의 개념은 씨앗과 비교할 수 있는 데, 이 씨앗으로부터 온전한 나무가 성장할 것이다. 만약 트리즈의 개념을 단어 하나로 표현하고자 한다면, 이 단어는 "모순"이 될 것이다.

모순은 시스템 내에 있는 갈등이다. 시스템은 도구(T)와 대상물(O)* 두 요소로 구성된다. 도끼와 통나무의 예를 들면, 도끼 날 끝은 도구가 되며 이것은 통나무인 대상물을 쪼갠다. 쪼개는 힘은 좋은 특성으로서 나쁜 특성과 연관이 되는 데, 나쁜 특성으로는 도구를 다루는 솜씨와 같은 것이다. 만약 도끼날을 더 무겁게 만든다면, 도끼를 내리치는 데는 더 효과적일 수 있지만, 이를 다루는 것이 더 힘들어진다.

우리는 어느 곳에서나 모순에 직면한다. 예를 들어, 어느 회사가 고객서비스의 개선을 통해서 사업을 개선하기를 원하고 있으며 직원을 더 훈련시킴으로써 서비스를 더 향상시키기로 하였다고 하자. 훈련은 도구(T)가 되며 이것은 어떤 대상물, 즉 종업원의 직업적인 자질(O)을 개선시키기 위해 사용한다. 만약 종업원이 훈련을 통해 능력이 강화된다면, 서비스는 확실히 개선될 수 있지만, 시간적 손실은 용납하기 어려울 것이다. 여기서 모순이 생긴다. 즉, 서비스를 더 좋게 하려고 하면, 훈련시간은 더 많이 필요하다.

시소를 생각해보자(그림 2.1 참조). 널빤지의 한 쪽 끝이 올라갈 때, 다른 쪽 끝은 내려간다. 여러분은 양쪽 끝을 동시에 올라가게 할 수 없다.

이 경우에서 특성들의 관계(오르내림)는 문제가 아니다. 한 쪽이 내려갈 때 다른 쪽이 올라가는 것은 시소의 일반적인 특성이기 때문이다. 만약 오르고 내리는 것을 원하지 않는다면, 여러분은 다른 장난감을 찾아보거나 시소 시스템에 어떤 주요 변화를 줄 필요가 있을 것이다.

---

* 역자주: Object는 대상물, 객체, 물체 등으로 번역되는 데, 변화되고, 프로세스 되고, 바뀌고, 발견되고, 검사되는 어떤 것을 의미한다.

그림 2.1 문제 상황을 시소에 비유

처음 세 가지 개념을 다음과 같이 간단한 그림(그림 2.2 참조), 즉 도구, 대상물과 모순을 포함시키는 그림으로 나타낼 수 있다.

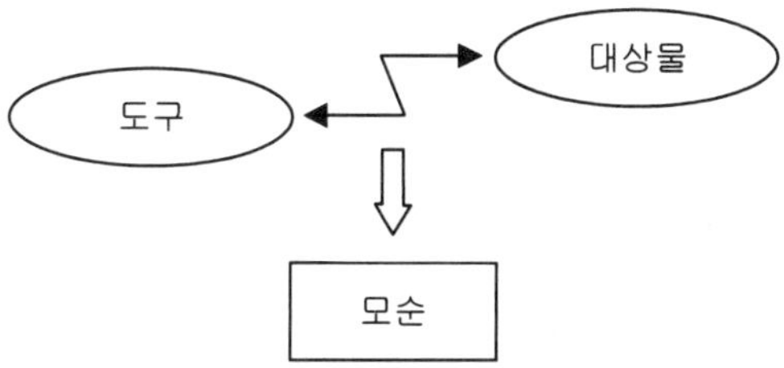

그림 2.2 도구, 대상물과 모순. 도구와 대상물 간에 존재하는 모순이 진화의 추진력이다.

우리는 모든 문제에 이와 같은 도식을 사용할 것이다. 도구와 대상물 사이에 있는 번개 모양 화살표는 모순을 가리킨다. 많은 시각적, 수학적 그리고 물리적 모형들은 시스템을 설계, 유지 및 보수하는 데 이용 가능하다. 이 간단한 모형은 문제 해결에 트리즈가 필요한지 여부를 결정하는 데 용이하게 사용된다. 도표를 그리는 것은 여러분이 문제에 대하여 생각하고 모순이 존재하는지 여부를 결정하도록 해준다. 여러분은 트리즈를 사용해서 수많은 종류의 문제를 해결할 수 있지만, 이 이론은 모순을 포함하는 일상적이지 않은("창의적 문제해결 이론"에서의 "창의적"인) 문제를 해결하기 위해서 사용할 때 가장 강력하고, 제일 높은 부가가치를 준다.

2.2 자 원

때때로 모순의 명확한 정형화가 문제에 대한 가능한 답을 제시한다. 그렇지만, 대개는 부가적인 정보가 필요하다. 자원 분석은 여러분이 모순을 해결하는 방법을 찾아내는 데 도움이 된다.

자원은 문제 환경의 내부 또는 주변에 이미 존재하고 있는 사물, 정보, 에너지 또는 물질의 특성들이다. 자원이 즉시 사용될 수 있거나 변형하여 유용하게 만들 수 있다면, 문제는 스스로 해결된 것으로 나타날 것이다. 자원들을 예비 예비품으로 간주하여라. 자원은 처음에는 눈에 잘 띄지 않는 데, 그 이유는 우리가 문제 상황을 바라볼 때 이들을 잘 살펴보지 않는 습관이 배어있기 때문이며, 그렇지만 우리는 문제를 해결하기 위해서 이 예비품들을 동원할 수 있다. 이것이 우리의 모형에 "자원" 블록을 추가시킨 이유이다(그림 2.3 참조).

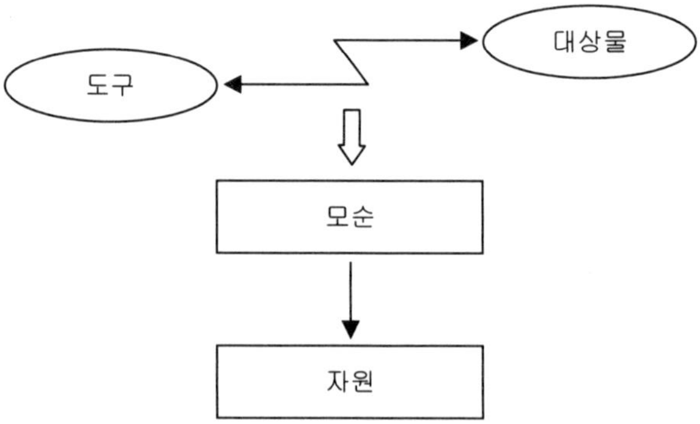

그림 2.3 자원은 모순 해결을 위해 이용 가능한 정보, 에너지, 특성들이다. 자원은 처음에는 종종 눈에 띄지 않는 데, 왜냐하면 우리가 문제 상황을 바라볼 때 이들을 잘 살펴보지 않는 습관이 있기 때문이다.

필요한 개선 사항이 어디에서 인지도 모르게 나타날 수 있도록 시스템을 바꾸어야 한다. 예를 들면, 1장에서는 일부분이 땅 속에 묻힌 쓰레기통에 대해서 설명하였다. 필요한 변경은 통 아래에 있는 공간을 사용함으로써 달성되었다.

앞서 언급한 도끼의 예에서 도끼의 쪼개는 능력은 개선되면서도 도끼 사용이 더 어려워지지 않도록 시스템을 변경시킬 필요가 있다. 도끼와 통나무 시스템 내에 있는 자원은 도끼 날, 그 모서리, 형태, 재료 및 기타 특성, 도끼자루 및 그 특성, 통나무 및 그 특성, 주변의 공기 등이 있다. 시스템을 정의하는 방법에 따라서는, 에너지를 제공하는 사람 팔과 에너지를 도끼에 전달하는 사람 손 또한 자원으로 포함시킬 수 있다.

훈련과 관련된 예제에서 교육과정, 그 구성 및 특성, 교사의 능력, 교과서, 학생들의 동기부여, 기존 지식과 자질이 모두 자원이며, 여기에 회사 문화와 훈련의 물리적 환경도 포함된다.

2.3 이상적 최종결과(IFR)

자원을 사용함으로써, 모순을 제거하고 이상적인 최종결과를 얻을 수가 있다. 이것이 모형에 추가되는 마지막 개념이다(그림 2.4 참조).

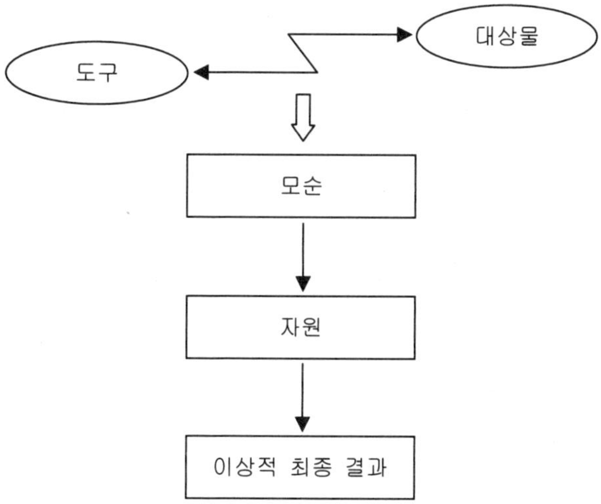

그림 2.4 이상적 최종 결과는 타협 없이 모순을 해결하는 해결책이다. 자원은 모순에서 가능한 한 완벽한 해결책으로 가기위해 사용된다.

자원의 도움으로 시소를 구성하는 널빤지 양끝이 동시에 올라가게 되었다고 생각해보자. 만약 어린이가 가진 자원이 밧줄, 나무, 힘센 부모를 포함한다면, 널빤지는 양끝이 동시에 올라갈 수 있다(그림 2.5 참조).

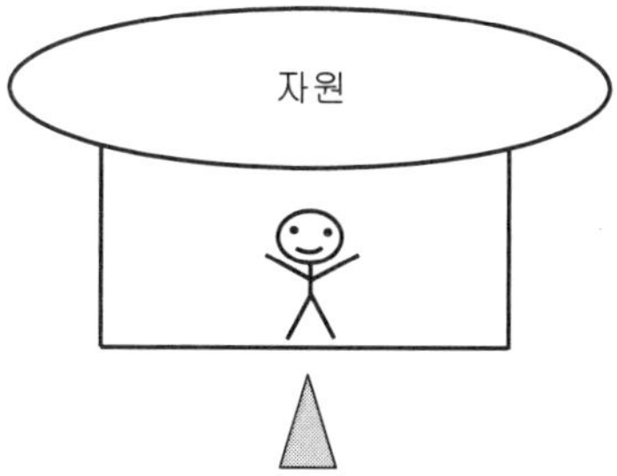

그림 2.5 이상적 최종 결과와 시소의 유사성. 널빤지 양끝이 위로 올라간다.

도끼가 때리는 일격은 더욱 강해야 하지만, 동시에 이 도구는 계속 사용하기 쉬워야 한다. 통나무를 쪼개기 위해서 도끼는 무거워야 하지만, 이와 동시에 다루기 쉬우려면, 도끼는 가벼워야 한다.

이상적인 최종결과는 이제 다음과 같이 설명될 수가 있다. 무엇인가가 도끼를 어떤 방식으로 바꾸어, 도끼는 무거우면서 동시에 가볍다. 이는 도끼 사용의 용이성을 감소시키지 않으면서 타격을 더욱 강하게 해주는 이중 목적을 이루기 위한 것이다. 피스카(Fiskar)가 시장에 내놓은 도끼는 속이 빈 손잡이를 사용해서 이 문제를 해결하였다. 공기가 이 문제를 해결하는 자원으로 사용된다. 속이 빈 손잡이는 미처 기대하지 못한 새로운 특성을 제공한다. 무게 중심이 도끼 날쪽으로 이동한다. 도끼질은 더욱 강력해져서 "무거운" 도끼라고 생각될 수 있으면서도, 도끼는 훨씬 가벼워졌다.

이상적인 훈련이란, 성과는 향상되지만 훈련시간은 늘이지 않는 것을 말한다. 훈련을 변경시켜서 교실이 아닌 작업장에서 그 일부를 하면, 종종 학습은 더 좋아지고 동시에 수업 시간은 더 짧아진다. 왜냐하면 학생들이 결과를 즉시 알 수 있고 이를 응용할 수 있는 더 좋은 장소에 있기 때문이다. 이것은 동기 부여와 피드백을 모두 개선한다.

"이상성"은 시스템이 이상적 최종결과에 얼마나 가까운지에 대한 척도이다. 만약 유용한 특성이 개선된다면, 이상성은 개선된다. 만약 해로운 특성이 감소된다면, 이상성은 역시 개선된다. 문제를 해결하기 위해서 유용한 특성을 더 좋게 하거나 해로운 특성을 줄이는 데(혹은 완전히 제거하는 데) 도움이 될 수 있는, 이미 시스템 안에 있는 자원들을 찾아보아라.

2.4 진화의 유형

모순을 정형화하고, 자원을 매핑하고, 이상적인 최종결과를 정의하여라. 이것으로 충분한가? 때로는 그렇다. 그렇지만, 종종 문제의 이상적인 최종결과로부터 문제의 기술적 해결책을 이끌어 내기 위해서는 더 많은 것이 필요하다. 모순을 해결하고 자원을 사용하며, 시스템을 더 이상적으로 만들기 위해서는 따라서 실행할 방법들이 필요하다. 한 가지 방법은 시스템 진화 유형의 사용이다. 이 책에서 우리는 특성, 유형, 법칙을 다룰 것이다. 일상 언어로 말하면, 특성은 시스템의 어떤 성질로서, 크기, 무게, 속도, 유연성, 색상 등이 있다. 진화의 유형은 개발과정에 있어서 중요한 규칙인데, 예를 들면, 거시 수준에서 미시 수준으로 전이 또는 더 작은 부분으로 시스템의 분할 등이 있다. 유형은 실제적인 법칙이지만, 물리학에 있는 정교한 수학 공식과 같지 않게 이 법칙들은 유연하다. 이것이 우리가 이 법칙을 유형이라고 부르는 이유이다.

혁신의 역사에 대한 연구 결과는 많은 개선이 유사한 유형을 따른다는 사실을 보여주고 있다. 우리는 방금 미시 수준으로의 전이 또는 부분으로의 시스템의 분할이라는 이름을 명명하였다. 주위를 살펴보자. 여러분이 사용하는 컴퓨터와 프린터를 보면, 전자 부품이나 작고 정밀한 부품들이 구형 타자기와 계산기와 같은 부담스럽던 품목들을 대체하였다. 주방에는 전자레인지가 있다. 음식물은 무거운 금속판의 복사열이 아니라 물 분자의 전자기 진동에 의해서 가열된다. 여러분은 상대적으로 독립적인 여러 팀으로 구성된 조직에서 일하고 있을 것이다. 바깥 활동을 좋아한다면, 여러분은 미세 섬유로 만들어진 옷을 입을 수 있다. 집 안 일에서 당신은 청소용으로 미세 섬유 천을 사용할지도 모른다. 침대 또한 미세 수준으로의 전이가 이루어지고 있다. 물침대, 공기 침대 또는 어떤 작은 셀(cell)로 구성된 메트릭스가 강철 스프링이 사용된 전통적인 침대를 대체하고 있다. 모든 것이 더 작은 부분으로 분할되어가는 것으로 보인다.

시스템의 서로 다른 부분들은 서로 다른 속도로 변화하고 서로 다른 유형을 따르게 될 것이다. 진화는 균등하지 못하다. 우리는 미시 수준으로의 전이를 언급했다. 거시 수준으로의 전이(상위 시스템이라고도 함)도 있다. 시스템의 각 부품들은 상호작용이 점점 더 증대되고 있다. 시스템은 확장되고 융합된다. 시스템에는 점점 더 많은 특성들이 추가되면서 개선되다가, 복잡성이 전혀 없이 이 모든 이점을 갖는 새롭고, 더 단순해진 시스템으로 통합된다.

우리는 어떤 상황을 개선할 수 있는 방안에 대한 실마리를 찾고자 할 때, 그리고 시스템을 어떻게 이상적으로 변경시킬 수 있는가에 관한 착상을 얻고자 할 때 이 유형들을 사용할 수 있다. 9장은 진화유형의 사용 방법을 상세하게 다룰 것이다.

도끼의 예에서, 미시 수준으로의 전이를 생각해볼 수 있다. 도끼는 여러 부분으로 분할되거나 나뉘어 질 수 있다. 만약 여러분이 분할을 계속해서 더 작게 나누어 나가면, 필연적으로 입자가 되고, 그 다음에는 분자가 된다. 분자로 된 도끼? 기체 도끼? 이것이 말이 되는가? 손잡이 속에 공기를 채운, 속이 빈 도끼는 부분적으로 기체 도끼이다. 또는 모래 분사기와 같은 입자 흐름은 대단히 효과적인 절단 도구가 될 수 있는 데, 여기서 하나하나의 입자는 극소형 도끼라 할 수 있다.

일부 중요한 진화의 유형은 경영 시스템에 응용될 수 있다. 훈련은 균등하지 않게 진화하는 시스템이다. 훈련 프로그램은 분할될 수 있고(미시 수준으로 전이), 더 큰 시스템으로 통합될 수 있다(거시 수준으로 전이). 프로그램은 확대되는 경향이 있다가, 그 다음에는 효율성을 유지하거나 증대하기 위해서 불가피하게 축소되어야만 한다. 이 책에서 구성하고 있는 단순화된 트리즈 모형은 사람들이 트리즈를 쉽게 시작하게 하기 위한, 복잡한 주제를 가다듬은 한 가지 예이다.

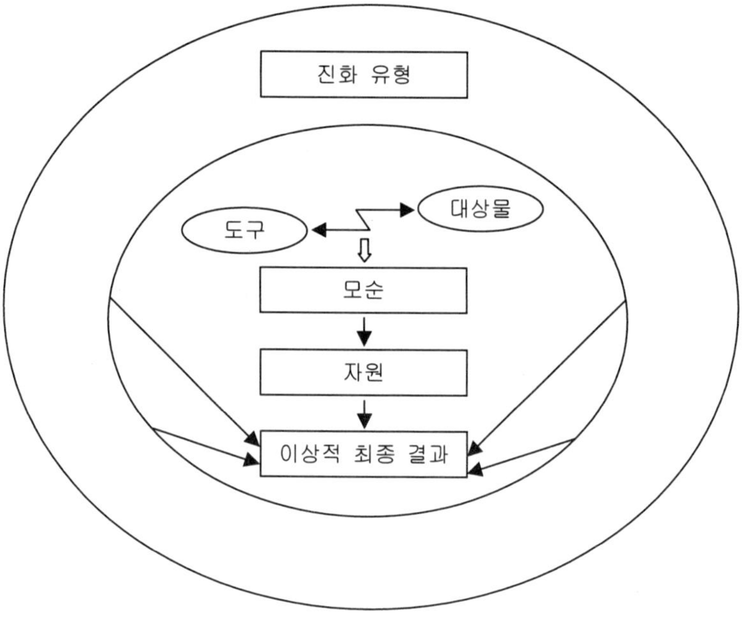

그림 2.6 진화 유형은 다양한 용도가 있다. 문제해결을 위한 도구를 제공하고, 직접 해결안을 얻을 수 있게 해주며, 미래 기술의 특징을 예측하는 데에도 사용할 수 있다.

우리는 진화의 유형을 모형에 추가하였다. 이것은 문제에 대한 좋은 해결책들을 개발하고자 할 때 종종 직접 이용할 수 있으며, 또한 미래 시스템 진화를 예측하고자 할 때도 이용할 수 있다. 그림 2.6은 진화 유형의 다양한 용도를 설명한다. 모형을 단순하게 만들기 위해서 진화의 유형에서 이상적 최종결과로만 화살표를 그렸다. 이 연결은 문제를 해결하는 데에 있어서 가장 중요한 데, 왜냐하면 좀 더 이상적인 시스템이 우리가 필요로 한 것이기 때문이다.

2.5 산업계를 망라하는 혁신 원리

우리는 이제 모형로서 네 가지 중요한 개념, 즉 모순, 자원, 이상적 최종 결과, 진화 유형을 얻었다. 그렇지만 이 개념들이 항상 충분한 것은 아니다. 시스템의 진화 유형은 다소 모호한 해결책 아이디어를 제시할지 모르며, 우리는 훨씬 더 특별한 도움이 필요할 것이다. 혁신 원리는 유형이 의미하는 것이 무엇인지 말해주고 특정한 문제에 대한 유형을 해석하도록 우리에게 도움을 주는 도구이다. 40가지 원리가 있는 데, 10장에서 자세히 다루도록 한다. 몇 개의 예제를 통해서 이 원리가 어떻게 사용되는지를 살펴보자.

도끼를 개선하는 예제에서 단단한 손잡이를 속이 빈 것으로 대체하는 것이 곧 미시 수준으로의 전이의 유형을 따르는 것과 같다는 사실이 처음에는 명확하게 이해되지는 않을 것이다. 원리 29는 더 구체적인 실마리를 다음과 같이 제공한다. "공기압과 수압. 물체나 시스템의 부품 대신에 기체나 액체를 사용한다. …" 이제 우리는 공기가 기체라는 사실을 기억해낼 필요가 있다. 도끼의 일부분을 공기로 만들 수 있음을 알 것이다. 속이 빈 손잡이라는 개념이 거의 자동적으로 연상된다.

40가지 원리는 진화의 유형을 발전시킨 기술과 특허의 동일한 연구에 기반을 두고 있다. 더 넓은 의미에서 보면, 이것은 단지 기술에 대한 연구가 아니라 사람들이 어떻게 문제를 해결하는가 하는 연구이다. 이것은 경영, 마케팅, 훈련 그리고 기타 분야에서 창의적 문제 해결을 위해 해당되는 질 좋은 지식 기반이 없음에도 불구하고, 동일한 원리가 자주 문제에 적용될 수 있는 이유이다. 예를 들면, 원리 18은 기계적 진동, 물체의 공진 주파수 사용을 제안한다. 이것은 기계, 전자기 또는 음향 시스템에서 공진 또는 동기화를 의미하지만, 교육 분야에서는 교육과정, 교과서 그리고 교수법을 학생의 학습 양식과 회사의 문화와 일치해서 개선하는 것으로 역시 해석될 수 있다.

우리의 모형에 이 원리를 추가하자(그림 2.7 참조). 원리와 이상적 최종 결과를 연결하는 화살표는 이것이 때로는 모순과 자원의 분석을 하지 않고도 문제를 풀 수 있게 해주는 일종의 지름길임을 의미한다. 전체 모형을 사용하는 것은 부분을 별도로 사용하는 것보다 더 효과적이다. 혁신 원리는 10장에서 자세하게 다룬다.

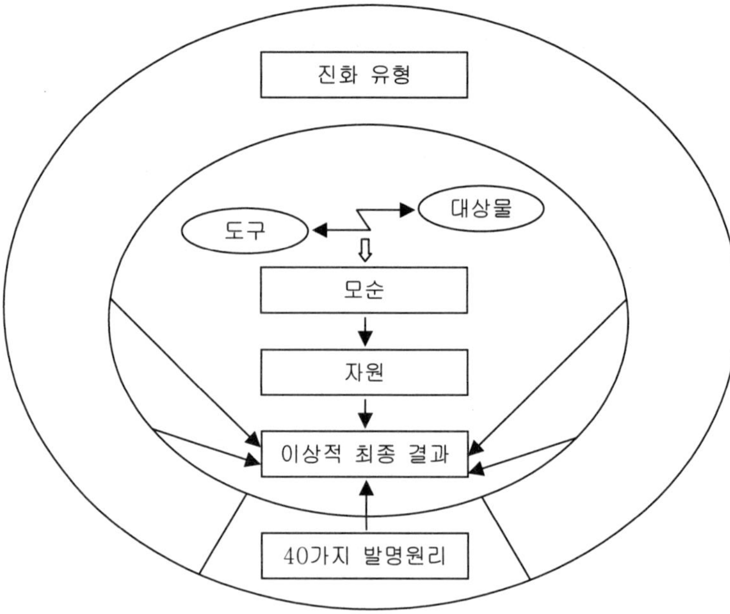

그림 2.7 40가지 혁신 원리는 아이디어를 찾는 데 실마리를 제공한다. 이 원리는 독립된 도구로 사용할 수도 있고 다른 방법을 보조하는 것으로 사용할 수도 있다.

2.6 다른 개념들과 도구들

그림 2.7은 이 책 전반에 걸쳐 사용하게 되는 모형이다. 이 모형은 기억하기 쉽고 사용하기 쉬우며 당신에게 트리즈의 위력을 빠르게 제공할 수 있다. 전통 트리즈는 훨씬 더 많이 도구가 있고, 이 책에 있는 도구와 모형의 개념을 숙달하고 난 후 당신은 다른 도구들을 더 살펴보고 싶어질 것이다. 그림 2.8은 심화 모형으로서 당신이 나중에 다른 트리즈 시스템을 더 연구하고자 할 때 사용할 수 있는 모형이다.

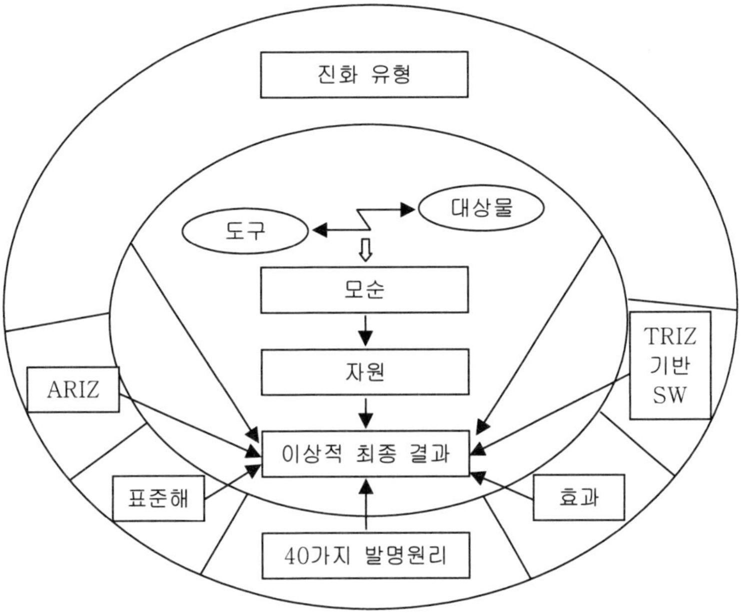

그림 2.8 모형에 많은 다른 도구가 추가될 수 있다.

이 모형은 또한 다른 네 가지 도구, 즉 아리즈(ARIZ), 표준해, 효과, 트리즈 기반 소프트웨어를 포함한다. 아리즈는 모순을 분석하고 이를 해결하기 위한 긴 단계별 지침이다(Algorithm for Inventive Problem Solving, 창의적 문제해결을 위한 알고리듬). 표준 해결책은 시스템의 변환 방법에 관한 목록으로서, 알트슐러가 1985년에 발간한 76가지 표준해라 불리는 것이다(그런데, 이들 중 하나는 10개 부분으로 구성된다). 효과는 창의적 문제해결에 사용할 수 있는 물리적, 화학적, 기계적, 생물학적, 기하학적, 그리고 그밖에 기술적인 현상의 기술 데이터베이스이다. 다양한 형태의 데이터베이스가 서적, 소프트웨어 그리고 온라인 자료에 나와 있다. 표준해, 원리 그리고 효과는 컴퓨터에 의해서 쉽게 처리될 수 있는 추천 목록과 사례들이 있다. 이것들과 다른 트리즈 관련 지식 기반을 포함하는 소프트웨어는 1990년대 초반 이후로 사용 가능해졌다. 수많은 그외 도구와 기법들은 다른 책과 온라인 자원에서 이용 가능하다.

2.7 왜 이 모형을 소개하는가?

이 책에서 제시된 모형은 현대적 트리즈, 최근 기업에서의 혁신적인 디자인의 성과 및 최근 연구 성과에 기반을 두고 있다. 기술 시스템들과 다른 시스템들의 진화에 관한 연구 결과는 이 모형의 창안 및 모형 내에 있는 도구들의 구성을 이끌어 주었다. 이와 동시에, 우리는 여러 해에 걸친 적용을 통해 유용하고, 편리하며, 강건함이 입증된 몇 개의 오래된 주요 도구들은 손대지 않고 그대로 조심스럽게 유지하였다. 이런 고전적인 도구 중 가장 유명한 것으로는 10장에 나오는 40가지 발명원리 목록이다.

모형로 일반 개념을 설명하기 시작했던 두 번째 이유는 사용자들로부터 받은 피드백 때문이다. 교육 강의실에서 만난 사용자들은 긴 절차보다 일반적인 개념을 더 선호하였다. 그들이 말하기를, 먼저 개념을 공부한 다음에, 단계별 짤막한 지침과 점검목록을 배운 후, 자신의 문제에 개념을 응용하는 것을 선호한다는 것이었다. 그들은 본질을 알아볼 수 있는 새로운 렌즈로서 모순 개념과 이상 개념을 좋아한다. 그들은 보통 긴 지침서를 싫어해서 한 페이지를 넘는 지침들은 결코 사용하지 않을 것처럼 보였다.

세 번째 이유는 행동과학의 성과, 인간 행동의 연구 결과로부터 나온 것이다. 행동이론과 인지 심리학에 의하면 개인과 팀이 효과적으로 문제를 해결하기 위해서는 일반적인 모형 구성이 필요하다고 한다. Engeström[5]의 연구 결과에 의하면, 작업 연구자들은 주체, 도구, 대상물(이는 트리즈의 시스템 정의와 상당히 중복된다), 그리고 또한 공동체, 규칙 그리고 분업을 포함하는 인간 행동 모형을 사용한다. 피터 셍게(Peter Senge)와 그의 팀은 "지능 모형(mental model)"과 조직에서의 "공유 비전(shared vision)"에 관해서 언급한다.

모든 종류의 모형들이 최근에 유행을 타게 되었다. 수많은 여러 용어가 사용되고 있으며 이들은 모형, 내부모형, 지능 모형, 패러다임, 비전, 도식 등이 있다. 그렇지만 내부모형이 필요하다고 말하는 것으로 충분하지 않다. 모형은 대상물의 본질적인 특징을 적절하게 기술해야 한다. 트랜지스터 역사에 관한 논문에서 쇼클리(Shockly)는 벨연구소의 정문 출입구 홀에 있는 알렉산더 그래햄 벨(Alexander Graham Bell)을 기리는 다음과 같은 글을 소개한다. "때로는 일상에서 벗어나 숲으로 뛰어들어라. 여러분은 이전에 보지 못했던 어떤 것을 반드시 알아내게 될 것이다."[6]

이 말은 시행착오법을 통한 전통적 문제 해결을 권하고 있다. 트리즈의 지능 모형은 지도와 나침반으로 비교할 수 있다. 일상에서 벗어나더라도 빈손으로는 아니다. 이 모형은 지도, 나침반 그리고 다른 위치추적 장치를 사용해서 숲 속에서 방향을 찾는 것과 유사하기 때문에 때로는 방향 잡는 기초라고 불린다.

이 모형은 임의의 구성물이 아니라 창의적 활동의 대상인 시스템의 반영물이다. 여기서 제시되는 모형은 초보자에게 유용하면서도 창의적인 결과를 빨리 얻도록 해줄 것이다. 당신이 트리즈를 더 많이 배울수록 당신은 모형에 수정을 가할 것이다. 그리고 트리즈 연구가 계속되면서 이 모형에 추가할 더 많은 방법과 도구들이 이용 가능해질 것이다. 이를 이용하는 사람은 지속적으로 모형을 시험하고 개선하게 될 것이다.

2.8 요 약

문제해결 모형은 다섯 가지 개념(모순, 자원, 이상적 최종결과, 진화 유형, 혁신 원리)을 사용한다. 모형 그림은 이들 간의 관계를 보여준다.

❖ 모 순

문제를 해결한다는 것은 모순을 제거한다는 의미이다. 모순은 3, 4장에서 자세히 다룬다.

❖ 자 원

자원은 이용 가능하다. 하지만 시스템 내에서나 시스템 주변에 있는 유휴 또는 종종 눈에 띄지 않는 물질, 에너지, 특성 그리고 기타 등은 모순을 해결하는 데 사용될 수 있다. 자원의 매핑은 5장에서 다룬다.

❖ 이상적 최종 결과

이상적 최종 결과는 모순을 해결하였을 때 달성된다. 바람직한 특성은 타협 없이 얻어져야 한다. 이상성 개념의 활용은 6, 7장에서 다룬다.

❖ 진화의 유형

시스템은 우연히 되는 것이 아니라 어떤 유형에 따라 진화한다. 유형은 새로운 아이디어를 얻거나 시스템의 진화 방향을 예측하는 데 활용될 수 있다. 다섯 가지 주요 유형은 9장에서 상세히 다룬다.

❖ 혁신 원리

혁신 원리는 해결책에 대한 구체적인 단서를 제공하고 유형이 의미하는 것을 설명한다. 40가지 원리의 목록은 10장에 나온다.

왜 이 모형을 소개하는가? 문제해결을 위한 모형은 기본 개념과 도구를 연결한다. 분리된 부분들 보다는 통합된 시스템이 더 효율적이다. 이것은 트리즈에 관한 과학적인 연구와 20년 이상 트리즈를 가르쳐오면서 학생들에게 받은 피드백에 기반을 두고 있다.

참고문헌

1. TechOptimizer™, The Invention Machine Company, http://www.invention-machine.com.
2. Ideation Workbench™, Ideation International Incorporated, http://www.ideationtriz.com.
3. TRIZ Explorer™, Insytec, http://www.insytec.com.
4. The TRIZ Journal, http://www.triz-journal.com. And CreaTRIZ™ CREAX, http://www.creax.com.
5. Engestrom, Y., *Learning by Expanding*. Orienta-Konsultit, Helsinki, 1987.
6. Shockley W. The Path to the Conception of the Junction Transistor. IEEE Transactions on Electron Devices, vol. ED-23, no. 7, July 1976, 597.

3 Chapter Three

문제 이면에 있는 절충을 명확히 하라

만약 문제가 존재한다면, 그 이면에 있는 절충을 명확히 해야 한다. 이것이 진짜 문제와 좋은 해결책을 찾아내는 1단계이다.

모든 어려운 문제 뒤에 모순이 존재한다는 것을 이미 언급했다. 모순이라는 개념은 아주 중요하다. 문제 해결 교육에 참여한 사람은 모순분석에 더 많은 도움을 받기를 원하는 경우가 많은데, 그 이유는 대부분 도전할 만한 과제의 핵심에 모순이 있기 때문이다. 이 장과 다음 장에서는 모순의 개념에 초점을 맞출 것이다.

문제 해결 모형을 다시 생각해보자(그림 3.1 참조). 이 장에서 우리는 두 가지 특성 간의 갈등에 대해 분석한다. 문제 해결자가 문제를 해결하고자 할 때, 어느 특성의 개선과 다른 특성의 감소를 교환해야 되기 때문에 이를 절충이라고 부르는 경우가 많다. 4장은 고유 모순을 다룰 것인데, 이는 하나의 물체 내에 두 개의 상반된 특성을 가질 경우에 해당된다. 전형적인 트리즈 서적에서는, 절충을 "기술적 모순"이라 하고, 고유 모순을 "물리적 모순"이라고 말한다.

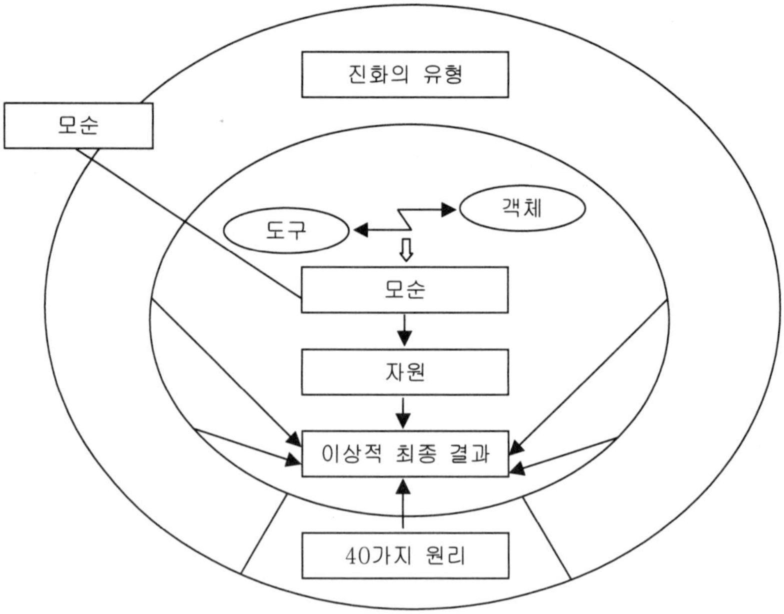

그림 3.1 모순은 도전하는 문제의 핵심이다.

이런 평범한 용어를 사용하는 이유는 이 용어가 뜻이 통하고, 일상적인 의미와 항상 일치하지는 않는 트리즈의 전문적 정의를 피할 수 있기 때문이다.

1. 이 장에서, 절충 관계를 분석하는 것이 왜 유용한지 자세하게 논의한다. 트리즈는 어려운 문제를 해결할 때 장점이 드러나며 이는 절충을 해결한다는 의미이다. 이를 위해서, 절충을 정형화하거나 또는 절충 상태가 명확하게 드러나도록 문제를 다시 기술할 것이 필요하다.

2. 어떻게 절충관계를 정형화 할 수 있는지 알아본다. 절충은 도구와 대상물로 구성된 시스템 안에서 나타난다. 다양한 절충 모형이 있을 수 있다. 시스템이 다양한 특성을 갖고 있다. 우리가 문제를 가질 때 우리는 각 특성 사이에 절충을 갖게 된다. 특성 간의 절충을 정형화하기 위한 간단한 방법을 소개한다.

3. 절충을 많이 내재하고 있는 복잡한 문제를 고찰한다. 절충은 다양한 시스템 수준에서 다양한 시간대에 발생할 수 있다. 절충을 선택하는 방법을 논의한다.

4. 이 장의 마지막 부분에서 문제를 명확하게 하는 다섯 단계를 제시할 것이다.

3.1 절충과 고유 모순은 무엇인가?

이 장과 다음 장에서 "절충"과 "고유 모순"이라는 용어를 자주 사용하게 될 것이다. 이 용어는 일상적인 영어표현과 마찬가지로 트리즈에서도 동일한 의미를 갖는다.

3.1.1 절 충(Tradeoff)

좋은 일이 생길 때, 나쁜 일도 생긴다. 또는, 좋은 일이 더 좋아질 때 바람직하지 않은 일은 더 악화된다. 다음은 절충에 관한 몇 가지 사례이다.

장 점	단 점
▪ 제품이 더 튼튼하게 된다.	▪ 무게가 증가한다.
▪ 소프트웨어가 사용이 더 쉬워진다.	▪ 융통성은 줄어든다.
▪ 뜨거운 커피는 마시기에 좋다.	▪ 입을 데일 수 있다.
▪ 교육을 더 철저히 할 수 있다.	▪ 교육시간이 더 필요하다.
▪ 자동차의 에어백의 팽창을 더욱 빠르게 하면 할수록, 탑승자를 더 잘 보호할 수 있다.	▪ 소인이나 좌석에서 나온 사람들이 오히려 부상을 당하거나 사망할 수 있는 확률이 높아진다.

3.1.2 고유 모순(Inherent Contradiction)

하나의 사물이 상반된 두 개의 특성을 지닌다. 나는 그것이 차가울 것을 원하지만 동시에 그것이 뜨거울 것을 원한다. 나는 그것을 원하지만, 그것을 원하지 않는다. 절충의 이면에는 언제나 고유 모순이 있다. 어떤 때는 이것이 명확하게 드러나기도 하지만 어떤 때는 모호한 경우도 있다.

- 제품이 필요한 강도를 얻기 위해서는 두꺼워야 하며 가볍기 위해서는 얇아야 한다.

- 사용을 쉽게 하기 위해서 소프트웨어는 선택 기능이 거의 없어야 하며 효율성을 높이기 위해서는 선택 기능이 많아야 한다.
- 커피를 맛있게 마시려면 뜨거워야 하며 마시는 사람이 데지 않기 위해서는 뜨겁지 않아야 한다.
- 잘 배우기 위해서는 교육이 길어야 하며 시간을 빼앗기는 것을 줄이기 위해서는 아주 짧아야 한다.
- 자동차 에어백은 운전자와 승객을 보호하기 위해서는 빠르게 펼쳐져야 하지만, 작은 운전자나 승객의 피해를 최소화하기 위해서는 천천히 펼쳐져야 한다.

예시에서 보는바와 같이, 문장은 이해하기 쉽다. 필요하다면, 여러분은 언제든지 정의를 되살리기 위해 이 예시로 되돌아 갈 수 있다.

3.2 무엇 때문에 절충을 분석하는가?

무엇 때문에 공학, 경영 또는 타 분야의 전문가들이 오늘날 모순에 관심을 두게 된 것인가? 가장 확실한 이유로는 그들이 문제를 해결해야 하기 때문이다. 게다가, 그들이 풀어야 하는 문제들은 옛날에 사람들이 다루었던 것과는 상당한 차이가 있다.

인류는 항상 문제를 해결해 왔다. 호메로스(Homer)의 오뒷세우스(Odyssey)는 사실상, 문제 해결에 관한 이야기인 것이다. 먼저, 오뒷세우스(Odysseus)는 세이렌(Siren)을 지나가야 했으며 그 다음에는 스퀼라(Scylla)와 카륍디스(Charybdis) 사이를 항해해야 했다. 세이렌은 모든 사람들을 홀렸으며 "누구든지 영문도 모르고 가까이 다가갔다가 세이렌 자매의 목소리를 듣게 되면 그의 아내와 어린 자식들은 더 이상 집에 돌아온 그의 옆에 서지 못할 것이며 그의 귀향을 반기지 못할 거예요. 세이렌 자매가 풀밭에 앉아 낭랑한 노랫소리로 그를 호릴 것인즉 그들 주위에는 온통 썩어 가는 남자들의 뼈들이 무더기로 쌓여 있고 뼈 둘레에서는 살갗이 오그라들고 있지요." 이 문제는 키르케(Circe) 여신이 다음과 같은 훌륭한 지침을 내려주었기 때문에 해결하기 쉬웠다: "…꿀처럼 달콤한 밀랍을 이겨서 전우들의 귀에다 발라 주세요. 다른 사람은 아무도 듣지 못하도록 말이에요. 그러나 그대 자신은 원한다면 듣도록 하세요. 그러나 그대는 돛대를 고정하는 나무통에 똑바로 선 채 그들로 하여금 날랜 배 안에다 그대의 손발을 묶게 하되 돛대 자체에 밧줄의 끄트머리들이 매이게 하세요."

스퀼라와 카륍디스 문제는 서로가 다른 문제였다. 항로에 두 개의 바위가 솟아 있었다. 바위 하나는 "…중간에 서쪽을 향하여…어둠침침한 동굴이 하나 나 있는 데…그 동굴 안에 무시무시하게 짖어 대는 스퀼라가 살고 있어요. …그녀는 디룽디룽 매달린 발을 모두 열두 개나 갖고 있고 기다란 목을 여섯 개나 갖고 있는 데 목마다 무시무시한 머리가 하나씩 나 있고 그 안에는 검은 죽음으로 가득 찬 세 줄로 된 이빨들이 단단히 그리고 촘촘히 나 있지요. …배를 타고 무사히 그 옆을 빠져 나왔다고 자랑할 수 있는 뱃사공들은 아직은 아무도 없어요. 그녀가 머리 하나로 한 명씩 이물이 검은 배에서 사람을 낚아채 가기 때문이지요."

두 개의 바위 중 다른 한쪽은 "…고귀한 카륍디스가 검은 물을 빨아들이지요. 그녀는 하루 세 번씩 내뱉고 세 번씩 무시무시하게 빨아들이니까요. 그녀가 물을 빨아들일 때는 그대는 그 곳에 가지 마세요. 대지를 흔드는 신도 그대를 재앙에서 구해 주지 못할 테니까요."

키르케는 다음과 같이 조언했다. "…그대는 스퀼라의 동굴 쪽으로 다가가서 얼른 배를 몰아 그 옆을 통과하도록 하세요. 배 안에서 여섯 명의 전우를 잃는 편이 한꺼번에 모든 전우를 다 잃는 것보다는 훨씬 나을 테니까요." 오뒷세우스는 물었다. "혹시 내가 그 끔찍한 카륍디스에게서 무사히 벗어나되 스퀼라가 내 전우들을 빼앗아 갈 때 그녀를 물리칠 방도는 없을까요?" 여신은 말을 이었다. "대담한 자여, 그대는 또다시 전쟁의 작업과 노고를 염두에 두고 있구려, 그대는 불사신들 앞에서도 물러서지 않을 작정인가요?"

사실, 오뒷세우스는 스퀼라에 대한 어떠한 방어도 하지 않았다. 키르케의 조언을 따라서 세이렌을 무사히 통과했지만, 스퀼라에게 여섯 사람을 잃었다. "…스퀼라가 나의 속이 빈 배에서 전우 여섯 명을 잡아가니 그들은 손과 힘에서 가장 뛰어난 자들이었소. 내가 날랜 배 쪽을 살펴보며 전우들을 찾고 있는 데 어느새 전우들의 손발이 허공에 높이 매달려 있는 것이 보였소. …나는 바다에서 길을 찾느라고 온갖 고통을 겪었지만 그것은 내 눈으로 본 가장 참혹한 광경이었소." 오뒷세우스의 모든 인용문은 리우(Rieu)의 호메로스 번역물이다.[1*]

수 천년동안, 사람들은 어려운 문제를 다루기 위한 더 나은 방법은 있을 수 없다고 받아들여 왔다. 신들이 인간에게 자기들에게 너무 자주 도전하지 말 것을 경고하지 않았었던가? 또한 새로운 해결책은 자주 필요하지 않았다. 많은 문제는 이미 알고 있는 지식을 활용하여 그럭저럭 풀어나갈 수 있는 "세이렌 문제"

---

* 역자주: 오뒷세우스에 나오는 모든 이름과 인용문은 "희랍어 원전번역 오뒷세이아"(단국대학교출판부, 2002)를 참조하였음.

였다. 그러나 이것이 모든 문제에 적용되지는 않았다. 동일한 수천 년 동안, 수없이 많은 회수의 시행착오를 반복한 결과로 질적인 혁신, 즉 농업, 시계, 인쇄술, 그 밖의 다른 혁신들이 성취되었다. 이것들은 확실히 과거의 사고 틀에 적합하지 않았다. 호메로스의 용어로 말하자면, 때때로 아무런 손실도 입지 않고 스퀼라와 카륍디스를 모두 지나 항해할 수 있었다.

오늘날 "스퀼라와 카륍디스" 문제는 이전보다 더 많으며 해결책에 대한 필요성은 더욱 커졌다. 선원 여섯 명이 죽게 되는 것을 이제는 더 이상 용납할 수 없으며, 비록 나머지 선원들이 구조된다고 하더라도 그렇다. 이와 마찬가지로, 기술적인 문제를 해결했지만 이것이 사회적 문제를 야기한다거나 또는 고객에 관련된 문제를 해결했지만 이것이 다른 사람에게 해를 미친다는 등은 받아들일 수 없다. 그리고 시행착오법으로 해법을 찾아내기까지 기다릴 만한 시간적 여유도 없다.

따라서 문제는 다음과 같이 두 가지 유형이 있다.

1. "세이렌 문제", 또는 기존의 법칙과 지침을 활용하면 간단히 풀릴 수 있는 문제이다.

2. "스퀼라와 카륍디스 문제", 또는 절충을 포함하는 문제. 즉, 카륍디스에 너무 접근해서 항해하면, 모든 선원이 죽는다. 스퀼라와 카륍디스 사이를 항해하면 여섯 사람이 죽는다. 스퀼라에 너무 접근해서 항해하면 여섯 사람 이상이 죽는다. 이것은 최초의 난해한 절충이다.

트리즈는 모순(절충과 고유 모순)을 발전 자원으로 바라보는 새로운 접근법이다. 시스템 내부의 갈등을 해결하는 것은 시스템의 발전을 이끌어낸다. 갈등 해소는 성공적인 발명과 혁신의 이면에 있는 근본적 이유이다. 만약 기술적 진보를 원한다면, 모순을 이해할 필요가 있다. 이를 위해서 의식적으로 갈등이나 모순을 명확하게 하고 강화하는 것이 한 가지 방법이다. 이것들을 감추어야 할 무질서로 다루지 마라. 이것들을 해결책의 중요한 실마리로 다루어라.

3.3 절충을 정의하기

3.3.1 도구와 대상

절충은 도구와 대상물로 이루어진 시스템 내에서 발생된다. 모든 공학 시스템은(그리고 "공학" 시스템이라 간주되지 않는 많은 다른 것들도 마찬가지로) 도구와 대상물로 이루어져 있다. 칼이나 톱이나 가위(또는 날카로운 날을 갖고 있는 것)는 재료를 다루기 위한 도구이다. 자동차는 승객과 화물을 나르기 위한 도구이다. 트랜지스터는 회로에 흐르는 전류를 켜고 끄는 데 사용하는 도구이다. 벌은 꽃가루를 모으기 위한 도구이다.

지식, 모형과 정보 역시 도구이다. 광고는 잠재적 소비자에게 상품을 알리는 도구이다. CAD 소프트웨어는 제품을 설계하는 도구이다. 인터뷰는 자료를 모으기 위한 도구이다. 위원회나 팀은 어느 회사에서 의사 결정을 하기 위한 도구이다. 문제 해결을 위한 트리즈 모형은 시스템을 개선하기 위한 도구이다. 간단한 그림을 사용해서 도구와 대상을 설명할 수 있다(그림 3.2 참조).

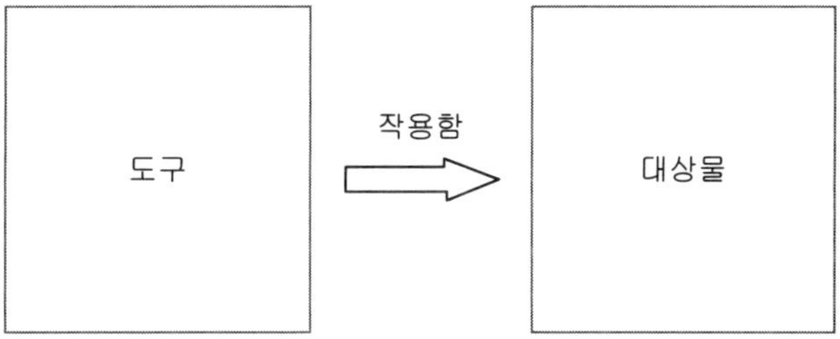

그림 3.2 시스템을 정의하는 도구, 작용, 대상 다이어그램

도구는 문제를 해결할 때 바꾸기가 가장 쉬운 성분이다. 금속을 자르는 톱의 마모를 어떻게 줄일 수 있는가가 문제라면, 많은 방법이 있다. 톱니의 예리한 정도나 모양 변경, 톱니에 강한 금속 코팅, 날의 두께 변경, 절단 도중에 윤활유 첨가 등. 절단되는 금속(대상물)은 대부분 바꿀 수 없거나 바꾸기가 거의 어렵다.

한편 대상물은 도구의 변경에 제약을 준다. 절단되는 재료가 절단 도구의 선택을 제한한다. 종종 대상물 역시 어떤 방법으로 바뀔 수 있는 데, 예를 들면, 많은 대상물들이 결합될 수 있다. 얇은 유리판 한 장을 자르는 것 보다는 유리판 꾸러미를 자르는 것이 더 쉬울 수 있다.

작용은 도구가 대상물을 변경시키는 무언가를 한다는 의미이다.

문제를 기술하고 문제를 푸는 것은 문제의 핵심에 있는 도구와 대상이 시스템의 수많은 다른 요소로부터 분리될 때 훨씬 쉬워진다. 예를 들어보자. 수많은 대문은 빗장 장치로 잠긴다. 이 장치는 암 부품과 수 부품과 핀으로 구성되어 있다. 암 부품과 수 부품에는 핀 구멍이 있다. 그림 3.3은 작동원리를 보여준다.

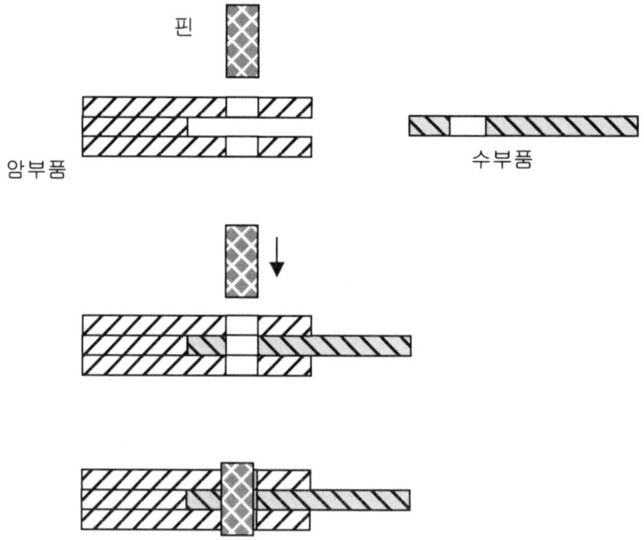

그림 3.3 빗장 장치의 도구와 대상물

수 부품이 암 부품에 삽입된다. 그 다음에 핀이 구멍에 삽입된다. 고정된 부품과 핀 사이에 작은 틈새가 있어서, 쉽게 문을 열고 잠그는 것이 가능하다.

이런 종류의 빗장은 정원 문을 만들 때 많이 쓰인다. 그러나 이와 같은 빗장 장치가 큰 배에 사용되면 문제가 나타난다. 배는 항상 움직인다. 빗장의 부품들이 마모되고 심지어는 부러지기도 한다. 1994년에, 여객선 에스토니아가 발틱해에서 침몰하여 탑승객 852명이 사망했다. 조사 위원회가 알아낸 내용은 재앙의 원인이 잠금 장치의 고장이었다. 이 결과로써, 이른바 "바이저(visor)" 수문이 유실되어, 물이 여객선 갑판에 쌓여서 배가 뒤집혔다(배의 "바이저"는 오토바이 헬멧에 있는 바이저와 비슷하게 생긴 문의 한 종류이다).

만약 잠그고 열기 쉽게 핀을 만든다면(헐거운 핀), 장치의 신뢰도는 낮아진다. 만약 신뢰도가 높아지면(핀을 꽉 끼게 만들면), 열고 잠그는 것은 더욱 어렵게 된다.

이 문제의 연구를 시작하기 위해서, 우리는 서로 움직임을 '방해하는' 두 개의 구성요소를 선택할 것이다. 핀 또는 쐐기 못과 구멍이 있는 어떤 부품을 상상해보자(그림 3.4 참조).

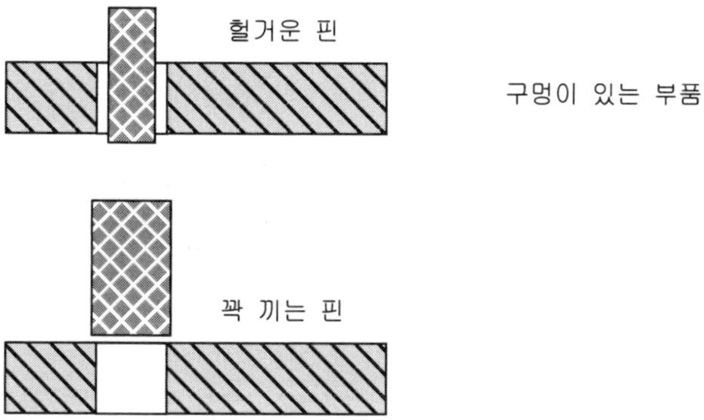

그림 3.4 빗장 장치 문제에서 관점을 제한하기

관점을 제한함으로써, 문제는 더 간단해지고 더 잘 정의된다. 단지 두 개의 부품, 즉 핀과 구멍이 있는 구성 요소만을 보자. 문, 바이저, 액츄에이터(actuator), 전자제어장치와 기타 여러 부품들은 사라졌다. 전문적인 기술 용어 대신에 보통의, 일상 단어를 사용하는 것이 이 단계의 분석에서 도움을 줄 것이다.

이 문제에 대한 아주 간단한 해결책이 1990년대에 발견되어 특허출원 되었다(그렇다, 19세기가 아니라 20세기 마지막 10년을 남겨 놓고서야). 해결책의 원리는 그림 3.5에 있다. 원추형 핀이 원통형 핀을 대체하였다. 원추의 각도는 핀이 꽉 끼워지지만 빗장에 고착되지는 않도록 하는 각도이다(적당한 각도는 15.4°이었다. 이 각도는 빗장과 핀의 두께와 재질에 따라 달라진다). 특허 본문을 발췌한 내용은 다음과 같다. "본 발명의 잠금 장치는 큰 문의 변형으로 인해 발생하는 문제를 제거할 때 도움이 된다. … 발명은 가이드 슬롯 부품 내부의 안전성을 높이기 위해 길게 늘어진 가이드 슬롯 부품과 잠금장치 부품을 포함한다. 가이드 슬롯과 잠금장치 부품은 꽉 끼워 맞춤을 가능하게 하기위한 방법으로서 경사져 있는 긴 측면을 가지고 있다. 더욱이, 이 잠금 장치는 문이나 출입구를 처음 열 때 필요한 힘을 줄인다."[2]

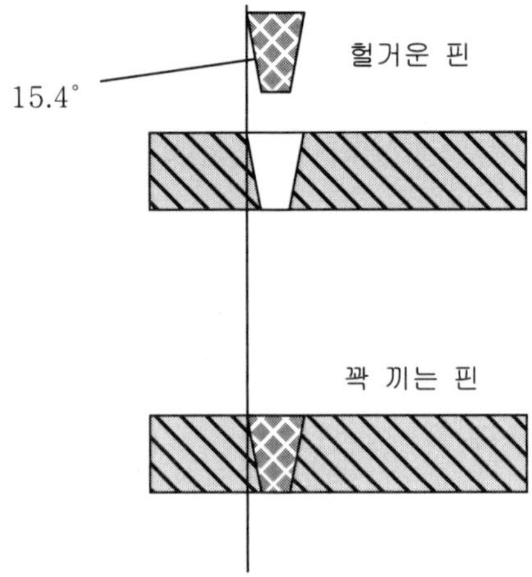

그림 3.5 잠금장치 문제의 주요 해결책

절충은 해결되었다. 원추형 핀은 넣고 빼기가 쉽다. 잠근 상태에서, 핀은 구멍을 완전히 채우며 마모가 되지 않을 것이다.

누군가 이렇게 물을지도 모른다. "이 해결책에서 무엇이 흥미로운가? 열 살된 아이라도 알아낼 수 있는 것이 아닌가?" 만약 당신의 생각이 이러하다면, 다음 두 질문에 답변을 해보기 바란다.

1. 이렇게 간단한 해결책이 어떻게 1990년대가 되어서야 구해질 수 있었을까?

2. 간단하면서도 정말 필요한 해결책을 찾는 데 막대한 시간 손실을 줄이려면 무엇을 해야 할까?

경영 문제에서 활동 목적을 이해하는 것은 단순한 공학적 과제에서보다 훨씬 더 중요할지 모른다. 예를 들어, 어느 회사가 보일러, 터빈, 발전기, 그리고 다른 산업용 에너지 기술을 만든다. 이 회사의 활동 목적은 무엇일까? 지난 몇 10년간 그 대답은 단순히 보일러와 터빈을 만들고 파는 것이었다. 오늘날 회사들은 고객의 문제를 해결하는 것이 그들 업무의 진정한 목표하고 말하는 것을 더 선호한다. 사실, 에너지 기술을 사는 사람은 그런 기계장치가 필요한 것이 아니고, 에너지가 필요하다. 에너지 수요자는 단지 에너지만 필요한 것일까? 또는 어쩌면 그들은 에너지를 절감을 도와주는 해결책이 필요하지는 않을까? 이것이 바로 회사가 업무 목적을 정할 때 많은 시간과 많은 자원을 투자하는 이유이다.

즉, 일단 모든 회사 구성원이 회사 목표의 공통된 정의를 가지면, 어떤 제안된 행위가 목표를 앞당길지 어떨지를 판단하기가 훨씬 수월해진다.

논의가 비교적 간단한 시스템으로 돌아가면, 시스템에서 동일한 요소가 문제에 따라서 대상물이 되기도 하고 도구가 되기도 한다(이따금 혼돈스럽다). 만약 문제가 도끼로 큰 나무토막을 효과적으로 쪼개기 위한 방법이라면, 도끼는 도구이고 큰 나무토막은 대상물이 된다. 만약 문제가 도끼날이 예리하지 못한 것이라면, 나무는 날을 무디게 하는 도구이고 도끼날은 작용을 받는 대상물이 된다. 어떤 상황에서 우리는 고객에게 물건을 판매하며 다른 상황에서 고객은 우리의 행동을 바꾸게 하는 자료를 제공한다. 고객은 도구가 될 수도 있고 대상물이 될 수도 있다.

어떤 특정한 상황에 대해서 무엇이 도구이고 무엇이 대상인지 결정해야 하는 작업이 필요한데, 이것이 문제를 더욱 쉽게 해결되도록 도와줄 것이다. 그래서 이것은 시간을 쓸 만한 가치가 있다. "도구는 대상물에 작용한다"를 그림으로 나타내거나 문장으로 기술하고, 그 다음에 당신 문제의 단어로 대입하면 유용할 것이다.

3.3.2 절충은 어디에나 있다

절충은 어떤 시스템에서나 불가피하게 발생한다고 반복해서 말하는 것이 좋다. 시스템은 서로 상호 작용을 하고 있는 도구와 대상물로 구성되어 있다. 그림 3.6의 맨 위 줄에서 직선은 절충이 없는 상황을 나타낸다. 그 다음 절충이 나타나고(번개모양 화살표) 해결된다(큰 화살표는 시스템의 변화를 표시한다). 맨 아래 줄에서 보듯이 이러한 유형은 여러 번 반복된다.

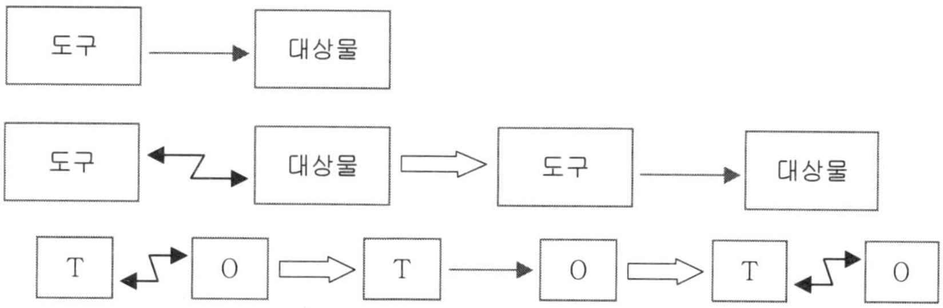

그림 3.6 시스템은 절충을 해결함으로써 개선된다. 맨 위 줄에서 직선은 절충이 없는 상황을 나타낸다. 그 다음 절충이 나타나고(번개모양 화살표) 해결된다(큰 화살표는 시스템의 변화를 표시한다). 맨 아래 줄에서 보듯이 이러한 유형은 여러 번 반복된다.

절충은 유용한 작용과 수반하여 일어나는 해로운 작용으로 명확하게 나타날 수 있다. 절단 도구에서, 날은 물체를 자르지만, 동시에 열을 발생시킨다. 가공되는 재료는 날을 닳게 한다. 자동차는 사람과 화물을 수송하는 반면에, 차의 소음은 사람들을 괴롭히고 배기가스는 공기를 오염시킨다. 트랜지스터는 유익한 스위치 작용을 하는 동안에 유해한 열을 발생시킨다.

해로운 효과가 보이지 않을 때조차도 시스템 내에는 절충이 존재한다. 전기 자동차는 소리가 없고 배기가스를 내뿜지 않지만, 동력 시스템은 차 내에서 많은 공간을 차지함으로써 운송 적재량을 줄인다. 배터리를 충전하기 위해서 어떤 발전 시스템을 사용하게 되더라도(태양열 발전, 전통적인 발전 또는 원자력 발전), 에너지를 생산하기 위한 장치는 필요하고, 시스템 내에서 오염이 생기며, 전력 시스템의 기초 구조를 만들기 위한 부가적인 기계와 에너지가 사용된다. 종국에는 배터리가 폐기되어야 하는 데, 이것은 대단히 큰 오염원이다. 각각의 이러한 문제들이 절충을 일으킨다.

일반적으로 말하자면, 시스템은 그것이 단지 존재하기 때문에 나쁘다. 대상물에 작용할 수 있는 능력을 보유하기 위해서(유용한 특성), 도구는 크기와 무게를 가지고, 에너지를 소비하며 비용과 해로운 점들을 일으키는 다른 특성들을 가진다. 절충이 제거될 때, 완전한 시스템 또는 이상적 최종 결과가 달성되었다고 생각할 수 있다. 그러나 이러한 성취는 상대적이고 일시적인 것이다. 시스템 자체 내에서 또는 그 시스템에 의해 영향을 받는 다른 시스템에서 새로운 절충이 나타난다. 모든 차세대의 트랜지스터는 이전의 것보다 더 적은 공간을 차지하고 더 적은 에너지를 소비하였지만, 새로운 칩 위에 있는 고밀도 트랜지스터는 연결을 하기 위해서 그리고 열을 방출시키기 위해서 시스템이 더욱 더 복잡해진다. 전기 자동차는 석유화학적인 오염을 제거하지만, 배터리 생산 및 폐기와 관련된 문제를 증가시킨다.

3.3.3 다양한 절충 모형

도구와 대상물 사이에 있는 절충을 도식적으로 나타내기 위해서, 다양한 기호가 사용된다(그림 3.7 참조). 도구는 어느 대상물과는 유용한 작용 할 수 있으며 다른 대상물과는 해로운 작용을 할 수 있는 데, 즉 트럭은 화물을 이동시키지만 반면에 도로를 마모시킨다.

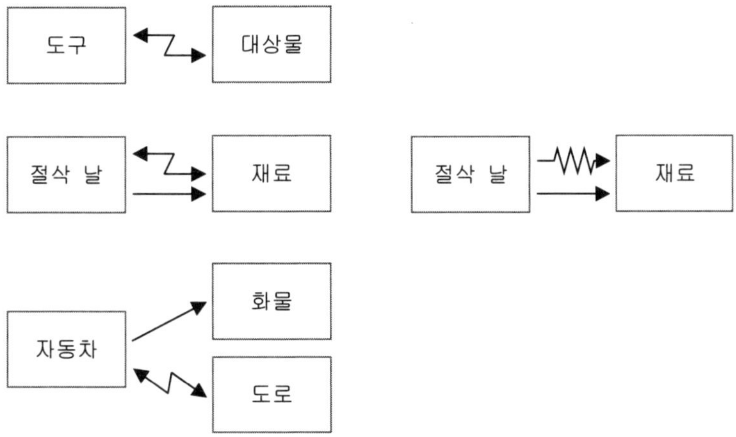

그림3.7 다양한 도식적 모형이 절충을 나타내기 위해 사용된다. 번개 모양 화살표는 일반적으로 절충을 의미한다. 때로는 번개 모양은 부정적인 작용을 의미하고 직선은 긍정적인 작용을 의미한다. 절삭 날은 재료를 자르지만, 동시에 열을 발생시킨다. 몇몇 트리즈 서적들에서 물결 모양의 선은 종종 해로운 작용을 나타내는 데, 특히 물질-장(Su-field) 방법에서 그렇다. 몇몇 소프트웨어 시스템에서 파란색 화살표는 유용한 작용을 의미하고 빨간색 화살표는 해로운 작용을 의미하며, 그러므로 두 색이 모두 있음은 절충을 의미한다.

3.3.4 특 성

특성과 작용을 가지고 절충을 설명할 수 있다. 특성을 설명하는 것이 가장 간단한 방법이다. 대부분의 경우에, 제품 개발은 특성 개선을 의미한다. 일반적으로 사용자는 제품 그 자체가 필요하지 않고, 그 특성이 필요하다. 예를 들어 보자.

내연기관 엔진을 동력으로 하는 기존의 잔디 깎는 기계의 소음기를 어떠한 방법으로 개선 할 수 있을까? 우선 소음기의 특성들을 나열해보자.

- 크기
- 무게
- 소음 흡수 능력
- 제조 용이성
- 형상, 외관

작은 가정용 정원에서 어떻게 당근의 어린 싹을 솎아낼 수 있을까? 우선 솎아내는 기술 특성들을 나열해보자.

- 속도
- 정밀도
- 인간공학적 수준

우리는 빗장 장치에 대해 언급한 바 있다. 핀을 어떻게 개선 할 수 있을까? 핀의 특성들을 나열하라.

- 크기
- 형상
- 표면 품질, 제조 정밀도
- 제조 용이성
- 잠그기와 열기의 용이성
- 신뢰도

3.3.5 특성 사이의 절충 관계

도구와 대상 사이의 절충은 문제가 어디 있는지를 보여준다. 절충을 두 특성 사이에 있는 갈등으로 나타내는 것이 효과적하다. 자동차의 속도가 증가되면, 안전성은 악화된다. 그림 3.8에 있는 바와 같이, 유용한 두 특성 사이에서 갈등이 존재하는 것을 단순한 그림으로 나타낼 수 있다.

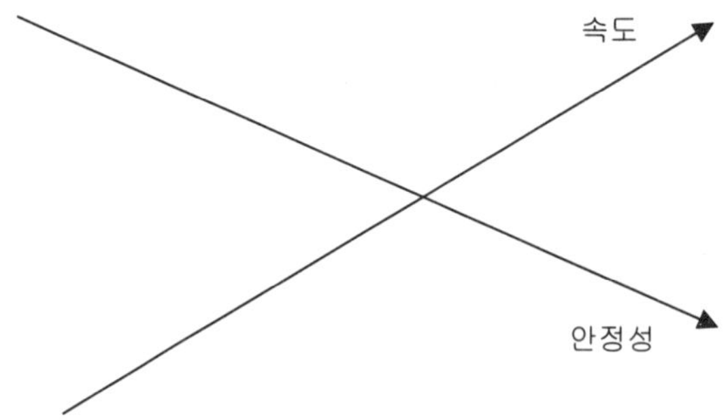

그림3.8 두 개의 유용한 특성 사이에 나타나는 갈등

종종, 유용한 특성을 개선함은 해로운 특성의 강화로 연결된다(그림 3.9 참조). 자동차의 속도를 증가시킬 때, 연료 소모 역시 증가된다.

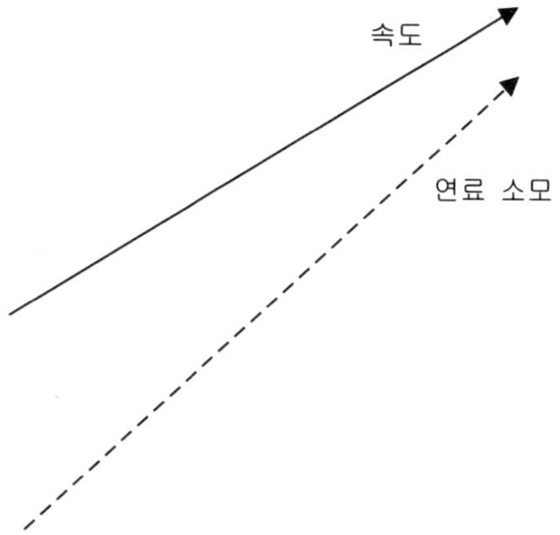

그림 3.9 유용한 특성과 해로운 특성 간에 나타나는 갈등. 그림에서 점선은 해로운 특성을 의미한다.

우리는 시스템의 현 상태를 설명하기 위해서 특성을 사용할 수 있으며, 우리가 원하는 시스템을 설명하기 위해서 역시 특성을 사용할 수 있다. 만약 특성 사이에서 갈등 혹은 절충이 발생되면, 우리는 절충을 제거하기 위해 트리즈를 사용할 수 있고, 새로운 개선된 시스템을 만들 수 있다.

때때로, 기능과 작용의 분석은 절충에 대한 귀중한 추가 정보를 제공한다. 이것은 기능이 아주 명확하게 표현될 수 있는 경우이다. 그렇지만, 종종 우리는 단순한 일상적 시스템의 기능을 만족스럽게 표현할 수 있는 동사와 명사를 찾을 수가 없다. 수도꼭지의 기능은 무엇인가? 물의 흐름을 제어하기 위한 것인가? "제어하다"라는 단어는 물의 전달 기능을 어떻게 검출하는지를 알려주지 못하는 지극히 일반적인 동사이다. "물의 흐름을 멈추게 하기"나 "물을 조절하기"는 둘 다 기능의 절반 정도만 정의한다. 이와 대조적으로 수도꼭지의 필수적인 특성을 쉽게 나열할 수 있다. 즉 물 흐름, 신뢰도, 사용 용이성, 장식적인 외형과 기타 등이 있다. 그러므로 우리는 이 책의 대부분 예제에 대해서 기능보다는 특성을 사용할 것이다.

사람들이 문제를 기술할 때, 흔히 절충 대신에 단점만을 언급한다. 안전성의 부족이나 연료의 과다 소비가 자동차의 문제점으로 지적되며 절충(속도가 빨라지면 연료 소비가 증대되거나 혹은 속도가 빨라지면 안전성이 낮아진다)에 대해서는 언급되지 않는다.

가끔씩은 바람직한 특성이 절충 대신에 정형화된다. 안전성이나 연료 경제성이 향상될 때 악화되는 특성은 무엇인지를 다루지는 않은 채 안전성과 연료 경제성이 "절충"으로서 설명된다. 문제 해결자는 곧장 해결책으로 뛰어 들어가려고 한다.

절충의 양면 분석은 필수적이다. 이것은 이론적으로 쓸데없이 따지는 행위가 아니다. 좋은 특성과 나쁜 특성 사이의 관련성이 표현될 때, 해결책의 몇 가지 특성들이 드러나기 시작한다. 우리는 해결책이 제거해야 하는 절충이 무엇인지 안다. 비록 우리가 어떤 방법인지는 아직 모르지만 말이다.

실제 상황에서, 문제는 가능성 있는 많은 도구와 대상물 쌍과 많은 절충을 담고 있다. 많은 절충을 살펴보기 위해 표 3.1의 연습문제를 시도해 보기 바란다. 여러분의 개인적 생활과 직무경험 사례로 표를 채울 것을 권장한다. 여러분 자신의 문제에 대한 좋은 해결책을 알아내기 위해서 어떤 구성요소와 어떤 절충을 선택해야 할까? 다음 절에서, 절충의 선택에 대하여 검토할 것이다.

표 3.1 절충의 예

이것이 더 개선될 때	이것이 더 악화될 때
창고의 크기가 커진다.	재고 물량의 정확성이 낮아진다.
휴가를 가서 우리 가족들은 행복하다.	내가 일을 해야 할 시간을 너무 많이 빼앗긴다.

3.4 다수의 절충들

3.4.1 절충은 어디서 나타나는가?

문제의 기술은 마치 신문잡지 기자의 질문에 대한 대답과 같다. 누가, 무엇을, 어디서, 언제, 왜 그리고 어떻게 라는 질문에 대답을 하다 보면 절충이 드러날 것이다. 시스템의 수준 역시 중요하다. 시스템은 하위 수준의 몇 개의 부분을 포함하며 그 자체가 상위 시스템 또는 거대 시스템의 일부분이다.

잔디 깎는 기계의 소음기는 적어도 두 개의 하위 시스템을 포함하는 시스템이다. 덮개와 다공성 흡수 재료이다. 소음기 자체는 잔디 깎는 기계의 한 부분이다. 더 나아가서, 잔디 깎는 기계는 잔디, 먼지, 정원사와 그외 시스템을 포함하는 공원 시스템이나 정원 시스템의 일부분이다.

다음과 같은 모든 수준에서 절충과 해결책이 존재한다.

- **소음기 수준**: 소음 수준을 낮출수록, 다공성 재료의 층이 더 두꺼워진다. 소음기를 두껍지 않게 하고서도 소음을 줄일 수 있는 한 가지 가능한 방법은 소음 소거기를 사용하는 것이다. 능동적인 소음 통제 장치는 음파를 발생시켜, 그 음파의 봉우리를 원하지 않는 음파의 최저점에 대응시키거나 그 반대로 한다. 이와 같은 시스템이 몇몇 자동차에서 사용되고 있다.

- **잔디 깎는 기계의 수준**: 이 시스템은 덮개, 엔진, 배기가스 관, 소음기와 그 외 잔디 깎는 기계의 여러 부품으로 이루어진다. 만약 소음기를 사용해서 소음이 감소된다면, 잔디 깎는 기계는 더욱 복잡하게 된다. 한 가지 분명한 문제 서술은 소음기의 역할을 할 수 있도록 덮개를 바꾸는 방법이나.

- **정원(또는 마당이나 공원) 수준**: 시스템은 최소한 잔디 깎는 기계와 잔디를 포함한다. 문제와 해결책들의 개수가 증가한다. 잔디는 다음과 같은 두 가지 방법으로 활용될 수 있다.

  A. 핀란드인 발명가는 잔디를 사용했다. 그는 배기관을 잔디 아래쪽으로 구부렸다(그림 3.10 참조). 잔디가 소리를 흡수하는 재료 역할을 했다. 소음은 상당히 감소되었다. 뜨거운 공기가 또한 잔디를 건조시켜서 잔디 깎는 기계에 들어붙지 않도록 하였다.

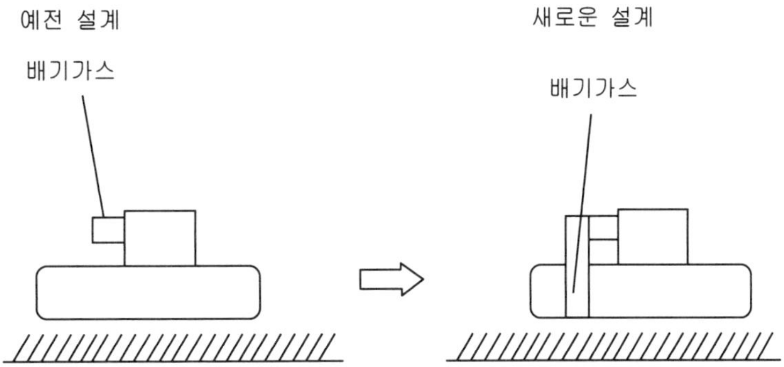

그림 3.10 소음-흡수 재료로 사용되는 잔디.

B. 정원의 외관이 잔디 깎는 기계를 사용하여 개선된다면, 시스템은 더 복잡해진다. 만약 잔디를 깎을 필요가 없다면, 잔디 깎는 기계의 소음에 대해서 근심할 필요가 없어질 것이다. 어떤 일정한 높이까지 자란 후에 성장이 멈추는 잔디가 개발되었으며 상용화를 위해 시험 중이다. 일본인들은 이끼 원예(moss gardening)를 발전시킨 수백 년의 경험이 있다. 이끼 양탄자는 재단이 필요 없다. 이동식 공원에서 사람들이 자주 바위를 초록색으로 칠하고 잔디를 기르지 않는다. 스포츠센터는 종종 아스트로터프(Astroturf)와*[8] 같은 인공잔디를 사용한다. 확실히, 문제에 대한 최선의 해결책은 시스템의 용도가 무엇인지를 알기를 원한다.

한 수준 이상으로 문제와 절충을 정형화 하는 것이 유용하다(그림 3.11과 3.12 참조). 절충의 선택은 그 문제가 가지고 있는 제약과 조건에 따라 좌우된다. 여러분이 만약 빠르고 값싼 해결책이 필요하다면, 잔디 깎는 기계나 소음기를 기계적으로 변경하는 것부터 착수하는 것이 최선이 될 것이다. 만약 활용 가능한 자원이 더 존재하면, 미시 또는 거시 수준으로 문제를 해결하는 것이 더 흥미로울 수 있으며 산업 전체에 영향을 미치게 될 변화를 제시할 수 있다.

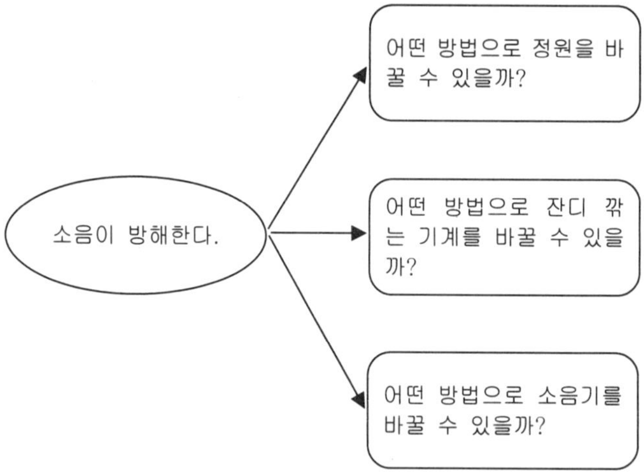

그림 3.11 한 수준 이상으로 문제를 정형화하여라.

* 역자주: 인공잔디 상표명

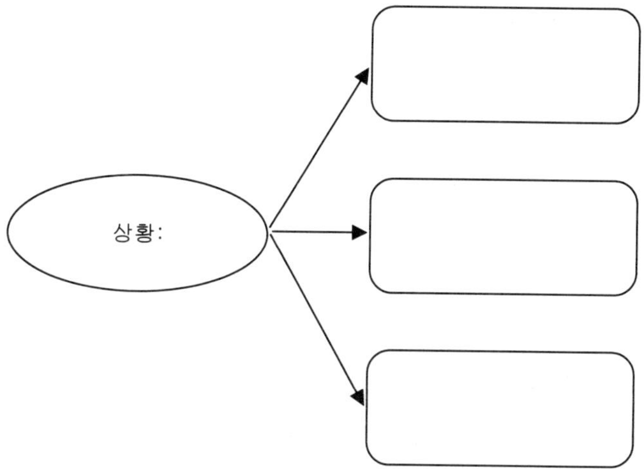

그림 3.12 연습. 문제를 한 수준 이상으로 정형화하라.

아주 완벽하게 문제를 서술할 방법은 없다. 그러나 당신이 가장 간단한, 가장 명백한 서술로 시작한다면, 추후에 이를 보완하면 된다. 시작하는 것이 중요하다.

3.4.2 절충은 언제 나타나는가?

문제는 시스템의 일생 중 여러 번 나타날 수 있다. 또 다른 원예 예제가 이를 설명할 수 있다. 당근은 작은 가정용 정원에서 재배된다. 최초의 문제는 당근을 쉽게 솎아낼 수 있는 방법을 찾아내는 것이다. 당근 모종 솎아 내기는 필요한데, 그렇게 함으로써 당근 모종 마다 충분한 공간이 확보되어, 당근이 크면서 충분한 영양분과 수분을 섭취할 수 있도록 이것이 도와줄 것이다. 이 문제를 급하게 해결하기 전에, 경작 단계를 검토하는 것이 유용하다. 간단하게 파종하기와 솎아내기 두 단계만 살펴보도록 하자.

두 단계 모두가 자체 문제와 절충을 포함하고 있다.

- **파종하기**

만약 모든 씨앗이 제 위치에 정확히 파종되면, 솎아내기를 할 필요가 없다. 만일 손으로 아주 단순하게 파종한다면, 많은 시간이 소요된다. 파종 기계를 사용하면 시간은 절약될 수 있지만, 단점은 장비가 있어야 한다는 것, 그 비용, 보관, 유지관리 등이 있다.

▪ 솎아내기

파종하기와 동일한 절충이 있다: 솎아내기는 어떤 방법으로 기계화를 시킬 수 있고 시간 절약이 가능하지만, 시스템이 복잡해진다.

파종을 간단하게 하고 솎아내는 작업이 필요 없도록 하는 뛰어난 해결책이 하나 있다. 씨앗을 생분해성 테이프에 붙인다. 정원사는 밭고랑에 테이프를 놓는다. 작물은 정확히 제 위치에서 자란다(그림 3.13 참조). 여러분은 스스로 종이 타월과 흰 풀, 작은 씨앗으로 씨앗 테이프를 만들어낼 수 있다. 예를 들어 http://lancaster.unl.edu/hort/youth/seedtape.htm을 참조하라.

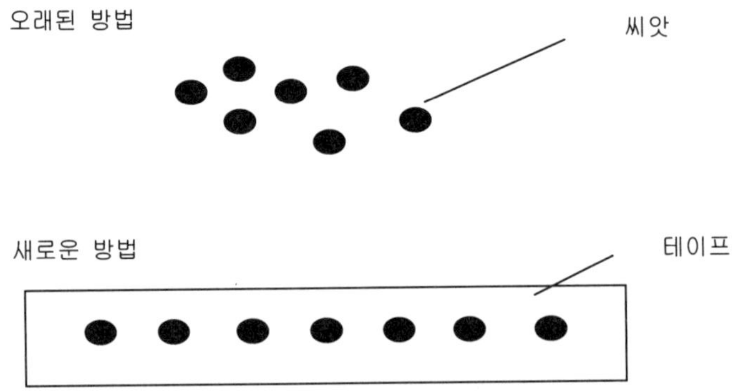

그림 3.13 씨앗이 생분해성 테이프에 고정된다.

때때로 좋은 해결책은 다른 프로세스 단계에서 발견된다. 바로 이것이 여러 가지 다른 프로세스 단계로 절충을 정형화 하는 것이 유용한 이유이다. 이 예제에서 솎아내기 단계의 문제가 파종단계의 변경에 의해서 제거되었다.

3.4.3 아홉 스크린

시간으로 그리고 시스템의 수준으로 문제의 위치가 아홉 개의 스크린(때때로 창문, 상자, 틱택토우(tic-tac-toe) 방법 또는 시스템 연산자라고도 함)을 갖는 간단한 표로 설명될 수 있다. 우리는 잔디 깎는 기계와 당근재배 예제를 아홉 스크린을 사용하여 제시한다(그림 3.14 참조).

	과거	현재	미래
거시 수준		잔디 깎는 기계	
시스템		소음기	
미시 수준		다공성 재료	

거시 수준			
시스템	당근: 파종	당근: 솎아내기	당근: 소비
미시 수준			

그림 3.14 아홉 스크린으로 만든 모형 사례

이 표는 문제를 더욱 명확하게 보도록 도와주며 때로는 곧바로 해결책을 제시해 주기도 한다. 당근 예제에서 우리는 현재와 과거를 고려하였다. 미래는 어떠한가? 만약 당근 밭고랑을 솎아내지 않는다면, 뿌리가 작게 될 것이다. 만약 우리가 "작은 당근"의 사용처를 찾아낼 수 있다면, 솎아내기는 필요하지 않다. 거시적 관점에서는 어떤가? 씨앗을 붙인 테이프를 거시 시스템으로 간주할 수 있다. 어떻게 이 시스템을 개선시킬 수 있을까? 예를 들어 테이프가 비료를 함유할 수 있다.

알트슐러는 이 표를 "재능 사고(talented thinking)의 스크린" 이라고 불렀다. 일반적으로, 사람들은 현 시스템인 하나의 창만을 생각한다. 재능 사고를 가진 사람은 최소한 9개의 시스템을 생각한다. 시스템, 거시 시스템, 미시 시스템과 과거, 현재, 미래의 세 가지 수준이다. 그림 3.15는 아홉 스크린의 활용을 위한 템플릿을 제시한다.

	과거	현재	미래
거시 수준			
시스템			
미시 수준			

거시 수준			
시스템			
미시 수준			

그림 3.15 연습. 9개의 스크린을 활용하여 개인의 생활이나 업무 상황의 사례를 들어 보아라.

이것이 아홉 스크린을 사용하기 위한 가장 간단한 방법이다. 스크린 시스템은 독립적인 도구 세트이다. 이것은 많은 다양한 방식에 사용될 수 있다. 문제에 관한 당신의 이해력을 높이기 위해 그리고 당신이 찾고 있는 해결책 분야를 넓혀 주기 위해 당신은 대럴만(Darrell Mann)이 The TRIZ Journal[3]에 기고한 4편의 논문에서 아홉 스크린을 활용에 관한 많은 아이디어를 얻을 수 있다.

3.4.4 시스템을 개선시킬 것인지 또는 제거할 것인지 여부를 결정하는 방법

때로는 시스템을 개선하는 것 보다 제거 하는 편이 더 간단할 때가 있다. 브레인스토밍과 아이디어 발상법에 대한 역사적인 연구에서 알렉스 오스본(Alex Osborn)은 다음과 같이 질문할 것을 제안하였다. “우리가 무엇을 제거 할 수 있을까? 이것을 무시해버린다고 가정해보자. 더 적은 부품으로는 왜 안 될까?”[4] 그렇지만 일반적으로는 어느 부품 또는 어느 공정의 어느 단계를 단순하게 없애는 것은 불가능하다. 어느 부품 또는 공정의 제거는 대부분의 경우에 어떤 유용한 특징이나 기능이 사라진다는 것을 의미한다. 어느 부품이나 어느 시스템 또는 어느 공정의 제거를 제안함으로써 우리는 절충을 발생시켰다. 만약 우리가 절충을 명확하게 정형화한 다음, 절충을 해결하여 시스템의 부품과 공정의 숫자가 적어지고 시스템이 더 유용한 특징을 갖는다면, 우리는 상당히 개선된 시스템을 갖게 될 것이다. 이러한 종류의 절충을 검토하기 이전에 전통적인 사고방식은 막히곤 한다.

여기서 트리즈가 주는 새로운 시각은 무엇인가? "우리가 이것을 제거한다고 가정하자"라고 제안하는 대신에 다음과 같은 새로운 질문을 하자. "이 부품 또는 공정의 좋은 특성과 나쁜 특성은 무엇인가? 만약에 우리가 이것을 제거한다면, 개선되는 것과 악화되는 것은 무엇인가?"

예 제

- 자동차에서 예비타이어의 장점과 단점은 무엇일까? 이것은 신뢰성을 증가시키지만, 이와 동시에 공간을 차지한다. 일부 자동차에서 보통 타이어가 또한 "예비" 타이어이다. 타이어가 펑크가 나면, 자동차를 가장 가까운 수리 센터까지 조심스럽게 운행할 수 있도록 설계되어 있다.
- 이 책의 시작 부분에서 T자 연결을 갖는 파이프의 예제가 있었다. T자 맞춤은 완전한 파이프 시스템을 만드는 데 필요하지만(+), 부품 숫자는 증가된다(−). 이음 고리가 있는 파이프는 복잡성을 늘리지 않고도 T자 연결 기능을 제공한다.
- 공정 또한 제거될 수 있다. 요즘에는 수확 기계가 절단과 수확을 동시에 실행하지만, 몇 년 전에는 절단과 수확은 분리된 공정이었다. 디지털 인쇄는 조판을 없앴다. 현장연수는 학과 실습을 없앴다.
- 저장 공정과 창고는, 이전에는 필요하다고 여겨졌었지만, 전자공학과 같은 많은 산업분야에서 사실상 제거되었다. 제품은 주문이 들어오면 즉시 생산되어, 사용하는 지점으로 직접 배달된다. 그러나 보관 문제가 아직 남아있는 산업 분야 역시 있다. 많은 식품이 시장에서 낭비된다. 구매자가 필요로 하는 것을 그들에게 보장해 주기 위해 유통업자는 여분의 식품을 보유한다. 하지만 식품 중 일부는 창고에 남게 될 것이다. 여러분은 이 문제를 어떻게 해결하겠는가?

구성요소나 공정을 제거하는 것이 항상 가능하지는 않다. 절충에 대한 다른 해결책이 자주 필요하긴 하지만, 만약 구성요소 또는 공정을 제거했을 경우에 무엇이 발생할 것인지를 생각해보는 이 방법은 실제 문제의 해결책을 찾는 데 도움이 된다.

3.4.5 해결해야 할 올바른 문제를 어떻게 식별하는가?

옛 속담에 이르기를 "일을 단지 올바르게 하는 것보다는, 올바른 일을 하는 것이 더 중요하다"라는 말이 있다. 유감스럽게도, 이 말과 유사한 말들을 반복하는 것은 별로 도움이 되지 않는다. 과거에는 종종 전문가들이 주관적으로 문제를 선정하였다.

트리즈는 문제해결 기술을 혁신하고 있고, 이것은 또한 문제 기술을 개선시키는 방법론을 또한 바꾸고 있다. 주관적이거나 임의적인 정형화 대신에 트리즈를 사용함으로써 우리는 정확한 정의를 얻게 된다. 실제 문제는 절충을 포함한다.

절충 분석은 트리즈가 제공하는 도구 모음 가운데 정확한 문제 서술을 개발하기 위한 유일한 도구이다. 이 책에서 제시하는 모든 도구들은 문제를 찾는 것과 문제를 해결하는 것 양쪽으로 활용될 수 있다. 각 장을 읽을 때 한 번에 하나씩 도구를 사용할 수도 있겠지만, 모든 도구를 함께 사용함으로써 당신의 문제 분석 및 문제 해결 기술을 증진시킬 수 있다.

이 절에서 우리는 절충에 초점을 맞춘다. 업무에 있어서의 최선의 문제를 탐색한다는 것은 수많은 절충 가운데서 적절한 갈등을 선택한다는 의미이다.

첫째, 이용가능한 시간과 자원을 고려하여라. 원칙적으로는 수많은 대안이 존재한다. 실제로는 선택은 훨씬 더 제한된다. 잔디 깎는 기계 예제에서, 가장 극적인 개선방법은 잔디 깎는 기계가 없이 보기 좋은 잔디를 유지하는 것이다. 이것이 최선의 해결책일지 모르지만, 이것은 상당한 기간 동안 거액의 연구비 투자에 이어서 시장에 새로 진입한 신상품을 소개하기 위한 또 다른 막대한 투자를 필요로 한다. 만약 잔디 깎는 기계 회사가 빠르게 또는 저렴한 비용으로 개선하고자 한다면 소음기, 그리고 소음기와 상호작용을 하거나 할 수 있는 시스템 요소들을 조사해보는 편이 더 나을지도 모른다. 공정의 여러 단계에서 개선을 위한 선택을 할 때에도 이와 마찬가지라고 말할 수 있다. 때로는 과거로 가거나 (당근재배의 예) 또는 미래로 가는 것으로써 문제를 해결할 수가 있으며 때로는 해결하지 못할 수도 있다.

둘째, 문제는 특정한 구성요소 사이에서 나타난다. 이것이 문제 선택을 단순화한다. 당신은 단순히 문제가 접하고 있는 구성요소를 선택하면 된다. 빗장 문제에서 핀과 구멍 뚫린 부품이 서로 "방해한다." 이것이 그것들을 선택한 이유이다. 예를 들면, 문과 시동장치는 배제되었다. 이것들은 해로운 상호작용 또는 특성과 관련이 없다.

그러나 이러한 권고 사항들이 문제에 대한 올바른 선택을 보장하지 못한다. 만약 내가 깎을 필요가 없는 지피(地被) 식물을 찾아낼 수 있다면, 올바른 과제는 시스템에서 잔디 깎는 기계를 없애는 것이다. 만약 그럴 수 없다면, 올바른 과제는 잔디 깎는 기계를 개선하는 것이다. 즉, 올바른 문제를 정형화하기 위해서 우리는 해결책을 알아야만 한다. 그렇지만, 해결책을 알아내기 위해서는 올바른 문제를 서술하는 것이 대단히 중요하다. "문제를 잘 서술하면 반은 풀린 것이다"와 같은 유명한 경구 이면에는 우리가 문제를 잘 서술 할 수 있다는 묵시적 가정이 담겨있다. 이 가정은 잘못된 것이다. 전 세계의 어떤 전문가도 처음에 정확하게 문제를 서술할 수는 없다. 이것이 막다른 골목인가? 그러면, 트리즈 사용자는 무엇을 해야 할까?

잘 검증된 실질적인 접근법이 여기에 있다. 기존의 지식을 바탕으로 해서 가장 합리적으로 문제를 서술을 한 다음에 그것을 해결하도록 시도하여라. 해결책을 알아내기 위해 노력하는 동안에, 새로운 기회와 동시에 새로운 장애도 나타날 것이다. 이 새로운 지식은 우리가 문제 서술을 수정하게 해준다. 이러한 종류의 새로운 아이디어 창출은 과거의 신대륙 탐험이나 오늘날 우주 탐험을 떠올리게 한다. 그 외부에 무엇이 있는지 알지 못하지만, 갈만한 가치가 있다는 가정에 근거를 두고 있다. 후발 탐험가들은 또는 처음 탐험가는 다음 탐험에서 그들이 찾아내야 하는 문제에 관해 더 좋은 아이디어를 갖게 될 것이고, 그래서 그들은 더 훌륭한 도구나 또는 더 특별한 기술 등을 보유하는 전문가가 될 수 있을 것이다. 그림 3.16을 참조하여라.

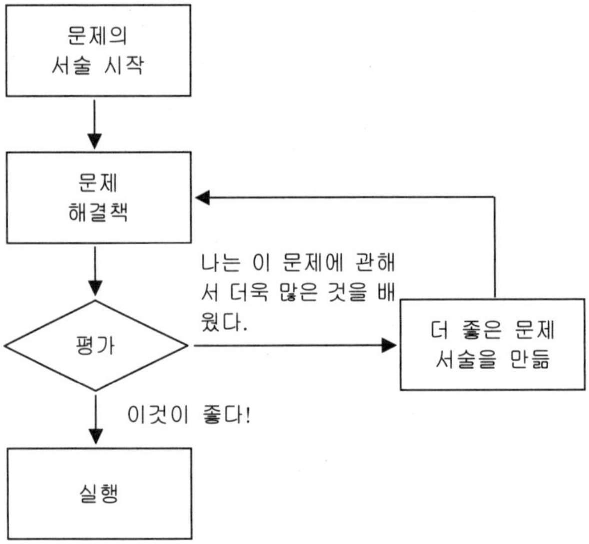

그림 3.16 문제 해결을 시작하기 위한 흐름도. 흐름도에서 상자는 행위이고 마름모는 의사결정을 의미한다. 화살표는 일이 실행되는 순서를 나타낸다. 이 흐름도는 사전 문제 서술로부터 시작한 다음에 당신이 문제에 대해 더 많은 것을 알게 되면서 더 나은 문제 서술을 만드는 방법을 설명한다.

3.5 문제에서 절충까지

이 장의 핵심 사항들을 요약해보자. 문제를 명확히 하기 위해서 5단계가 있다.

1단계: 도구와 대상물 쌍 그리고 이들을 연결하는 작용을 서술하여라.
2단계: 한 쌍을 선택하여라. 이 도구와 대상물을 선택한 이유를 설명하여라.
3단계: 이들 사이에 있는 특성과 절충을 서술하여라. 절충을 하나 선택하여라.
4단계: 이 절충을 인식하게 된 이유를 설명하여라.
5단계: 절충을 그림과 문장으로 설명하여라.

다음 표와 그림들은 몇 개의 예제를 요약해서 나타낸 것이다. 잔디 깎는 기계의 소음 문제(표 3.2와 그림 3.17 참조), 당근의 재배(표 3.3와 그림 3.18 참조), 빗장 장치의 문제(표 3.4와 그림 3.19 참조). 표 3.5는 자신의 문제를 연구할 때 사용할 템플릿이다.

표 3.2 잔디 깎는 기계의 예를 사용하여 절충 모형 만들기

1. 도구와 대상물 쌍들을 서술하여라.
   - 소음기와 소음(또는 진동하는 공기)
   - 소음과 사람(소음으로 지장을 받는)
   - 엔진과 배기가스(엔진은 가스를 이동시킨다)
   - 기타

2. 한 개의 쌍을 선택하여라. 왜 이 도구와 대상물을 선택하였는지 이유를 설명하여라.

   우리는 제한된 문제를 선택하기를 원하기 때문에 "소음기와 소음"쌍을 선택한다. 시스템을 가능한 한 조금 변경해서 해로운 특성을 제거하고자 한다.

3. 하나의 도구와 하나의 대상물로 된 선택된 시스템의 특성들을 서술하여라. 이 시스템에 있는 갈등을 서술하여라.
   - 특성
     크기, 무게, 흡수 능력, 제조 용이성, 형상 등
   - 특성들 사이의 갈등
     소음 흡수를 개선할 때(+), 소음기의 크기가 증가된다(-).
     소음을 억제하고자 할 때(+), 부품 수가 증가한다(-) (소음기가 필요).

4. 갈등되는 특성들 중 한 쌍을 선택하여라. 바로 이 절충을 선택한 이유를 설명하여라.
   - 정형화 문장을 고른다.
     소음을 억제하고자 할 때 (+), 부품 수가 증가한다(-) (소음기가 필요).
   - 이유
     제한된 문제, 아주 큰 변화가 필요하지 않음, 이와 동시에 목표는 단지 크기의 단순한 최적화 이상이다.

5. 절충을 그림과 문장으로 서술하여라.
   - 그림
     그림 3.17을 참조.
   - 문장으로
     소음 흡수 능력을 개선하고자 할 때, (소음기의)크기와 부품의 수(소음기가 필요)가 또한 증가된다. 만약 시스템이 단순화되면(즉 소음기가 더 작아지거나 아주 없어지면), 소음 흡수 능력은 감소되거나 없어진다.

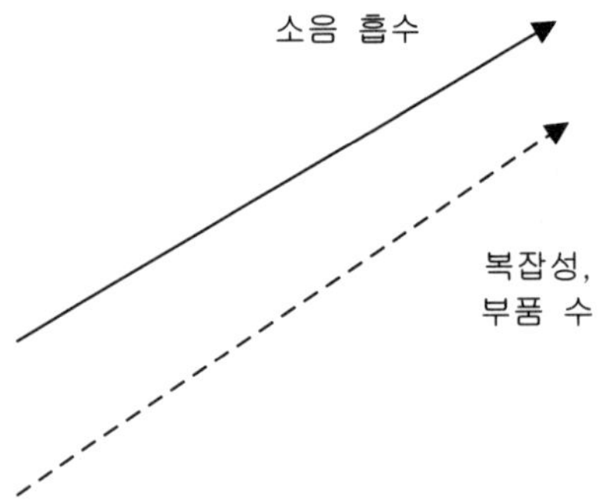

그림 3.17 소음 억제 문제에서 절충

표 3.3 절충 모형 만들기: 당근 재배 방법

1. 도구와 대상물 쌍들을 서술하여라.
   - 손과 씨앗
   - 손과 당근
   - 씨 뿌리는 기계와 씨앗
   - 기타

2. 한 개의 쌍을 선택하여라. 왜 이 도구와 대상물이 선택되었는지 이유를 설명하여라.

   손과 씨앗. 문제의 제약조건들이 작업 초기 단계에서 쉽게 변경할 수 있게 해준다. 가장 단순한 시스템을 선택하였다.

3. 하나의 도구와 하나의 대상물로 된 선택된 시스템의 특성들을 서술하여라. 이 시스템에 있는 갈등을 서술하여라.
   - 특성
     정확도, 속도, 편리성.
   - 특성들 사이의 갈등
     당근을 정확하게 손으로 파종할수록, 속도는 낮아진다.
     당근을 정밀하게 기계로 파종할수록, 속도는 올라가지만, 장치는 더욱 복잡해진다.

4. 갈등되는 특성들 중 한 쌍을 선택하여라. 바로 이 절충을 선택한 이유를 설명하여라.
   - 첫 번째 정형화 문장을 선택한다.
   - "당근을 정확하게 (손으로) 파종할수록, 속도는 낮아진다."
   - 이유
     가장 간단한 경우를 먼저 시도해본다.

5. 절충을 그림과 문장으로 서술하여라.
   - 그림
     그림 3.18을 참조
   - 문장
     당근을 정확하게 손으로 파종할수록 , 속도는 낮아진다.

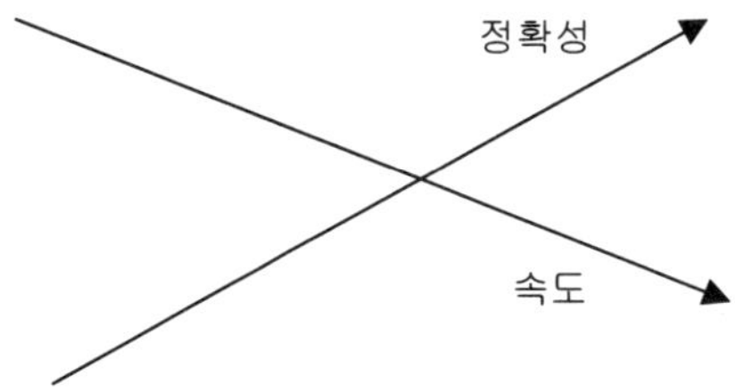

그림 3.18 당근 재배 문제에서 절충

표 3.4 절충 모형 만들기: 빗장 장치를 개선하는 방법

1. 도구와 대상물 쌍들을 서술하여라.
    - 암 부품과 수 부품
    - 핀과 구멍 뚫린 부품
    - 기타

2. 한 개의 쌍을 선택하여라. 왜 이 도구와 대상물이 선택되었는지 이유를 설명하여라.

    핀과 구멍 뚫린 부품. 핀과 부품사이에서 마모문제가 발생한다.

3. 하나의 도구와 하나의 대상물로 된 선택된 시스템의 특성들을 서술하여라. 이 시스템에 있는 갈등을 서술하여라.
    - 특성

      크기, 형상, 표면 특성, 제조 정밀도, 사용 용이성, 신뢰도
    - 갈등

      ① 잠그고 열기 편하도록 핀을 제조한다면(헐거운 핀), 이 장치의 신뢰도는 떨어진다. 핀을 꽉 끼게 만든다면, 열고 잠그는 일이 어렵게 된다.

      ② 만약 핀을 아주 정밀하게 제작하여 신뢰도가 높아지고 사용하기가 용이해진다면, 제조가 복잡해진다.

4. 갈등되는 특성들 중 한 쌍을 선택하여라. 바로 이 절충을 선택한 이유를 설명하여라.
    - 잠그고 열기 편하도록 핀을 제조했다면(헐거운 핀), 이 장치의 신뢰도는 떨어진다. 핀을 꽉 끼게 만든다면, 열고 잠그는 일이 어렵게 된다.
    - 이유

      정밀 가공이 필요하지 않은 시스템이 단순하다.

5. 절충을 그림과 문장으로 서술하여라.
    - 그림

      그림 3.19를 참조
    - 잠그고 열기 쉽도록 핀을 제조한다면(헐거운 핀), 이 장치의 신뢰도가 떨어지거나 마모가 더 심해진다.

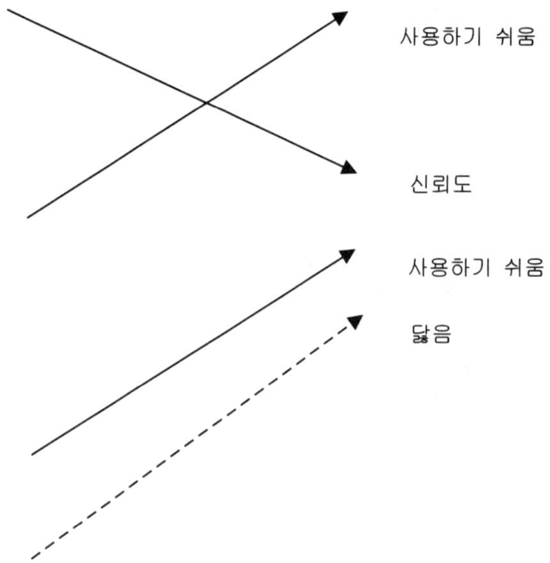

그림 3.19 빗장 장치 문제에서 절충. 두 개의 그림은 동일한 갈등을 다르게 나타낼 수 있음을 보여준다.

표 3.5 절충 모형 만들기: 당신이 당면한 문제 상황을 검토해 보아라.

1. 도구와 대상물 쌍들을 서술하여라.

2. 한 개의 쌍을 선택하여라. 왜 이 도구와 대상물이 선택되었는지 이유를 설명하여라.

3. 하나의 도구와 하나의 대상물로 된 선택된 시스템의 특성들을 서술하여라. 이 시스템에 있는 갈등들을 서술하여라.

4. 갈등되는 특성들 중 한 쌍을 선택하여라. 바로 이 절충을 선택한 이유를 설명하여라.

5. 절충을 그림과 문장으로 서술하여라.

3.6 요 약

❖ 모순(절충과 고유 모순)을 왜 공부할까?

문제의 두 종류는 사이렌 문제와 스킬라 문제이다. 만약 당신이 당면한 문제의 종류를 알지 못하면 여러분은 어떠한 종류의 해결책을 사용해야 할지 알 수 없다. 스킬라 문제는 모순을 포함하고 있다. 시스템 내에 있는 모순을 해결하는 것은 시스템 발전의 원인이 된다.

❖ 절충을 찾기 위해서, 먼저 도구와 대상을 선택하여라.

그 다음에 도구와 대상으로 된 선택된 시스템이 가지고 있는 중요한 특성들을 서술하여라. 문제 성격에 가장 적합한 절충 특성들의 쌍을 선택하여라. 모순을 서술하기 위해서 문장과 시각적 모형을 사용하여라.

❖ 수많은 절충이 존재한다.

어디서 언제 모순이 나타나는지 물어보아라. 아홉 스크린 또는 창 도표는 언제 어디서의 질문에 대한 답변을 얻는 데 도움이 된다. 만약 구성요소나 공정이 사라진다면 나타나게 될 모순을 정형화함으로써 시스템을 개선할 것인지 제거할 것인지 여부를 결정하여라. 해결해야 할 올바른 문제를 어떻게 하면 찾을 수 있을까? 우선 절충의 다양한 모형과 정형화를 시도해 보고, 문제를 가장 합리적으로 서술한 다음에, 필요하다면 문제 서술을 수정하여라.

❖ 애매한 문제 상황에서 명확하게 정형화된 절충으로 가라.

도구와 대상 쌍 그리고 이 둘 사이에 연관된 작용을 서술하여라. 한 쌍을 선택하여라. 특성들과 이들 사이의 갈등을 서술하여라. 절충을 그림과 문장으로 서술하여라. 때로는 절충을 정형화해가면서 해결책에 대한 아이디어가 떠오를 수 있다. 가끔 다른 도구가 필요할 경우도 있는 데, 이에 관해서는 뒤에서 다룰 것이다. 절충을 명확히 하는 이 방법을 사용한 결과, 설사 만족할 만한 해결책을 얻었다고 할지라도, 더 많은 해결책들을 개발하기 위해서 이 책의 이 후 장에서 제시한 도구들을 활용하도록 하는 것은 좋은 아이디어이다.

참고문헌

1. Homer, *The Odyssey*. Rieu's Translation, Penguin Books, London, 1991, 180.
2. Lahtinen, M.U.P. and Holtta, P.J., U.S. Patent 5,875,658, 1999.
3. Mann, D. System Operator Tutorial 1-4, *The TRIZ Journal*, September 2001, November 2001, December 2001, January, 2002, www.triz-journal.com.
4. Osborn, A.F., *Applied Imagination*, New York, Charles Scribner's Sons, 1963, 267.

Chapter Four

4 절충에서 고유 모순으로

당신이 갈등에 몰입하면 할수록, 더 나은 해결책을 얻게 된다. 이전의 장에서 우리는 두 가지 다른 종류의 모순, 즉 절충과 고유 모순을 간략하게 정의하였다. 우리는 절충을 상세히 살펴보았다. 이 장에서 우리는 절충으로부터 고유 모순으로 옮겨가는 방법과, 모순을 강화시키는 방법을 배울 것이다.

절충에 추가해서, 또 다른 모순이 필요한 이유는 무엇 때문일까? 첫 번째로, 고유 모순의 정형화는 최선의 해결책을 찾는 데 도움을 주는 데, 그 이유는 이것이 핵심 문제를 찾는 데 도움을 주기 때문이다. 항상 많은 문제와 절충이 있지만, 모든 문제가 똑같이 중요한 것은 아니다. 한 개의 문제가 핵심이다. 이 문제의 해결책은 다른 문제들의 해결책이 된다. 시작 부분에서 다룬 패스트푸드 식당의 예를 떠올려 보자. 차를 탄 채로 들어갈 수 있는 예전의 레스토랑은 서비스가 느리고, 가격은 비싸고, 품질은 고르지가 않고, 평판이 항상 최상인 것이 못되는 등 많은 모순과 문제가 있다. 이와 같은 총체적인 결점은 하나의 고유 모순으로부터 생긴다. 레스토랑은 종업원이 많아야 하고, 또한 종업원이 거의 없어야 한다는 것이다.

야 한다는 것이다.

두 번째 이유는 고유 모순의 정형화는 한 가지 좋은 해결책 요소를 담고 있다는 것이다. 고유 모순은 제거되어야만 한다. 셀프서비스의 개념은 "종업원이 많아야 하는 – 적어야 하는" 모순을 확실하게 제거한다. 종업원이 없다. 동시에, 모든 고객에게 자기 자신의 종업원 한 사람이 있다고 말할 수 있다.

세 번째로, 만약 우리가 핵심 문제에 집중할 수 있다면, 우리는 모든 잠재 고객들에게, 뿐만 아니라 관리자, 동료와 파트너들에게도, 문제와 그 해결책을 더 잘 제시할 수 있기 때문이다. 고유 모순의 정형화는 여러 가지 측면에서 보답을 해준다.

이 장에서 우리는 먼저 고유 모순을 정형화하는 방법을 검토한다. 우리가 절충을 사용했을 때는 우리가 다루었던 두 가지 갈등 특성 대신에, 여기서는 양립할 수 없는 값(큰 – 작은, 많은 – 적은, 긴 – 짧은, 다량 – 소량)을 갖는 한 가지 특성만을 다룰 것이다. 두 번째 절에서는, 모순을 더욱 강화시킬 수 있는 방법을 설명한다. 종종 모순이 더 예리해지고, 심지어는 기상천외로 보이기까지 하는 데, 이것이 좋은 해결책으로 가는 길을 안내해 줄 것이다. 세 번째 절에서는 눈에 보이는 결점으로부터 출발해서 강화된 고유 모순으로 가는 방법에 대한 예들을 제시한다.

4.1 고유 모순을 정형화하는 방법

지금까지 우리는 도구와 대상 사이에 있는, 또는 일반적으로 도구와 대상 시스템에 있는 모순들에 대해서 설명하였다. 그러나 실제 문제들은 흔히 그렇게 단순한 것만은 아니며, 각각의 대상 내부뿐만 아니라 대상 간에서도 갈등이 존재한다(그림 4.1 참조).

대상물에 작용하기 위해서 도구는 특정한 무게, 크기, 에너지 소비 및 기타 특성들을 갖춰야 한다. 이와 동시에 우리는 무게, 크기, 에너지 손실들을 최소화하길 원한다. 도구는 단일 파라미터의 서로 다르고 양립할 수 없는 값을 가져야 한다. 전형적인 갈등의 예를 살펴보자.

- 큰 – 작은

  안락하게 살기 위해서 집은 커야 하고, 재료와 에너지의 소비를 줄이기 위해서 집은 작아야 한다.

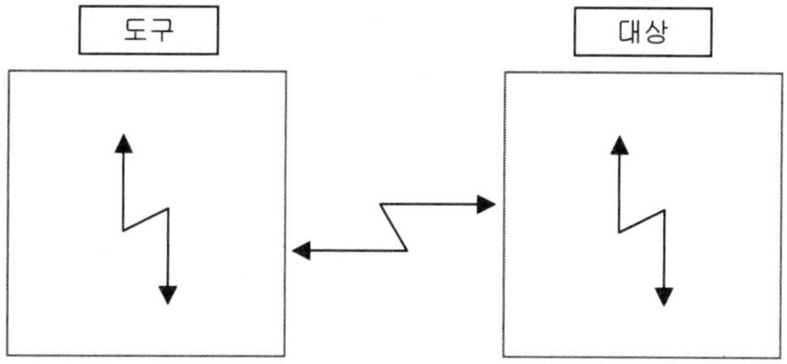

그림 4.1 구성요소 내부와 구성요소 사이의 갈등. 구성요소는 두 가지 상반된 특성을 가져야 하기 때문에 구성요소 사이의 절충은 직접 해결하기 어려울지도 모른다.

- 무거운 – 가벼운

  강도, 신뢰도, 안전성을 갖기 위해서 자동차는 무거워야 하지만, 에너지 효율을 생각한다면 자동차는 가벼워야 한다.

- 고 에너지 소비 – 저 에너지 소비

  기계와 도구는 대상물에 작용하기 위해 에너지 사용이 필요하지만. 이들은 가능한 한 적은 에너지를 사용해야 한다.

일반적으로 말해서, 특성 A를 개선하기 위해서는, 어느 한 요소가 어떤 특성을 가져야 하지만, 특성 B를 개선하기 위해서 같은 요소는 반대 특성을 가져야 한다.

같은 파라미터의 양립할 수 없는 값, 즉 고유 모순의 정형화는 해결책에 대한 아이디어로 우리를 이끌어줄 수 있다. 이것은 우리의 사례에서 알 수 있다. 잔디 깎는 기계 소음문제에서 우리는 다음과 같은 절충이 있었다. 소음 흡수가 개선되면, 소음기의 크기가 커진다. 우리는 쉽게 고유 모순을 "큰 소음기 – 작은 소음기"로 정형화할 수 있다.

큰 소음기 – 작은 소음기

당근 재배 사례에서 다음과 같은 절충이 있다. 정확하게 당근의 씨앗을 심으려고 할수록(손으로), 더 많은 시간이 필요하다(속도가 더 느려져서). 여기서 고유 모순을 찾으려면 조금 더 생각을 해보아야 한다. 만약 우리가 많은 씨앗을 심는다면, 정확도와 속도 사이에 절충이 있다. 만약 우리가 두서너 개의 씨앗만을 심는다면, 이 절충은 사라지게 되지만, 또 다른 절충이 생기게 될 것이다. 즉, 정확하게 심을 수 있고 많은 시간이 필요하지는 않지만, 수확량은 작을 것이다. 그래서 우리는 고유 모순을 갖는다.

많은 씨앗 – 적은 씨앗

파종 사례에서 갈등은 도구가 아니라 대상과 관련되어 있다. 대상은 종종 많은 대상 – 적은 대상과 같은 모순을 포함한다. 또한 도구(씨앗을 심는 사람)와 관련된 고유 모순도 있을 수 있다. 심는 사람은 많은 농작물을 심기 위해서 빠른 속도를 원하지만, 나중에 당근을 솎아내는 일을 피할 수 있는 정확한 파종을 위해 낮은 속도를 원한다.

빗장 장치의 핀에 대한 사례에서 절충이 있었다. 만약 잠그고 열기 쉽게 핀을 제작한다면, 내구성이 나빠진다. 고유 모순은 헐거운 핀 – 꽉 끼는 핀, 또는 넓은 틈새 – 좁은 틈새(핀과 부품 사이)이다.

넓은 틈새 – 좁은 틈새

갈등이 물리적 대상물만을 다룰 필요는 없다. 고객 서비스 사례에서 종업원들이 나은 서비스를 제공할 수 있기 위해서 우리는 훈련이 필요하다. 그러나 종업원들이 훈련 수업에 참가하는 동안에 그들은 그들의 회사와 그들의 고객이 필요로 하는 일을 하지 못한다. 이 절충의 이면에 있는 고유 모순은 긴 훈련기간 – 짧은 훈련기간이다. 극단적으로 표현하면, 이것은 지속적인 훈련 – 훈련을 하지 않음 또는 최상의 서비스(수업 후) – 서비스가 없음(수업 중)이 된다.

긴 훈련 – 짧은 훈련

불을 끄기 위해 물을 사용하는 것은 모든 사람에게 친숙한 기술적 사례이다. 그런데, 물이 많이 사용될수록, 더 많은 장비가 필요하다. 그리고 만약 불이 꺼진다면, 많은 양의 물은 화재 피해를 입지 않은 건물 부분들을 손상시킬 수 있다. 일부 사례의 경우 물이 불보다 더 큰 손상을 준다. 고유 모순은 많은 물 – 적은 물이다.

많은 물 – 적은 물

얼마 전에 단순하면서도 흥미로운 해결책이 개발되었다. 이 해결책은 물을 분무하여 아주 작은 물방울, 즉 안개로 분사한다. 훨씬 적은 양의 물이 불을 끌 수가 있었고, 물 자체로 인한 피해를 많이 줄었다. 물론, 분무 장비의 복잡성에서 새로운 모순이 있다. 이 모순은 물의 유입량을 줄이고 압력을 높여서, 즉 관과 다른 장비들의 크기를 줄임으로써, 부분적으로 제거된다. 이 장치는 같은 양의 물로 재래식 스프링클러보다 8000배 이상, 저압 안개 장치보다 200배 이상의 물방울을 제공한다(그림 4.2 참조). 화재 진압의 효율성은 주로 물방울의 개수에 비례하여 증가하기 때문에, 관의 크기가 극적으로 감소될 수 있다. 더욱 상세한 사항은 http://www.hi-fog.com을 참고하기 바란다.

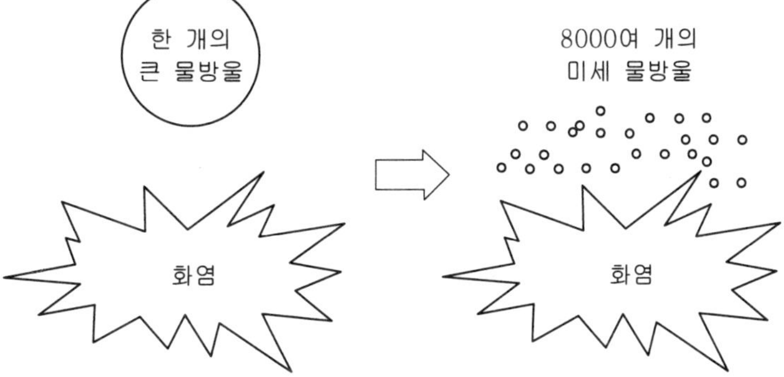

그림 4.2 많은 물 - 적은 물이라는 모순이 해결되었다.

4. 1. 1 존재하는 동시에 존재하지 않음

일단의 중요한 고유 모순은 유용한 특성을 얻기 위해서는 대상이 존재해야 하지만 시스템을 단순하게 유지하기 위해서는 존재하지 않아야 하는 상황으로 구성되어 있다. 3.4.4절에서, 우리는 시스템에서 부품 또는 기능을 제거하기를 원할 때 발생하는 절충의 사례들을 제시하였다. 이제 이 절충들을 재검토해 보고, 각각의 이면에 있는 고유 모순을 살펴보자.

- 절　충

  자동차의 예비타이어는 신뢰성을 높이지만(+) 공간을 차지한다(–).

- 고유 모순

  예비타이어는 존재하여야 하고 동시에 존재하지 말아야 한다. 한 가지 좋은 해결책은 일부 차종에서 사용하는 경우와 같이 예비타이어를 더 작게 만드는 것이 아니라(타협), 펑크 난 후에도 일시적으로 타이어 형태를 유지시키는 방식으로 정규 타이어를 "예비"로 사용하는 것이다.

▪ 절　충

배관 시스템의 복잡성을 개선하고 액체를 더 많은 위치로 분배하려면 (+), 더 많은 T자 이음이 필요하다.

- 고유 모순

  T자 조립은 존재해야 하는 동시에 T자 조립은 존재하지 말아야 한다.

▪ 절　충

식품의 풍부한 공급과 각종 구색을 갖춘 식품이 대형 창고로 항상 이용 가능하려면(+), 상당량의 식품이 낭비될 것이다(−).

- 고유 모순

  여분의 식품이 존재야 하는 동시에 여분의 식품은 존재하지 말아야 한다.

이러한 모순들을 어떻게 해결할 수 있는가에 대하여 당신은 몇 가지 아이디어를 가지고 있는가? 당신이 이 절의 나머지 부분을 읽기 전에 표 4.1에 아이디어를 써 보아라. 당신 자신의 아이디어를 적을 때까지는 다음의 제안을 보지 않도록 하여라. 이 문제 각각을 해결하기 위한 많은 방법이 있고, 어떤 아이디어가 최선인지는 상황에 따라 달라질 것이다.

표 4.1 모순을 어떻게 해결할 것인지 당신의 아이디어를 나열하라.

문 제	아이디어
타이어 신뢰성	
배관 부품	
여분 식품	

1. 어떻게 하면 예비타이어를 제거할 수 있을까? 어느 트럭 회사는 차량에 예비타이어를 싣지 않는다. 타이어가 펑크 나면, 운전사가 서비스 센터에 전화해서 새로운 타이어를 받는다. 값비싼 여분의 타이어를 항상 싣고 다니는 것 보다는 새로운 타이어를 받기 위해 잠시 기다리는 편이 더 저렴하다.

2. 어떻게 하면 여분의 식품이 존재하는 동시에 존재하지 않도록 할 수 있을까? 아마 당신은 유효기간 마지막 날에 여분의 식품을 할인 가격으로 사려고 하는 구매자를 찾을 수 있다. 판매자는 식품 가격의 일부를 건질 수 있고 낭비도 막을 수 있다. "주문형 식품"이라는 개념이 효과가 있을까? 이런 시나리오라면 모든 식품을 정상 가격으로 팔 수 있을 것이다. 어쩌면 여분의 식품을 어린이 병원이나 또는 다른 자선 단체에 기부할 수도 있다. 이 경우에 그것은 '여분' 식품이 아니라 수많은 미국 도시에서 시행하는 Second Harvest 프로그램 사례와 같이 사회적으로 유용해졌다.

절충과 고유 모순은 공학, 상업, 조직, 교육, 및 사회 상황과 같은 노력하는 모든 분야에서 나타난다.

1950년대에, 알트슐러는 모순을 찾고 해결하는 것이 문제 해결에 있어서 필수적이라고 하였다. 지난 몇 십 년 동안, 표면적으로 서로 다른 것으로 보이는 과학, 공학, 그리고 경영 상황에서 동일한 모순이 발견되었다.

피터스(Peters)와 워터맨(Waterman)은 1982년에 '초우량 기업을 찾아서(In Search of Excellence)'라는 베스트셀러를 저술하였다. 이 책의 여러 부분 중 최소한 한 장은 오늘날 전적으로 들어맞는다. 아마도 20년 전 보다 지금이 더 들어 맞을지도 모른다. 4장, "애매함과 역설 다루기"에서 역자는 다음과 같이 썼다. "우리 생각에 만약 초우량 회사들이 가장 중요한 어떤 한 가지를 알고 있다면, 역설을 다루는 방법을 알고 있을 것이다"[1]

경영 분야로부터 연출 연극 분야로 가보자. 시드 필드(Syd Field)가 시나리오 작가 워크북에서 다음과 같이 쓰고 있다. "드라마는 갈등이다; 갈등이 없이는 연기가 없고, 연기가 없으면 배역도 없으며, 배역이 없으면 줄거리도 없고, 줄거리가 없으면 영화 대본도 없다"[2]

고유 갈등에 관한 당신 자신의 사례를 모으는 것은 유용한 일이다(표 4.2 참조).

표 4.2 고유 모순 사례를 추가하기

고유 모순의 예들을 공부하여라. 당신 자신의 사례를 세 개 이상 추가해 보아라. 당신의 업무, 사생활, 사회에서 각각 1개씩 적어보아라.

4.2 고유 모순을 강화하는 방법

때로는 우리가 정형화한 내부 갈등을 더욱 심화시킬 수 있다. 이것이 문제를 풀 수 없어 보이게 할 것이다. 당신은 이것을 괴상한 기법이라 생각할 수 있다. 그러나 이것이 좋은 해결책으로 안내할 수 있다. 다음과 같은 해결책들을 생각해보자.

- 비행기는 공기보다 더 무겁지만(밀도가 더 높은), 어떤 의미로는 더 가볍다(부력으로 인해).
- 트랜지스터는 시간에 따라 도체가 되기도 하고 부도체가 되기도 한다.
- 생분해성 물질은 존재하고(어떤 시간에) 존재하지 않는다(다른 시간에).

앞에서 다룬 예제로 돌아가 보자. 모순은 다음과 같이 강화될 수 있다.

- 우리가 필요로 하는 작은 소음기 대신에, 소음기가 없다는 아이디어를 시도해보아라.
- 우리가 필요로 하는 몇 알의 씨앗 대신에, 한 알의 씨앗이라는 아이디어를 시도해보아라.
- 우리가 필요로 하는 좁은 틈새 대신에, 틈새가 전혀 없다고 생각해보아라.
- 우리가 필요로 하는 단기간 교육 대신에, 교육 시간이 전혀 없다고 생각해보아라.
- 화재 진압을 위해 물의 양을 줄이는 대신에, 물이 전혀 없다고 생각해보아다.

모순을 강화하는 것이 해결책의 열쇠이다. 소음을 흡수하는 데 잔디를 이용하면, 소음기가 없거나 아주 큰 소음기를 가질 것이다. 많은 씨앗들을 테이프에 고정시키면, 우리는 한번에 한 개의 씨앗을 심게 되는 것이다. 원추형 핀은 작동 중에는 틈새가 없지만, 장치를 닫거나 또는 열 필요가 있을 때에는 충분한 틈새가 있다. 업무에 끼워 넣은 교육은 교실 훈련이 전혀 없지만, 오랫동안 지속될 수 있을 것이다. 물안개는 많은 기체 특성을 갖는다. 이것은 실제적으로 건조하다. 즉 이것은 물에 의해 손상을 일으키지 않는다. 하지만 화재를 진압할 만한 충분한 습기가 있다. "적은 물"과 "물이 없음" 사이에는 질적인 차이가 있다.

이러한 예제들은 모순을 극단으로 밀고 가는 트리즈 기법이 어떻게 혁신을 위한 기법이 될 수 있는지를 보여준다. 극단적인 모순을 분석하는 것은 사람들이 관습적인 사고에서 벗어나서, 그 모순을 제거하고 문제를 해결하는 아이디어의 영역에 도달하도록 도와준다.

만약 극단적인 모순의 난폭함이 불편하게 느껴진다면, 새로운 아이디어와 해결책이 필요할 때만 이것들이 필요하다고 기억하여라. 이 기법은 당신을 흔들어 깨워서, 맨 처음 문제를 일으킨 시스템의 바깥에서 가능성을 조사하도록 해줄 것이다. 만약 당신이 사소한 개선이 필요한 문제에 대해서 기존의 해결책을 갖고 있다면, 그것을 그렇게 하여 개선하라. 극단으로 가지 마라. 극단적인 갈등에 편해지고자 한다면, 표 4.3에 있는 갈등을 강화하는 연습을 하여라.

고유 모순을 더 알고 싶다면 다른 책에서 자료를 볼 수 있다. 알트슐러가 쓴 트리즈(And suddenly the Inventor Appeared)[3]에 물리적 모순 개념에 대한 짧은 소개가 있다. 사브란스키(Savransky)의 책[4]에서는 "물리적 관점에서의 모순"이라는 용어로 동일한 주제를 다루고 있다.

표 4.3 강화된 갈등의 사례

강화된 갈등의 예들을 공부하여라. 당신 자신이 모은 사례를 3개 더 추가해 보아라. 당신의 업무, 사생활, 사회에서 각각 1개씩 적어보아라. 가능하다면 표 4.1에서 정형화했던 갈등들을 강화시켜도 좋고, 또는 완전히 새로운 사례를 추가해도 좋다.

4.3 예 제

숨어 있는 고유 모순이라는 개념을 활용하는 방법과 모순을 강화하는 방법을 예제를 이용해서 검토해 보도록 한다(표 4.4 ~ 4.6조 참조).

표 4.4 잔디 깎는 기계의 소음을 줄이기: 모순 강화시키기

모형 단계	예제: 잔디 깎는 기계 소음을 줄여라.
눈에 보이는 결점	잔디 깎는 기계가 너무 시끄럽다.
절충: 두 특성 사이의 갈등	소음 흡수를 개선할 때, 소음기의 크기와 부품 수가 늘어난다.
고유 모순	큰 소음기 - 작은 소음기
강화된 고유 모순(만약 강화가 가능하다면)	큰 소음기 - 소음기 없음

표 4.5 당근 재배: 모순 강화

모형 단계	예제: 당근 재배를 하기 쉽게 만들어라.
눈에 보이는 결점	당근 솎아내기는 고된 작업이다.
절충: 두 특성 사이의 갈등	당근 씨앗을 정확하게 심을수록, 일의 속도는 더 느려진다.
고유 모순	많은 씨앗 - 적은 씨앗
강화된 고유 모순(만약 강화가 가능하다면)	매우 많은 씨앗 - 한 알의 씨앗

표 4.6 빗장 장치 개선 : 모순 강화

모형 단계	예제: 핀 형태의 빗장을 개선하여라.
눈에 보이는 결점	빗장 장치가 마모되거나 심지어 깨진다.
절충: 두 특성 사이의 갈등	열거나 잠그기 쉽게 핀을 제작한다면, 마모가 더 악화된다.
고유 모순	핀과 부품 사이의 틈새는 작아야만 하고, 동시에 커야 한다.
강화된 고유 모순(만약 강화가 가능하다면)	핀과 부품 사이의 틈새는 없어야 하고, 동시에 틈새가 커야 한다.

당신 자신의 문제를 계속 연구하라. 모순의 강화 결과를 요약하라. 강화시킨 내용이 해결책에 관해서 당신에게 어떤 새로운 아이디어를 주고 있는가? 표 4.7을 참조하라.

표 4.7 당신 자신의 문제를 연구하기 위한 템플릿

모형 단계	당신의 사례
눈에 보이는 결점	
절충: 두 특성 사이의 갈등	
고유 모순	
강화된 고유 모순(만약 강화가 가능하다면)	

알트슐러는 그의 친구이자 동료인 샤피로(Shapiro)와 함께 트리즈에 관한 첫 번째 논문을 1956년에 출판했다. 이 논문은 2000년이 되어서야 영어로 번역 출간되었다. 주요 모순들을 정의하고 근본 원인 또는 모순을 결정하는 것이 문제 해결의 가장 중요한 단계라고 하였다.[5] 그 이후, 1970년대에, 알트슐러는 모순의 정의를 한 가지 종류에서 두 가지로 확장하였는 데 그것은 절충과 고유 모순(옛날 용어로는 기술적 모순과 물리적 모순)이다. 만약 당신이 지금 트리즈를 배우고 있다면, 당신은 이러한 중요한 개념부터 시작할 수 있으므로 20년을 절약하는 셈이다.

4.4 요 약

수많은 문제와 모순을 단 하나의 고유 모순으로 요약할 수 있다. 이 모순은 가능한 한 많이 강화된다. 모순에 몰두하면 할수록, 해결책은 더 나아진다. 고유 모순의 해결책은 수많은 문제를 제거하고 일거에 많은 이득을 준다.

모순, 역설 그리고 갈등과 같은 용어는 이제 산업 전반에 걸쳐서 그리고 수많은 경영 분야에서 점점 더 널리 쓰이고 있다.

참고문헌

1. Peters, T.J. and Waterman, R.H., *In Search of Excellence*, Harper & Row, New York, 1982, 91.
2. Field, S., *The Screen-Writer's Workbook*, Dell New York, 1984, 31.
3. Altshuller, G.S., *And Suddenly the Inventer Appeared*, Technical Innovation Center, Worcester, MA, 1996, 21.
4. Savransky, S, D., *Engineering of Creativity*, CRC, Boca Raton, 2000, 235.
5. Altshuller, G.S. and Shapiro R.B., Psychology of inventive creativity, *Izobretenie*, *II*, 23, 2000.

Chapter Five 5

보이지 않는 유휴 자원 매핑

2장에서 자원이란 이용 가능하지만 아직 사용하지 않고 있는 것이라고 정의하였다. 그런데 때로는 우리의 지나친 편견 때문에 자원을 "볼" 수 없다. 안데르센 동화에서 한 아이는 임금님이 옷을 입지 않고 있다고 보았다. 고대 마야 사람들은 장난감에 바퀴를 이용하였고, 분명히 바퀴 달린 수레를 만들 줄도 알았지만, 그것을 다른 용도로는 결코 사용하지 못했다. 이 장을 읽어 나가기 전에 1.1절의 사례를 다시 읽어보기 바란다.

이 책에 나오는 "자원"이라는 단어는 우리가 보통 사용하는 말과 거의 같다. 물질과 에너지, 인적 자원, 정보 자원 등이 그런 자원에 해당된다. 여기서 "거의"라는 말이 중요한 한계를 나타내는데, 우리의 관심 대상은 모든 자원이 아니라 시스템과 주어진 환경에서 사용할 수 있는, 아직 사용되지 않은 자원이다. 우리의 관심은 공짜로 얻을 수 있는 값싼 자원이지 값비싼 추가 자원이 아니다.

첫째, 우리는 시스템에서 보이지 않는 유휴자원을 고찰한다. 모든 시스템은

첫째, 우리는 시스템에서 보이지 않는 유휴자원을 고찰한다. 모든 시스템은 회색영역이나 인접개발영역이 있다. 이들 영역에서 우리는 개발 가능성은 있지만 아직 개발되지 않은 해결책을 찾을 수 있다. 이곳은 사업 기회가 있는 영역이다.

둘째, 우리는 자원분석을 통해 얻을 수 있는 혜택에 살펴본다. 자원을 이해하면 여러 방면에서 도움이 된다. 주어진 상황의 자원을 분석하면 새로운 아이디어를 떠오르게 할 수 있다. 자원을 이해하면 첫째로 문제를 일으킨 고유 모순을 해결할 수 있다. 자원 분석은 시스템 진화의 예측을 도와주고, 이전에 알지 못했던 고객의 요구를 이해할 수 있도록 도와줄 것이다.

셋째, 우리는 유용한 자원을 간단하고 다루기 쉽게 분류한다. 도구, 대상, 환경 및 거시/미시 시스템이 자원인데, 이것은 시스템에 대한 그 관련성에 의해 분류된다. 각각의 시스템 수준에서 물질, 에너지, 공간, 시간 등과 같은 다양한 자원이 이용 가능하다. 그 밖에 정보, 사람의 숙련도, 다른 산업이 사용하는 해결책과 같은 자원들도 이용 가능하다.

넷째, 우리는 일곱 가지의 매우 중요한 자원그룹을 자세히 공부한다. 다섯째 부분에서는 바람직하지 않은 현상(예를 들면, 보이지 않는 우연원인에 의한 제품의 결함)을 설명하기 위해 자원분석을 사용한다.

문제해결 모형(그림 5.1 참조)에서 자원은 모순과 이상적 최종결과 간의 교량 역할을 한다. 이미 말했듯이, 자원 매핑은 하나의 독립적인 도구로도 이용될 수 있다.

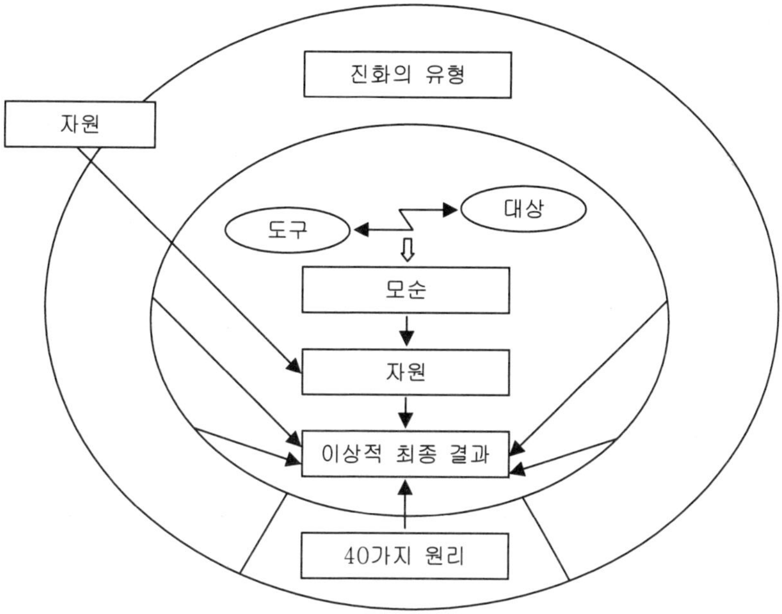

그림 5.1 모든 자원을 고찰하라. 자원 매핑은 모순을 정의한 다음 단계로써 또는 독립적인 도구로써 사용될 수 있다.

5.1 보이지 않는 유휴자원

모순을 해결하기 위해 필요한 모든 것이 이용 가능하지만, 갈등이 풀리지 않는 경우가 흔히 있다. 자원은 현재의 기술수준과 달성 가능한 이상적 기술수준 사이에 놓여 있다. 그림 5.2는 모순, 자원, 이상적 최종결과 사이의 관계를 나타낸 것이다.

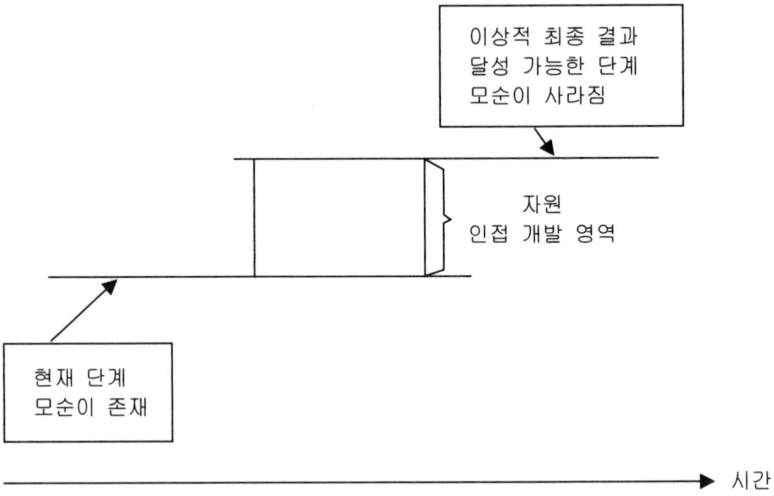

그림 5.2 모순, 자원 그리고 이상적 최종 결과 사이의 관계. 시간이 되면, 새로운 자원이 나타난다. 때로는 오랜 시간 지연 후에 자원이 발견, 사용된다. 자원 매핑의 한 가지 이점은 지연 시간을 줄이는 것이다.

개인의 발전과의 유사성을 생각해보면 자원의 사용을 설명하는 데에 도움이 된다. 사람이 모든 것을 배울 수는 없으나 주어진 시간에 특정 기술을 습득할 수는 있다. 예를 들면, 보통 사람은 일정 기간에 하나의 외국어는 배울 수 있지만, 스무 가지나 되는 외국어를 배울 수는 없다. 사람들이 아직 갖고 있지 않지만 스스로 개발할 수 있는 기술을 인접개발영역(zone of proximal development)이라고 부른다. 따라서 자원이 기술에 있어서 인접개발영역(아직 개발되지 않았지만 개발 가능한 해결책)이라고 정의할 수 있다.

잔디 깎는 기계의 진화에서는 우리가 말한 다음과 같은 세 가지 개념을 쉽게 찾아볼 수 있다. 재래식 잔디 깎는 기계의 현재 수준은 모순이 있다. 이 장치는 잔디를 잘 깎기는 하지만 소음이 난다. 그래서 큰 소음기가 필요하지만 소음기가 없는 것이 더 좋다. 잔디와 공기흐름을 안내하는 작은 관이 이용 가능하지만 이것은 사용된 적이 없는 자원이다. 이상적 최종결과는 잔디를 소음기로 사용하는 것이다.

당근 파종의 사례는 보이지 않는 자원을 역시 잘 설명하며 세 가지 개념은 다음과 같다.

1. 손으로 하는 파종의 현재 수준과 대립이 있다.
   많은 씨앗 ↔ 하나의 씨앗, 고속 ↔ 저속.

2. 파종 간격을 일정하게 하기 위해 오래 전부터 종이나 밀짚 등의 생분해성 재료가 이용 가능하였다.
3. 이상적 최종결과는 씨앗을 일정간격으로 놓는 테이프.

빗장장치의 경우는 다음과 같다.

1. 모순이 있는 종래의 빗장장치: 틈새가 크다 ↔ 틈새가 없다.
2. 기하학적 결합구조는 항상 이용 가능한 자원이었다.
3. 기하학적 결합구조의 변화, 즉 핀의 형태를 원통형에서 원추형으로 바꾼다.

그림 5.3은 이런 사례들 중 하나인 당근 파종을 시각적으로 보여준다. 그림 5.4는 여러분의 사례를 제시하기 위한 템플릿이다.

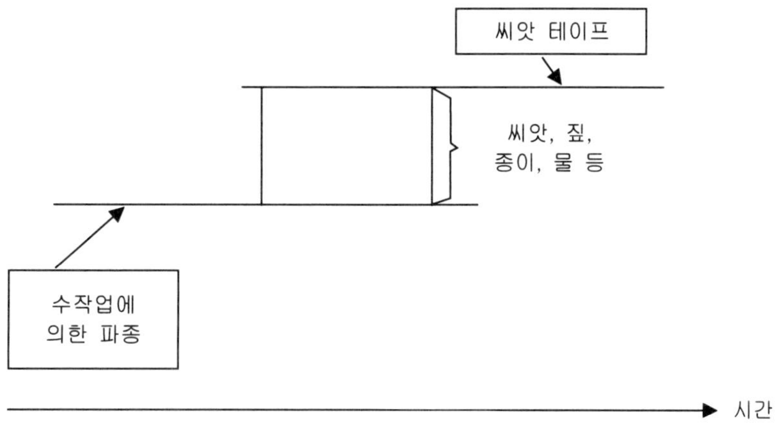

그림 5.3 당근 파종 방법의 진화

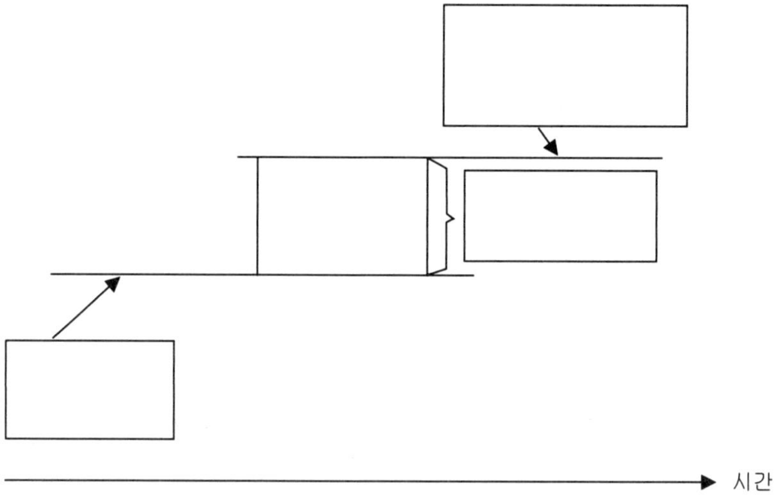

그림 5.4 자원이 어떻게 나타나고 사용되는지 당신의 사례를 들어보아라.

5.2 자원의 개념을 사용하기

자원분석은 많은 이점을 지닌 편리한 방법이다.

1. 새로운 아이디어를 바로 얻을 수 있고,
2. 모순을 해결하며,
3. 시스템의 진화를 예측한다.

5.2.1 아이디어 얻기

자원 매핑은 시스템 개선의 방법에 대한 아이디어를 자극한다. 예를 들면 때때로 "빈 공간", "기하학적 형태"와 같은 자원을 써보는 것만으로도 새로운 아이디어가 떠오른다. 정비공장에서 물건 더 많이 저장하기 위해 자전거를 천장에 달아매는 것은 "빈 공간"을 활용하는 사례다. 피자 상자의 바닥판이 열손실의 주요 원인이라는 사실을 알게 되어 그 표면을 주름지게 만들어서 문제를 해결할 수 있었던 것은 "기하학적 형태"를 활용한 사례다.

많은 사업적인 문제에 있어서 소비자와 사용자 자체가 하나의 자원이다. 자기교육, 자기진단(가정용 의료시험기구), 자기처리, 자기계획과 같이 많은 새로운 셀프서비스가 비즈니스로 나타나고 있는데, 이것들은 고객을 자원으로 인식하고 있다.

5.2.2 모순 해결하기

만약 당신이 앞 장에서 다루었던 고유 모순을 정형화하였다면, 당신은 그것을 해결하기 위해 자원을 이용할 수 있다. 당신이 문제 해결에 이용할 수 있는 완벽한 자원 목록을 가지고 있다면, 좋은 아이디어를 얻을 기회가 높아진다.

5.2.3 기술 진화 예측하기

이용 가능한 자원을 알게 되면, 가까운 미래의 모습을 약간은 알 수 있다. 필연적으로 그런 자원을 누군가, 어디에서, 언젠가 사용하게 될 것이다.

5.3 여러 가지 자원

자원은 풍부하다. 만약 우리가 문제를 대단히 폭 넓게 조사한다면, 우리는 사실 끝없이 자원목록을 만들 수 있다. 그러면 가장 유용한 자원을 어떻게 고를 수 있을까? 다음과 같은 기본 자원 분류가 한 가지 유용한 기법이다. 집단들이 또한 그림 5.5로 설명된다.

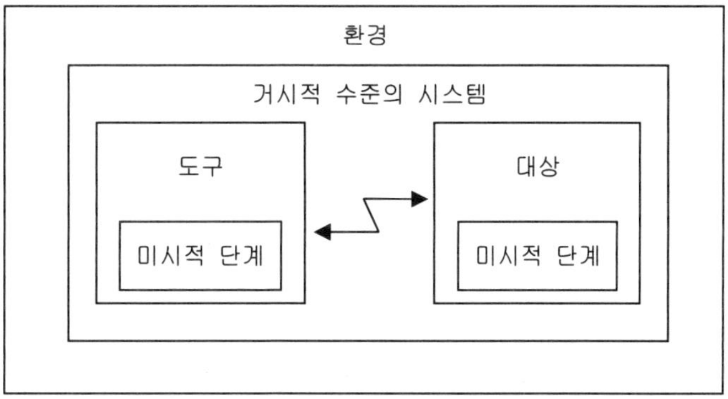

그림 5.5 자원 매핑. 환경, 거시 시스템, 도구 및 대상에서 발견되는 자원을 목록으로 작성하라. 도구와 대상은 미시 수준의 자원과 그 기하학적 형태를 포함할 수 있다. 그것을 구성하고 있는 재료의 특성과 성질 또한 자원이다.

먼저, 자원을 시스템 수준에 따라 분할한다.

- 도구
- 대상
- 환경
- 거시수준 시스템
- 미시수준 시스템

각 시스템수준에서, 다양한 자원이 이용 가능하다.

- 물질과 사물
- 변형된 물질과 사물
- 빈 공간
- 그들이 일으키는 상호작용과 에너지
- 형태
- 특성 또는 성질
- 공간
- 시간

다른 자원도 포함한다.

- 정보
- 해로운 물질 및 상호작용
- 사람의 기능 및 능력
- 기타

당신은 각 범주에 속한 모든 항목들을 나열하면서 문제를 조사하는 것이 도움이 된다는 것을 알 것이다. 이것을 우리는 문제를 해결할 수 있는 모든 보물을 찾아주는 트리즈 "보물 사냥"이라고 부른다. 이 분류는 엄격한 규칙이라기보다는 일반적인 템플릿이다 – 보물사냥을 시작하는 당신에게 도움이 되도록 이것을 사용하라. 좀 더 자세한 분류는 트리즈에 관한 문헌(예를 들면, 사브란스키의 책)에서 찾아볼 수 있다.[1]

각각의 자원 범주를 설명하기 위해서 앞 장의 예제들을 사용하여 보자.

5.4 가장 중요한 자원 그룹

5.4.1 도구 자원과 대상 자원

빗장장치의 경우는 도구 자체가 주 자원으로 사용된 전형적인 예제이다. 잔디 깎는 기계의 예제에서 소음기를 조금 바꿔볼 수 있지만, 가장 창의적인 해결책은 거시 시스템의 한 구성요소인 잔디를 이용하는 것이다. 당근 파종의 경우에서 도구는 사람이고, 이것은 바꾸기가 어렵다. 이 경우에 대상(씨앗)을 자원으로 사용하는 것이 당연하지만, 환경에서 쉽게 이용 가능한 자원인 테이프를 추가하여 씨앗을 변경하였다.

도구는 항상은 아니지만 종종 사용하거나 변형할 수 있는 자원으로서 훌륭한 선택이 된다.

1. 불을 끄는 효율성은 도구인 물을 바꿈으로써 개선된다. 처음에는 양동이를 사용해 불에 물을 뿌렸고, 다음에는 호스를 통해 물을 뿜었으며, 그 다음에는 개조한 호스를 사용해 물방울을 분사하였다. 마지막에는 분무 안개로 공급하였다.

2. 절단용 칼날의 성능은 그 재료와 칼날의 기하학적 형태를 바꾸어 개선하였고, 톱날의 기하학적 형태, 재료 및 코팅으로 개선하였으며, 그 다음에는 칼날 대신 분말, 액체, 플라즈마, 레이저로 개선하였다. 이 도구의 기능은 여전히 물체를 자르는 것이지만, 다른 종류의 물질을 자르기 위해, 조절성능을 향상시키기 위해, 속도를 올리기 위해, …을 위해 변화가 계속되었다. 절단 도구의 역사는 고객 요구의 변화에 대응한 창의적인 자원 사용을 설명한다.

교육이나 마케팅과 같은 비즈니스 문제에서도 많은 도구가 보통 변화될 수 있다. 계획과 교육과정, 훈련과 발표자료, 개개인의 기술 등이 이러한 도구에 해당된다. 따라서 먼저 도구에 관한 자원을 점검해보는 것이 좋다.

도구가 자원으로 사용되는 방법에 대한 사례를 여러분이 수집해보라(표 5.1 참조).

표 5.1 문제를 해결하기 위해 도구가 자원으로 사용된 예를 세 개만 들어라.

문 제	도 구	대 상	해결책

당근 재배 경우는 대상을 자원으로 활용한 대표적인 사례다. 많은 씨앗을 합치면 하나의 큰 씨앗으로 다룰 수 있다. 포장꾸러미를 운송을 위해 하나로 묶는 것도 같은 개념이다.

많은 비기술 시스템은 서비스 대상(Target) 그룹의 자원을 활용하여 개선될 수 있다. 패스트푸드 식당, 슈퍼마켓, 백화점, 정보 웹 사이트, 그리고 셀프서비스를 의존하는 수많은 사업이 아마 가장 일반적인 사례들이다. 가장 효과적인 마케팅 방법 중 하나는 상품이나 서비스에 만족한 고객들의 입소문을 통해 잠재적인 고객에게 이를 광고하는 것이다. 이때 구매자는 스스로 영업사원의 역할을 하게 된다.

대상을 자원으로 사용하는 몇 가지 예를 수집해보라(표 5.2 참조).

표 5.2 문제를 해결하기 위해 대상이 자원으로 사용된 예를 3개만 들어라.

문 제	도 구	대 상	해결책

아쉽게도 대상은 자원으로 항상 활용할 수는 없다. 그래도 매번 점검해보라.

5.4.2 환경 자원

환경 자원은 그것을 구성하는 물건과 물질, 그리고 언제나 우리를 둘러싸고 있는 에너지와 장(場)을 의미한다. 환경 자원이 자주 무시되는 것은 우리가 매일매일 보기 때문이다. 공기, 물, 빈 공간, 중력, 햇빛, 그 밖에도 공짜로 쓸 수 있는 천연자원이 여기에 해당된다. 특정 상황에서 이용 가능한 자원들도 환경자원에 속한다. 예를 들면, 대부분 공장에는 사람, 압축공기, 전기, 정보망(컴퓨터 기반이든, 종이문서 기반이든), 뜨거운 물, 찬 물 등이 있다. 대부분 사무실 건물에는 창문, 전화, 데이터시스템, 전기, 조명, 사람 등이 있다. 병원에는 약, 의사, 간호원, 기술자, 환자, 침대, 영상장비, 정보시스템, 물, 공기, 조명 등이 있다. 어떤 물건을 한 상황에서는 도구로, 다른 상황에서는 대상물로, 그리고 제 3의 상황에서는 환경의 부분으로 흔히 볼 수 있다.

과거에 북쪽 지방에서 겨울에 얼음을 모아서 이를 톱밥 밑에 보관하고, 여름철에 이것을 이용해 우유나 다른 식품을 차갑게 하였다. 이 기술은 냉장고가 나오면서 뒤떨어진 기술이 되었지만, 형태를 바꾸어 부활되었다. 스웨덴의 한 도시인 선즈벌(Sundsvall)에서는 겨울에 눈과 얼음을 모아 나무 부스러기로 단열시킨 구덩이에 저장한다. 그 유출수가 여름철 사무실 냉방에 쓰이는 것이다. 차가움을 자원으로 이용할 수 있다면, 폐열을 자원으로 쓸 수는 없을까? 중앙 유럽의 어떤 지역에서는, 도로에서 발생된 열을 축열기에 모아두었다가 추운 날씨에 그 도로를 건조할 때 사용한다. 마찬가지로 열펌프는 냉각시스템을 돌리기 위한 에너지원으로써 환경에서 이용 가능한 열을 사용한다.

태양 에너지 또한 다양한 목적으로 널리 사용되는 환경자원이다. 예를 들면, 태양전지 인공위성, 태양열 온수기, 태양전지 잔디 깎는 기계는 수년 동안 사용되어 왔으며, 그 기술의 복잡성이 미치는 영역은 전체에 걸쳐 있다.

빈 공간은 보이지 않는 자원 중에서 중요한 자리를 차지한다. 땅에 일부를 묻은 쓰레기통은 땅 속 공간을 이용한다. 때로는 빈 공간이 물이나 다른 물질 대신해서 불을 끌 때 이용된다. 소방수들은 산불을 끌 때, 맞불을 놓거나 미리 탈 것을 없애는 방법을 사용한다. 주방의 오븐을 열면 안에 든 음식에 불이 붙는 경우가 있는데, 이때 불을 끄는 가장 좋은 방법은 조용히 오븐을 닫는 것이다. 산소가 소모되면 불이 저절로 꺼진다.

사업적인 문제를 해결할 때, 때로는 아무 것도 하지 않는 것이 가장 좋은 방법이다. 조직은 성과를 높이기 위해 팀 활동을 강조하고 많은 회의를 가진다. 그러나 회의 횟수를 줄일 때 성과가 향상되는 경우가 종종 있다. 어느 것도 할 시간이 없다고 불평하는 사람이 많지만, 어떤 것을 하지 않겠다고 결심하면 문제가 해결되기도 한다. 예를 들면, 어떤 사람들은 전자우편을 받고 곧장 답장을 하는 것이 도덕적으로 책임감 있는 일이라고 생각한다. 이에 대한 확실한 해결책은 우선 전자우편을 모두 잊어버리고, 나중에 일부에 대해서만 답장을 하는 것이다. 세미나나 컨설팅에서 인기가 많은 주제는 시간 관리와 자기개발이다. 우리는 그 동안 자동차, 컴퓨터, 세탁기 그리고 다른 유형 제품의 생산에서 불필요한 동작을 체계적으로 제거해왔지만, 정보처리나 조직 관리에서 아직도 "부가가치가 없는"(공정분석 분야에서 빈번하게 사용하는 전문용어) 일들이 많이 남아 있다.

5.4.3 거시수준 이용하기

어떤 시스템이든지 다른 시스템과 결합되어 더 큰 시스템을 만들 수 있다. 비슷한 시스템이나 또는 서로 다른 시스템 모두 결합될 수 있다. 어떠한 관점에서 보면 거시수준으로 옮겨가면 실질적으로 모든 것이 향상될 수 있으며, 때로는 그 효과가 극적이다. 언젠가 존 디어 컴퍼니(John Deere Company)에서 생산한 잔디 깎는 기계는 뼈대와 케이스가 153개나 되는 금속 부품으로 이루어져 있었다. 금속 대신에 플라스틱을 사용하자 단지 세 개의 부품만 필요하게 되었다. 다른 150개의 부품은 상위 시스템으로 통합되었다.

잔디 깎는 기계의 경우에 우리는 상위 시스템의 자원을 사용해서 큰 소음기 – 작은 소음기간의 갈등을 해결해 볼 수 있다. 잔디는 소음기로 사용될 수 있는 자원들 중 하나일 뿐이다. 다른 자원도 있다. 잔디 깎는 기계의 케이스 역시 소음기를 겸할 수 있다. 잔디 깎는 기계에는 보통 잘라낸 잔디를 모으는 주머니가 달려 있는데, 이 주머니 또한 소음기로 이용할 수 있다. 여러 나라에서 환경 법규를 강화하여 소형엔진은 반드시 촉매변환기기 필요하다. 그 변환기를 꼭 설치해야만 한다면, 그것이 소음기 역할을 겸하도록 설계해보는 것은 어떨까?

풀과 잔디를 합치면, 또는 하나 대신 여러 잔디를 합치면, 무슨 일이 일어날까? 이것이 무엇을 의미하는가? 많은 잔디를 다루는 업체에 이런 모든 작업을 외주처리 할 수 있다. 적은 양의 잔디 때문에 비싼 기계를 갖출 필요는 없다. 비슷한 사례가 아파트에서 쓰이는 중앙 진공청소 시스템이다. 아파트 전체 건물에 청소기 한 대만 두고 각 세대에는 노즐과 튜브가 있다.

씨앗이 더 큰 시스템, 즉 씨앗을 부착한 테이프로 결합되었다. 더 높은 수준으로 결합을 계속해 갈 수 있다. 당근의 성장에 필요한 비료, 토양, 수분, 공기, 그리고 다른 물질을 테이프에 추가하면 어떻게 될까? 이스라엘 하피아(Hafia)의 농공학자 리오 해슬(Lior Hassle)은 수경법을 이용하여 표준 금속 수용 용기 안에서 채소를 키우는 시스템을 개발하였다. 로봇으로 관리되는 이 시스템은 하루에 500 포기의 상추를 생산하는데, 이는 동일한 면적에서 재래식 농법으로 생산하는 것보다 1000배나 많은 양이다. 상추를 이런 식으로 생산할 수 있다면 당근 또한 가능하지 않을까? 분명 씨앗을 부착한 테이프와 전자동 재배법 사이에는 수많은 중간 해법이 있다. 세계 여러 나라에서 원예와 농업에 관한 혁신적인 변화가 일어나고 있다.

일부 시스템 수준에서 해결책을 얻었다면, 그 상위 및 하위 수준을 살펴보라. 때로는 예상치 못한 새로운 해법을 찾을 수도 있다. 간단한 빗장장치의 핀 문제에서 출입문, 유압식 및 전기식 액츄에이터(actuator), 그리고 기타 보조 부품들이 변화를 겪었다.

거시수준의 자원은 기술 분야보다는 마케팅 및 교육 부문에서 더 많이 활용된다. 동일한 광고나 훈련에서 동일한 주제가 여러 번 반복된다. 이것은 비슷한 대상의 단순한 결합이다. 현대의 학습이론은 교과과정이 모든 학습 스타일에 따라 교육내용을 제시해야 한다고 제안하고 있다. 이렇게 하는 것이 모든 학생에게 도움이 된다. 광고업자들은 오래 전부터 오디오에서부터, 비디오, 경주 자동차나 여객버스에 메시지 그림까지 다양한 경로를 통해 동일한 메시지를 전달하는 것을 알고 있었다. 기업은 더 많은 경로를 확보하려고 항상 네트워크를 구축한다. 네트워크도 자원으로 볼 수 있다.

5.4.4 미시수준 자원

상위시스템 또는 거시수준으로 이동하는 것과는 반대는 미시수준으로 내려가는 것이다. 시스템은 좀 더 작은 부분으로 분할할 수 있다. 물을 사용한 소방활동의 진화의 예에서 물을 점점 작은 부분으로 줄이는 예 역시 미시적 수준으로 전이를 설명한다. "많은 물 – 없는 물" 갈등은 미시 수준을 사용해서 해결되었다.

빈 공간도 미시수준의 부분이 될 수 있다. 세공, 모세관, 구멍, 그리고 공간의 사용이 트리즈에서 흔히 "빈 공간의 사용"이라고 부른다. 빈 공간은 아무 것도 없는 것을 의미하지 않는다. 구조물이나 직물에서 미세 구멍을 활용해 문제를 해결한 사례가 있다. 실외용 의류 섬유는 땀은 투과하되 빗물은 투과하지 않아야 한다. 고어텍스(Gore-Tex)와 미세 세공을 갖는 그 밖의 물질은 이런 모순을 해결했다. 그 미세한 구멍은 물 분자를 통과시키지만, 물방울은 통과시키지 않는다. 거품과 젤은 빈 공간을 매우 잘 이용한 기술이다("아무 것도 아닌 것"으로 유용한 작용을 한다). 이것이 기술이다. 그러나 이것은 새로운 것이 아니다. 거품 크림은 공기를 포획하여 새로운 제품을 얻기 위해서 지방 분자의 화학을 이용한다.

한 개의 큰 기계장치를 여러 개의 작은 기계장치로 바꾸는 것은 일종의 분할에 속한다. 재래식 잔디 깎는 기계 대신에 거북이 모양을 한 수많은 자동식 소형 잔디 깎는 기계가 잔디를 깎고 있다고 상상해보자. 이 기계는 복잡한 지형의 잔디도 쉽게 깎을 수 있을 것이다. 분산 컴퓨팅은 대중화된 시스템이다. 이것은 기업 내에서와 SETI(SETI는 외계 지능 생명체 탐색을 위해 인터넷으로 연결된 컴퓨터를 사용하는 실험이다)와 같은 공공 프로젝트에서 사용된다. 네트워크 상에 있는 수많은 작은 컴퓨터 자원은 그들이 쉬고 있을 때는 언제나 대형 컴퓨터의 일부로 이용된다.

빗장장치의 경우를 살펴보자. 우리는 미시수준의 다양한 자원을 사용해 "큰 틈새 – 작은 틈새"라는 갈등을 해결하고자 할 수 있다. 이것은 무엇을 뜻하며, 어떻게 그것을 얻을 수 있는가? 가장 간단한 방법은 핀을 분할하는 것이다. 핀을 두 부분으로 나눈다. 그 중 한 부분은 빗장이 잠길 때 조여 주는 쐐기일 수 있다. 분할을 계속할 수 있다. 층 또는 가는 섬유로 된 많은 부분이 있을 수 있다. 분할을 계속해가면, 더 많은 아이디어가 나온다. 분말, 젤, 액체, 기체로 만든 핀, 또는 그들을 혼합하여 만든 핀. 어떤 미시수준의 효과를 사용하여 크기가 변화하는 역동적인 핀을 생각해볼 수 있을까?

통신, 경영, 교육부문에서 분할의 많은 사례가 제시될 수 있다. 통신 분야의 영원한 숙제는 많은 양의 정보를 (쉽고 빠르고 정확하게) 발신자는 보내고 수신자는 받는 문제이다. 찰스 디킨스(Charles Dickins)의 소설 '피크윅 페이퍼(Pickwick Papers)'는 19세기에 출간되었는데, 한 월간잡지에 20회에 걸쳐 연재되었다. 이것이 연재소설의 효시였고, 20세기의 라디오와 텔레비전 연재물의 문학적 선구자였다. 디킨스의 모든 소설은 처음에 연재물로만 발표되었는데, 여기서 그는 대단한 성공을 거두었다. 독자들은 일부만 나오는 연재물이 읽기 쉽다는 것을 알게 되었다. 또 하나의 장점은 연재되기 때문에 얻을 수 있는 새로운 차원의 긴장감이었다.

5.4.5 시간 자원

다른 시간에서 시스템의 다른 특성을 사용하거나 다른 시간에서 다른 특성을 갖도록 시스템을 변경함으로써 우리는 종종 문제와 모순을 해결할 수도 있다. 당근 재배에서 솎아내는 작업은 있어야만 하고 동시에 없어야 하다. 언뜻 보기에 불가능할 것처럼 보이는 이러한 요구를 만족하는 해결책이 존재한다. 당근 솎아내기를 싹 튼 후에 하는 것이 아니라 씨앗을 뿌리기 전에 하는 것이다.

원추형의 핀은 작동 상태에서는 조임이 강하지만, 그것을 삽입하거나 빼낼 때는 헐겁게 느껴진다.

부러진 뼈를 맞춰 놓기 위해 박아놓은 생분해성 나사는 그것이 더 이상 필요 없게 될 때쯤이면 저절로 사라진다. 나사를 제거하기 위한 수술도 수술 시스템에서 사라진다.

모듈 시스템은 시간에 따라 시스템의 속성을 쉽게 바꾸고자 할 때 자주 사용된다. 모듈식 책장은 책의 양에 따라 그 크기를 줄이거나 늘리기가 매우 쉽다.

사업적인 문제에서 우리는 여러 곳에서 남아도는 시간을 찾아볼 수 있다. 우리는 어떤 때는 시간이 너무 모자라고 어떤 때는 너무 많이 남아돌곤 한다. 항상 어느 곳에서나 얼마간의 시간자원을 찾아낼 수 있다. 이에 대한 사례는 5.4.2에서 언급한 바 있다.

5.4.6 공간 자원

원추형 핀은 시간적으로만 아니라 공간적으로도 특성을 분리한다. 축 방향으로는 느슨하여 움직이기 쉽고 축 수직 방향으로는 견고하다.

잔디 깎는 기계 사례에서는 주어진 공간을 활용하여 큰 소음기 – 작은 소음기라는 갈등을 해결하려고 했다. 앞에서 제시된 잔디 깎는 기계의 케이스 또는 잔디 주머니를 소음기로 활용한 사례를 보라.

1장에서 쓰레기통과 도끼의 예를 살펴본 바 있다. 두 가지 모두 공간을 자원으로 이용하여 개선했는데, 쓰레기통은 지하공간을, 도끼는 손잡이 내부의 공간을 이용하였다.

사업 분야에서는 공간 자원을 어떻게 이용하는가? 업무나 학습을 위한 다양한 공간 자원이 있다. 집, 기차, 버스, 비행기 내에서 업무를 볼 수도 있고 공부를 할 수도 있다. 전통적인 사업관점에서 보면, 고객과 공급자는 서로 다른 장소에 위치한다. 그러나 요즘 떠오르는 사업을 보면, 고객을 사업에 끌어들이기 위해 가상적인 방법(정보를 공유하는 e-비즈니스 시스템)을 쓰거나, 또는 물리적인 방법(제품 설계하는 과정에 고객을 참여 시키거나, 공급자가 소비자의 편의시설 내에 특수한 소형 공장을 세우거나, 백화점 내에 특별 여성매장을 신설하는 등)을 사용한다.

5.4.7 그 밖의 자원들

그 밖에도 중요한 자원들이 있다. 모든 제품은 어느 정도 외형에 아름다움을 지니며 정보를 제공한다. 이상적인 경우에 시스템은 잘 작동하고, 보기가 좋고, 어떻게 사용하는지 알려준다. 예를 들어 설계가 잘 된 출입문은 "미시오" 또는 "당기시오"라는 표시 없이도 어떻게 여는지 알 수 있다.

해로운 물질과 해로운 상호작용 역시 자원으로 생각해보아야 하는데, 이것은 때로는 "전화위복"이라고 불린다. 예를 들면, 다른 곳에 사용할 수 있거나 재생될 수 있는 폐기물(재료와 에너지) 또한 자원이다. 건강치 못한 조직이 파괴되는 동안에 건강한 조직을 보호하는 방법을 찾음으로써 많은 약이 독성물질로부터 개발되었다.

다른 산업에서 이미 알려진 재료나 기술도 자원으로 생각해 볼 필요가 있는데, 왜냐하면 그것들을 사용하여 문제를 해결하는 경우가 흔히 있기 때문이다. 전자레인지는 레이더 기술에서 온 것이며, 물을 이용한 절삭작업, 고어텍스, 원격 심장 계측기, 그 밖의 여러 기술과 재료는 항공우주공학의 성과이다. 생산관리와 기계제작 허용오차의 개념은 점차 건설 산업까지 퍼지고 있으며, 사업상 쓰이던 네트워크 기법은 교육 분야에 보급되고 있다.

다른 사람이 이룩해 놓은 특별한 기능들은 어느 것이나 모두 문제를 해결하기 위한 자원이 된다. 문제의 정의가 명확할수록, 그와 같은 자원을 찾기가 쉽다. 문제를 비기술적인 용어로 표현하면, 다른 산업에서 개발된 자원을 스스로 찾아보는 데에 도움이 된다. 예를 들면, 어느 농장에서, 전통적인 가열 방법을 사용하지 않고 소똥을 건조시키는 방법을 찾고 있었다. 하지만, 건조라는 단어를 쓰면 가열해야 한다는 생각이 떠오른다. 이 문제를 '고체에서 액체를 분리시키는 것'이라고 다시 정의한 뒤 여러 데이터베이스를 탐색하자, 액체 혼합물에서 물을 제거할 때 친수성 분자를 이용하는 기술을 발견할 수 있었다. 이것은 열을 가하지 않고 과일주스를 농축하는 방법으로 그 분야에서는 이미 40년 동안이나 사용되어 온 것이다.

다른 산업에서 넘어온 기술이 색다를 필요는 없다. 미첼 웨이스(Mitchell Weiss)는 13살에 페달식 잔디 깎는 기계를 발명하였다. 그 원리는 일반 자전거와

똑같다. 페달을 밟으면 뒷바퀴가 돌아가면서 날이 부착된 잔디 깎는 기계의 앞바퀴를 민다.

5.5 사용하는 자원을 재발견해야 할 때

때로는 우리는 새로운 유용한 작용이 필요하지 않을지라도 해로운 작용이 발생하는 이유와 방법을 설명해야 할 필요가 있다.

금주법이 발효된 시기에 밀수업자들은 경찰을 따돌리기 위해 많은 재치 있는 해결책을 개발하였고, 그 대부분은 전설이 되었다. 그 중 하나는 배로 술을 밀수하는 것이었다. 배 안을 검사하는 것으로는 밀수하는 술을 찾아내지 못했다. 모두가 바다를 통해 밀수가 이루어지고 있다는 것을 알고 있었다. 뇌물 때문이라고 설명할 수 없었다. 경찰은 정직하였다. 어찌 된 일이었을까?

밀수업자는 모순을 가지고 있었다. 술은 사업을 위해서는 배 안에 있어야 하지만, 경찰에게 들키지 않으려면 배 안에 있어서는 안 되었다. 해결책은 시간 자원을 쓰는 것으로, 조사를 위해 경찰이 갑판에 올라 있는 동안에 술을 없애는 것이었다. 이것은 술통을 무거운 물체에 묶어서 수면 아래로 가라앉히면 가능하다. 하지만 이것을 어떻게 다시 끌어올릴까? 이 문제의 고유 모순은 술통이 어떤 때는 물보다 무거워서 물속에 잠겨 보이지 않아야 하고, 또 어떤 때는 물보다 가벼워서 나타나야 하는 것이다. 그 여분의 무게는 저절로 사라져야 한다. 어떤 물질이 물속에서 그 무게가 쉽게 없어지는가? 어떤 것이 물에 녹는가? 어떤 물질이 쉽게 구할 수 있고 물에 잘 녹는가? 설탕? 소금? 밀수업자들은 소금을 이용했는데, 소금은 일정 시간 뒤에 물에 녹아 술통을 떠오르게 한다(그림 5.6 참조). 물론, 경찰은 결국에 이 속임수를 알아챘다. 오늘날 마약 밀수업자들은 다른 방법을 사용해야만 한다.

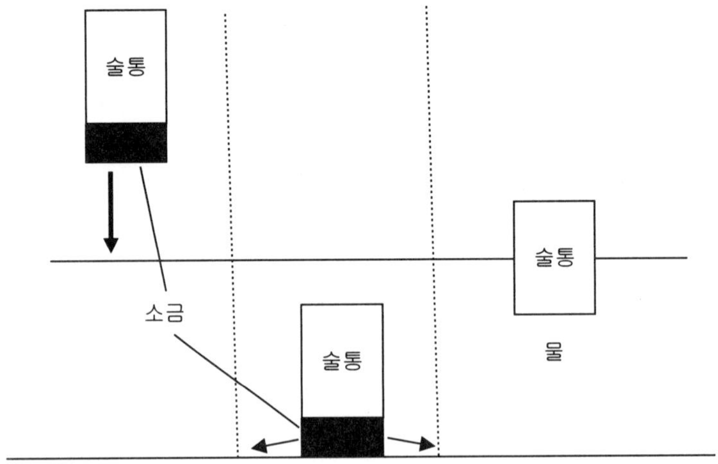

그림 5.6 소금과 물이 술통을 처음엔 사라지게 했다가 다시 나타나게 한 자원이다.

5.6 요 약

- ❖ 시스템과 환경에서 아직 쓰이지 않고, 보이지 않으며, 공짜이며 또는 아주 값싼 자원을 찾아본다.
- ❖ 자원 분석에서 얻을 수 있는 모든 이득을 이용한다. 그 이득은 아이디어 얻기, 다른 도구를 함께 사용하여 아이디어 얻기, 시스템 진화의 예측, 고객 욕구의 예측 등이 있다.
- ❖ 확실한 자원만이 아니라 많은 자원을 매핑한다. 분석을 철저히 하면 그 노력이 결코 헛되지 않을 것이다. 종종 기대하지 않은 기회를 발견할 수 있다.
- ❖ 자원을 사냥할 때 점검할 항목은 도구 및 대상, 환경, 상위 시스템, 미시수준, 시간, 공간 등이 있다.

이 장에서 우리는 자원 분석을 주로 독립적인 도구로 간주하였다. 다음 장에서는 고유 모순을 해결하거나 IFR의 특성을 정의하는 데에 자원이 어떻게 사용되는지 자세하게 공부할 것이다. 기본적이고도 가장 중요한 자원을 어떻게 골라내며, 어떻게 하면 자원들을 함께 사용하는지 알게 될 것이다.

참고문헌

1. Savransky, S.D., *Engineering of Creativity*, CRC, Boca Raton, 2000, 83.
2. Smith W.E., *Principles of Material Science and Engineering*, McGraw-Hill, New York, 1996, plate 2.
3. *Popular Science*, October 2001, 31.

Chapter Six 6

불가능이 종종 가능하다: 시스템의 이상성을 높이는 방법

2장에서 이상적 최종결과란 모순을 극복하는 해결책이라고 밝힌 바 있다. 우리는 이 장에서 시스템의 이상성을 자세하게 다룰 것이다.

먼저, 하나의 독립적인 도구로서 이상적 최종결과를 공부하고, 이상 시스템을 표현하는 여러 가지 방법을 간략히 다루고자 한다.

그런 다음, 모순 정의와 자원을 가지고 어떻게 이상적 최종결과에 도달할 수 있는지 공부할 것이다. 앞 장에서 좋은 해결책이란 이상적 최종결과를 성취하며 유휴자원을 사용하여 모순을 극복하는 것이라고 정의했다. 이렇게 말하기는 쉬우나 행하기는 어렵다. 그렇게 하려면, 자원을 사용하여 모순을 극복하는 체계적인 방법이 필요하다. 이를 위해서 주 자원이라는 개념을 도입한다. 3장에서는 여러 가지 절충 방안을 설명하였고, 4장에서는 그런 절충 배후에 존재하는 고유 모순을 찾는 방법을 보여주었으며, 5장에서는 시스템 안팎의 자원에 대한 긴 목록을 작성했다. 이 장에서는 주 자원이라 부르는 단일하고 기본적이며 가장 중요한 자원을 다루려고 한다. 다른 자원으로 보조자원이 있다. 보조자원은 주 자원이 고유 모순을 제거하도록 도와준다. 이 장에서는 주 자원과 보조자원을 바

원이 고유 모순을 제거하도록 도와준다. 이 장에서는 주 자원과 보조자원을 바탕으로 이상적 최종결과를 만들어 가는 과정을 학습한다. 그림 6.1은 문제 해결 과정의 일반적 모형을 나타내고 있다.

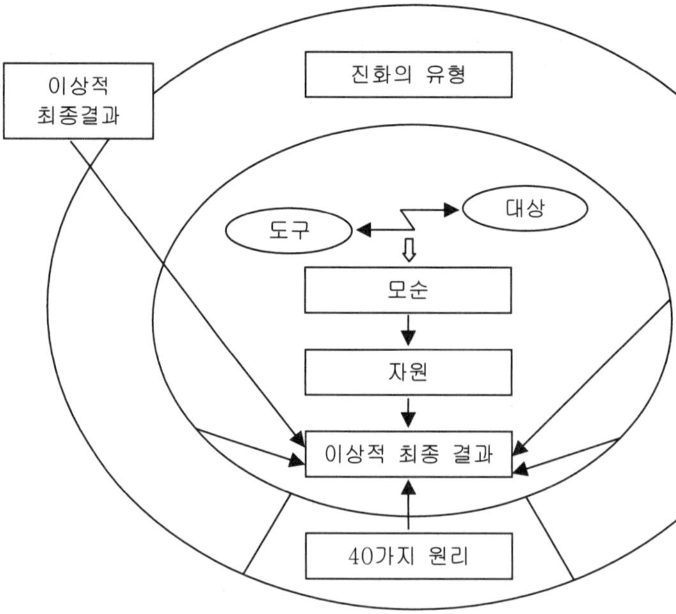

그림 6.1 문제 해결 모형에서 이상적 최종결과. 화살표는 이상적 최종결과가 여러 가지 다른 도구들을 적용하여 개발될 수 있음을 보여 준다.

6.1 이상성 증가 법칙

이상적 최종결과의 개념은 알트슐러가 처음으로 정립한 다음과 같은 법칙에 근거한다. "모든 시스템의 발전은 그 이상성을 증가시키는 방향으로 진행한다."[1]

다시 말해서, 시스템은 점점 단순해지며 결코 더 복잡해지는 것이 아니다. 이상 시스템이란 원래 시스템이 지닌 유용한 특성과 기능을 모두 지니면서도, 무게나 부피가 없으며, 노동력과 유지보수가 필요하지 않고, 에너지도 소비하지 않는다. 이러한 정의는 어디에서 기원하는가? 다음과 같은 이상성 방정식을 써서 시작한다.

$$\text{이상성} = \sum\text{이득}/(\sum\text{비용} + \sum\text{해로움})$$

그리스 문자 ∑는 어떤 것들의 "합"을 뜻하므로, 이 수식은 "이상성이란, 비용의 총합과 해로운의 총합을 더하여 그 값으로 이득의 총합을 나눈 것"을 의미한다. 수식과 방정식에 자신 없더라도 걱정할 필요 없다. 이 수식은 정성적 특성만을 보여주기 때문에 아무런 계산이 필요치 않다. 이 수식이 보여주려는 명확한 요점은 이상성에는 두 가지 측면이 있다는 것이다.

이 수식은 기술, 발명 및 해결책의 수준을 묘사하기 위해 그 동안 제시되었던 수많은 수식들을 일반화한 것으로, 1950년대 초기에 출현한 가치분석 및 엔지니어링 기법에 나오는 가치 방정식에서 유래한다.[2] 가치(value)는 기능(function)을 비용(cost)으로 나눈 것이다(V = F/C). 이득은 기능적 능력을 포함하지만, 그것에만 국한되지 않는다. 무게와 크기 같은 여러 가지 중요한 특성은 작용이나 기능이 아니다.

제랄드 메서디(Gerald Messadie)는 자신의 저서 '역사상의 위대한 발명들(Great Inventions Through History)'에서 갈매기가 물고기를 잡는 기술을 발명과 비교했다. "갈매기는 조개를 부리로 날아와 바닥에 내려놓는다. 그리고는 자기 부리로 할 수 있는 가장 큰 돌을 물어와 조개를 깨뜨릴 수 있는 높이까지 올라가 그것을 떨어뜨린다. 갈매기가 이런 기술을 발명한 것은 상업적인 목적을 위해서도 힘을 얻기 위해서도 아니다. 갈매기는 이와 같은 기술로 상당히 빠르게, 그리고 자그마한 능력의 도움으로 먹이를 얻는다. …중략… 그러므로, 이 방법은 시간을 절약하고 궁극적으로 에너지를 절약한다. 인류가 시작된 이래 이루어진 모든 발명들이 바로 이런 목표를 가졌다. …중략… 모든 발명에는 이와 같은 절대적인 규칙이 포함되어 있다."[3]

메서디가 정형화한 규칙은 매우 중요한 특성을 강조하고 있음에도 불구하고 범위가 너무 좁다. 이상성이 증가하면 에너지 측면에서 더 빠르고, 더 효율적인 시스템이 될 수 있으나 많은 다른 변화도 역시 가능하다. 예를 들어 무게와 크기를 줄이고, 외형을 개선하고, 편안함을 높이고 해로운 부산물을 줄이는 것 등이 그것이다. 그렇다고 메서디의 법칙이 이상성 증가법칙의 나쁜 사례는 아니다. 우리 주변을 관찰해보면, 여러 가지 사례들을 쉽게 찾을 수 있는데, 개선된 여러 가지 시스템을 보면 시간이나 공간 또는 시공간 모두를 절약한 사례가 있다. 당근 재배 사례와 같이 간단한 것이 있는가 하면 컴퓨터나 수송 시스템 개발과 같은 복잡한 것도 있다. 자동차와 비행기는 더 빠르면서 가능한 수고를 최소화하려는 여행 수단이다. 전기 조명은 횃불과 같은 초기 등불들에 비해 훨씬 사용하기 쉽다. 음식조리, 통신기술, 그리고 널리 쓰이는 다른 기술들도 마찬가지다.

이러한 기술들의 상업적 성공으로 사람들의 생활이 편리해졌다.

이상성의 수식에서 분모가 0이 되면 이상성은 최대가 된다. 이상적 최종 결과를 비용이 들지 않고 해로운 기능이 없이 모두 유익한 기능만 가진 시스템이라 정의한 것은 이런 이유에서다. 시스템이 복잡해지면 비용과 해로운 기능이 동시에 증가하므로, 시스템이 단순해질수록 이상성은 증가한다. 유익한 기능은 그대로 유지하면서 시스템이 단순해진다면 이상성이 증가하게 될 것이다.

시스템을 서로 비교해보면서 이상성을 측정할 수 있다. 서로 대체 가능한 두 시스템 중 어느 것이 특정상황에서 이상에 더 가까이 있는가는 이상성에 관한 식을 비교해보면 알 수 있다. 비용과 해로움이 변화하지 않고 이득이 증가하면 이상성이 증가한다. 또한 이득이나 비용이 변화하지 않고 해로움이 감소하면 이상성이 증가한다. 몇 가지 사례를 살펴보자.

- 1970대에, 계산자는 순식간에 포켓형 전자식 계산기로 대체되었다. 계산기는 계산자보다 더 정확하고 휴대가 편하며 사용 방법도 익히기 쉽다. 전자식 계산기의 값이 싸지면서 계산자는 박물관에나 전시해야 할 물건이 되었다.
- 재래식 내연기관을 대체하기 위해 몇 가지 회전식 피스톤 엔진이 개발되었다. 직선운동을 회전운동으로 변환하는 아이디어는 이미 증기기관 시대에 개발된 것이다(1769년에 제임스 와트가 회전식 증기기관으로 특허를 받았음). 회전식 기계는 그 나름대로 매력이 있다. 증기터빈과 가스터빈이 좋은 예다. 그럼에도 불구하고 자동차의 관점에서 보면 회전식 기계가 재래식보다 더 나을 게 없었다. 밀봉 문제와 높은 에너지 소비 등의 결점에 비해 장점이 너무 적었다. 경쟁 시스템보다 이상성이 현격하게 높아지지 않았고 특별히 우수하지도 않았다.
- 피스카(Fiskar)와 일부 다른 상품명을 가진 가위는 사람 손에 잘 맞는 형태로서 인기를 끌었고 부분적으로는 재래식 모형을 대신하였다. 가위 모양을 조금 바꾸었지만 사용하기가 전보다 훨씬 편리해졌다.
- 전화기와 많은 다른 제품들이 초기에 개발된 것보다 훨씬 단순하며 덜 복잡한 형태를 띤다.
- 회사 로고와 인쇄 글꼴이 더 단순해지고 있는데, 이 분야는 시스템의 진화 외에도 유행의 영향을 많이 받기는 하지만, 단순하고 간결한 형태로 동일한 메시지를 전달한다.

- 자동차의 제동장치와 조향장치에 기계적인 직접 연결 대신 와이어에 의한 조절방식이 쓰이기 시작한 것은 항공기 와이어 시스템이 개발된 지 20년이 지난 뒤였다. 그러나 지금은 빠르게 진보하고 있으며 이상성을 높여가고 있다. 새로운 제동장치는 부품 수를 45개에서 15개로 줄이고도 비상 정지시의 제동거리를 종전보다 10%나 단축할 수 있다.[4]

기술을 사회적 유기체의 일부로 보는 학자들이 엔지니어들보다 중요한 특성을 더 잘 간파한다. 역사학자 아놀드 토인비(Arnold J. Toinbee)는 과학기술의 진화에서 매우 훌륭한 사례를 보여주었는데, 그것은 바로 "점진적 단순화 법칙"이다. 먼저, 수송에 대해서는 다음과 같이 말하고 있다.

"말이 기관차로 대체되자 마차가 다니던 길은 두 줄의 레일로 정교하게 만든 영구적인 철길로 바뀌었다. 그 다음에는 육중하고 커다란 증기기관이 가볍고 다루기 쉬운 내연기관으로 바뀌었다. 기술적인 진보는 기계를 단순화함으로써 가능했다. 기계적 견인력의 기술적 장점이 유지되었을 뿐 아니라 오히려 강화되었다(기계적 관점에서 볼 때 내연기관은 증기기관을 개선한 것이다). 동시에 복잡한 재료기구 상의 단점이 일부 해결되었다. 그리하여 자동차는 기차와는 달리 레일에서 해방되어, 기차와 동일한 속도와 출력을 가지고, 보행자나 말처럼 행동의 자유를 만끽하며 다시 도로 위를 달릴 수 있게 되었다."[5]

토인비는 또한 통신, 출판, 패션, 천문학 분야의 진화를 보여주는 사례를 제시하였다. 처음 발명된 전보와 전화는 과거에 상상하지 못한 빠른 속도로 비즈니스와 사회를 변혁시켰다. 더욱이 최근에는 무선 통신의 발달하여 정보의 전달과 접근이 극도로 향상되었다.

패션은 엘리자베스 여왕과 루이 14세의 사치스러운 의상에서부터 시작되었는데, 좀 더 평범한 재료와 좀 더 단순한 재단을 추구하는 방향으로 진화해왔다. 청바지와 평상복의 활기찬 행진은 전통적인 사업 분야에서 조차 그 경향을 계속하고 있다.

천문학과 물리학에서는 어떤 모형이나 이론이 단순할수록 더 유용하다는 사실을 오랜 전부터 인식되어 왔다. 관측된 천체의 움직임을 설명하기 위해 지구중심의 천동설은 복잡한 주전원(周轉圓)을 가정해야만 했다. 하지만 태양 중심의 지동설은 단순한 용어로 무수한 천체들의 다양한 움직임을 설명할 수 있다. 기본 입자에 관한 현대 이론은 여섯 종류의 쿼크를 사용하여 모든 입자를 표현하고 있지만, 1960년대에는 물질을 설명하기 위해 200개 이상의 입자 개념을 도입해야 했었다.

그러면 이제 시스템을 개선하는 전형적인 방법을 고찰해 보자. 유용한 특성을 더욱 개선하고 더 많은 부품을 써서 해로운 특성과 비용을 줄일 수 있다면, 부품의 수를 늘려 이상성을 향상시킬 수 있다. 현재 쓰이는 자전거는 18세기 말에 처음 나온 초기 자전거보다 더 많은 부품을 가지고 있다. 그러나 특성을 훨씬 개선하여 그 이상성을 높였다. 전체 역사에서 보면, 그 부품 수는 줄어들 것이다. 새로운 전자식 기어변환 방식이 지난 50년 동안 자전거 기술을 지배해 온 기계식 변환 방식보다 훨씬 더 단순하다.

시스템의 이상성을 높이는 또 다른 방식은 크기, 무게, 에너지 소비, 부품 개수 및 공정 횟수, 그리고 기타 비용 발생인자를 줄이는 것이다. 자전거의 프레임을 구성하는 부품 수는 그리 많지 않다. 스포츠용 자전거는 일체형 프레임을 사용하는데, 부품 수를 줄여 이상성을 높였다. 물론, 특정한 목표를 근거로 이상성이 향상되었다. 목표가 다르면, 이상성은 향상될 수도 있고 그렇지 못할 수도 있다.

"이상 시스템"이란 용어 대신에 우리는 "이상 기계", "이상 프로세스", "이상 물질(또는 이상 소재)"라는 용어를 사용할 수 있다. 이상 기계는 존재하지 않지만 그것이 하는 일은 이루어진다. 이상 프로세스란 에너지 소비가 없고, 시간 소모도 하지 않으면서 원하는 제품이나 서비스를 산출하는 과정을 뜻한다. 이상 물질이란 존재하지 않지만 모든 필요한 특성을 다 갖춘 재료를 의미한다. 여기에 관한 예들이 있다.

- 나는 부품을 생산하려고 한다. 그러나 전문적인 기계와 기구를 갖춘 공장을 세우고 싶지는 않다. 현재 시행에 옮길 수 있는 이상적인 해결책으로는, 스테레오 리소그래피(stereo lithography) 시스템이 있는데, 이것은 3차원 CAD 파일과 금속, 플라스틱, 세라믹 분말과 같은 재료를 선택하여 부품을 생산할 수 있다.
- 나는 이국적인 곳을 가고 싶지만, 여행하는 데에 많은 시간을 소비하고 싶진 않다. 과거에 이를 해결하려면 독서를 해야 했다. 하지만 오늘날에는 카메라가 연결된 웹 사이트를 방문하면 이국적인 장소를 실시간으로 볼 수 있다. 스타트랙에 나오는, 순간 이동을 통한 여행은 현재에는 불가능하지만 미래에는 가능할 지도 모르겠다.
- 나는 옷을 세탁하려고 한다. 그러나 직접 빨래를 하고 싶지 않다. 이를 해결하는 방법에는 두 가지가 있다. 하나는 의류를 수거하고 세탁한 뒤 다시 배달해주는 세탁 서비스 회사에 옷을 맡기는 것이다. 물론 여기에는 비용이 든다. 또 다른 방법은 옷을 세탁하고 건조하는 기계를

이용하는 것으로 이는 세탁물을 분류하고 물의 온도를 적절하게 맞추며 세탁방식도 선택해야 하는 등의 복잡한 절차를 거친다. 이 또한 기계와 세제를 구입하는데 비용이 든다. 다음 단계로는, 일부 회사에서 실험하고 있는 세탁기 내에 오존 발생기를 설치하는 방식이 있다. 이 방법은 비누나 세제가 필요 없기 때문에, 유지비가 들지 않고 폐수로 인한 환경오염을 줄일 수 있다.

이상 시스템에서 해로운 특성은 사라지고 유용한 특성만 남는다. 재활용 업자가 폐기물에서 이익을 얻듯이, 해로움이 이득을 바뀌거나 "전화위복"으로 바뀐다면, 점점 더 이상에 가까운 해결책을 얻게 된다. 뒤에 가서, 재생산을 위한 설계, 재활용을 위한 설계, 그리고 환경을 고려한 설계가 이상성을 높일 수 있음을 알게 될 것이다. 다음은 그 사례들이다.

- 생물 쓰레기를 종종 가치 있고 환경 친화적인 바이오 가스로 변환할 수 있다.
- 휴지는 재활용 종이와 제품 포장지의 원료가 된다. 이런 이유에서, 세계에서 가장 큰 제지업체는 뉴욕 시라는 농담도 있다.
- 소비자의 불만사항은 분명 바람직하지 않은 것이지만, 회사가 그런 불만사항에서 무엇인가를 배워 더 좋은 제품을 만들 수 있다면, 해로운 것을 이로운 것으로 바꾸는 일이다.

여기에 독자들 자신의 사례를 추가해보라.

6.2 자원으로부터 해결책을 만들어 내기

때로는, 모순을 정립하고 자원을 매핑하는 것만으로도 문제를 어떻게 풀어야 하는지 알 수 있다. 쓰레기통의 크기가 작아야 함과 동시에 커야 한다는 사실을 알고 또한 기하학적 공간을 하나의 자원으로 파악하고 있다면, 쓰레기통의 하부 공간을 이용한다는 아이디어가 쉽게 떠오른다. 눈에 보이는 쓰레기통은 작지만, 전체를 보면 그 크기가 크다.

그러나 정보와 자원만으로 해결 아이디어를 찾기가 쉽지 않다. 5장에서 밀수 문제를 다룬 바 있다. 술통은 어떤 때에는 사라져야 하고 또 어떤 때에는 다시 나타나야 한다. 이런 모순이 요구하는 내용을 분석해보면, 술통은 물보다 무거워야 하며 또한 물보다 가벼워야 한다. 이 술통을 물속에 던지면 순간적으로 수면 아래로 가라앉아야 하고, 시간이 지나면 다시 복원되어 수면 위로 떠올라야 한다. 술통, 술, 물, 물의 부력, 중력, 그리고 거시적 시스템 자원들이 이 상황에 주어진 자원이다. 이 정보만으로는 해결 아이디어를 얻는 것이 쉽지 않다.

자원 분석에서 이상적 최종 결과로 넘어가기 위해서는 추가적으로 몇 단계를 더 밟아야 한다. 먼저 주 자원을 선택한다. 주 자원이란, 일차적이며 가장 중요한 자원이거나 또는 고유 모순을 드러내는 자원이라는 점을 기억하자. 4장에서 설명한 것처럼, 고유 모순을 정의하면, 주 자원을 찾기가 수월하다. 다음 사례들을 다시 생각해보자.

- 밀수 문제에서 술통은 무겁기도 하고 가볍기도 해야 한다. 주 자원은 술통이다.
- 잔디 깎는 기계 문제에서 고유 모순은 '큰 소음기-소음기 없음' 이다. 주 자원은 소음기이다.
- 당근 재배 문제에서 고유 모순은 '많은 씨앗-한 개의 씨앗' 이다. 주 자원은 씨앗이다.
- 빗장 문제에서 모순은 '큰 틈새-틈새 없음' 이다. 주 자원은 핀이다.
- 훈련 문제에서 훈련을 하려면 많은 시간이 소비되지만, 그 시간동안 다른 일을 할 수 없다. 주 자원은 시간이다.
- 불을 끄는 문제에서 많은 물이 필요하지만, 물 없이 불을 끄고 싶다. 주 자원은 물이다.

보조 자원이 주 자원을 변화시켜 모순이 사라지는 경우도 있다. 밀수꾼은 소금이라는 뛰어난 보조 자원을 이용해서 술통을 무겁게 했다가 나중에 가벼워지게 했다. 잔디 깎는 기계 문제에서 잔디를 이용하면 소음기를 더 작게 할 수 있다. 당근 재배 문제에서는 씨앗을 서로 연결함으로써, 많은 씨앗이 하나의 씨앗으로 바뀌었다. 빗장 장치의 사례에서는 핀 자체의 기하학적 형태를 바뀌게 하여 틈새가 커지기도 하고 없어지기도 하였다. 훈련 문제에서는 업무 시간은 훈련 시간을 최소화하는 데에 사용될 수 있는 자원이다. 소방 문제에서는 높은 압력을 사용하여 극히 적은 물을 가지고 많은 물(안개 상태)을 만들었다.

표 6.1 당신이 잘 아는 시스템에서 이상성 향상을 설명하는 사례를 나열하라.

초기 시스템	
개선된 시스템	
변화된 내용	
개선된 이득	
절감된 비용	
제거된 해로움	

이러한 사례들은 물론 단순화된 것이다. 적합한 보조자원을 찾아내려면 얼마간의 생각이 필요하다. 밀수꾼들이 소금을 이용하는 방법을 생각해내기까지는 틀림없이 얼마간의 시간이 필요했을 것이다. 보조자원을 한 개 이상 나열해보는 것이 도움이 된다. 때로는, 좋은 해결책을 찾기 위해서는 주 자원을 변화시킬 필요도 있다.

자원을 이용해 이상적 최종 결과를 정립하기 위해서는 다음 3단계를 거쳐야 한다.

1. 고유 모순을 가지고 있는, 가장 중요한 또는 기본적인 자원을 선택한다. 필요하면 4장을 참조해서 모순을 강화하도록 한다.
2. 주 자원을 변화시키는 보조자원들을 열거한다. 자원에 관한 내용은 5장을 참조한다.
3. 보조자원을 사용하여 주 자원을 변화시켜 모순을 제거한다.

이 단계들을 앞에 언급한 사례를 가지고 표 6.2와 같이 알기 쉽게 구성해보았다. 많은 보조 자원을 활용하면 다른 해결책도 나올 수 있다.

소음 문제에서 배기관, 배기가스, 그리고 잔디를 이용하면 큰 소음기를 작게, 심지어 큰 소음기가 아예 사라지게 만들 수도 있다(표 6.3 참조).

다른 자원들을 활용하면, 다른 해결책이 나온다. 예컨대 잔디 깎는 기계의 케이스를 보조자원으로 활용해서 소음이 나는 방향을 바꾸고 소음을 흡수하게 하면, 잔디 대신에 잔디 깎는 기계의 케이스가 소음기가 된다.

당근재배 사례에서는 씨앗, 흙, 물, 그 밖의 다른 자원들이 씨앗을 변경시켜 대상의 수가 어떤 의미에서 보면 많기도 하고 동시에 적기도 하다(표 6.4 참조).

표 6.2 밀수 문제에서 이상적 최종결과 구하기

고유 모순을 지닌 주 자원: 술통
고밀도 ↔ 저밀도

보조 자원:
물, 공기, 소금, 모래, 설탕 등, 시간, 중력, 부력

이상적 최종결과의 특성:
소금으로 술통을 변경시킨다. 처음에는 무겁게(고밀도), 다음에는 가볍게(저밀도)

표 6.3 잔디 깎는 기계 문제에서 이상적 최종결과 구하기

고유 모순을 지닌 주 자원: 소음기
큰 소음기 ↔ 소음기 없음

보조 자원:
잔디, 소음기, 배기가스, 공기

이상적 최종결과의 특성:
잔디를 활용하면 소음기가 존재하면서 존재하지 않게 된다.

표 6.4 당근 재배 문제에서 이상적 최종결과 구하기

고유 모순을 지닌 주 자원: 당근 씨앗
많은 씨앗 ↔ 씨앗 없음

보조 자원:
토양, 물, 식품포장지에서 나온 버리는 종이, 밀짚, 뿌리 덮개

이상적 최종결과의 특성:
버리는 종이 등 기타 값싼 재료로 만든 테이프는 많은 씨앗을 "한 개의 씨앗"으로 연결한다.

빗장 장치 예제에서는 핀의 기하학적 형태가 틈새를 크게 그리고 작게 만드는 자원으로 사용되었다(표 6.5 참조).

훈련 문제에서는, 실제 훈련할 시간이 따로 없을 경우, 업무시간이 훈련시간을 겸할 수 있다. 작업자들이 체험을 통해 배울 수 있도록 잘 계획하고 많은 피드백을 준다면, 현장 업무 자체가 하나의 훌륭한 훈련이 될 수 있다. 작업자들이 오래 작업하면 할수록, 더 많이 숙달된다. 이러한 해결 방식은 무의식적으로 널리 사용되고 있다.

표 6.5 빗장 문제에서 이상적 최종결과 구하기

고유 모순을 지닌 주 자원: 핀
넓은 틈새 ↔ 틈새 없음

보조 자원:
핀: 기하학적 모양, 표면, 재질, 시간

이상적 최종결과의 특성:
핀의 기하학적인 모양으로 인해, 빗장을 열 때는 틈새가 넓어지고 빗장을 닫을 때는 틈새가 사라진다.

표 6.6 훈련 문제에서 이상적 최종결과 구하기

고유 모순을 지닌 주 자원: 시간
많은 시간 ↔ 시간 전혀 없음

보조 자원:
업무 시간, 현재의 지식과 기능, 회사 문화, 교과 과정, 교과서, 컴퓨터 네트워크, 학생, 경력 사원, 교사 등

이상적 최종결과의 특성:
업무 자체가 훈련의 효과가 있다. 훈련은 업무시간 전체에 걸쳐 이루어지기 때문에 따로 훈련시간이 필요 없으며, 훈련 효과와 업무 성과가 더 좋아진다.

마지막에 있는 불 끄는 문제를 살펴보라(표 6.7 참조).

표 6.7 불 끄는 문제에서 이상적 최종결과 구하기

고유 모순을 지닌 주 자원: 물
많은 물 ↔ 물 없음

보조 자원:
물, 수압, 관, 노즐, 공기

이상적 최종결과의 특성:
물의 압력을 높이면 물의 양이 거의 없기도 하고 매우 많기도 하다. 물안개의 부피는 매우 크다.

사례들은 여러분 자신의 시스템을 연구하는 데에 도움을 준다(표 6.8 참조). 앞 장에 있는 연습을 계속하고, 맵핑한 자원들을 어떻게 조합할 것인지 연구해 보라. 또한 당신은 이상성의 개념을 바로 사용할 수도 있다. 무엇이 주 자원이고 무엇이 보조 자원인지를 파악하고, 이들을 어떻게 함께 사용할 수 있는지 생각해 보라.

표 6.8 당신의 시스템을 연구하라

고유 모순을 지닌 주 자원:
보조 자원:
이상적 최종결과의 특성:

6.3 요 약

좋은 해결책과 그렇지 못한 해결책에 어떤 차이가 있는지 연구하자. 이상성의 증가는 좋은 해결책의 한 가지 중요한 특성이다. 복잡한 문제를 해결하면서도, 시스템이 오히려 더 단순해진 사례를 많이 찾아 볼 수 있다. 적은 비용으로 해로움이 거의 없이 큰 이득이 구현될 수 있다. 이상성 증가의 개념은 곧바로 활용할 수 있다. 다른 산업분야의 좋은 해결책들을 공부해보라. 그러면 여러분 자신의 시스템을 개선할 수 있는 아이디어를 얻게 될 것이다.

고유 모순을 정의하고(4장), 자원을 매핑하면(5장), 자원을 가지고 매우 효과적으로 이상적 최종결과를 얻을 수 있다. 고유 모순을 지닌 시스템을 주 자원으로 삼도록 한다. 그 다음에는 모순이 사라지도록, 주 자원을 변화시키는 보조 자원을 찾아야 한다.

이상적 최종결과의 특징은 해결책 평가방법의 기초가 된다. 해결책에 대한 평가와 개선은 7장에서 다룰 것이다. 다른 방법으로도 시스템의 이상성을 높일 수 있다. 그 방법을 기술 진화 유형이라고 부르는데, 이에 대해서는 9장에서 다룬다.

참고문헌

1. Altshuller, G.S., *Creativity as an Exact Science*, Gordon and Breach, New York, 1984, 228.
2. Miles, L.D., *Techniques of Value Analysis and Engineering*, McGraw-Hill, New York, 1961.
3. Messadie, G., *Great Inventions through History*, Chambers, St. Ives, 1991, 5.
4. *Forbes*, August 6, 2001.
5. Toynbee, A.J., *A Study of History*, Vol. III, Oxford University Press, London, 1963, 174.

Chapter Seven

최선의 해결책 골라내기:

해결책 평가를 위한 단순하고 효과적인 도구

이 책 앞부분에서, 우리는 독자들이 문제를 가장 잘 해결했던 경험을 돌이켜 보면서, 좋은 아이디어가 지닌 특징이 무엇인지 생각해보라고 했었다. 이제, 새로운 질문으로 7장을 시작하려고 한다. 좋은 아이디어가 떠올랐을 때, "왜 지금까지는 이 생각을 하지 못했지? 2년, 5년, 10년 전에는 왜 이런 생각을 하지 못했지?" 하고 의아해 하지 않았는가? 회사들은 우리에게 다음과 같은 이야기를 자주하였고, 그래서 우리는 이것을 「표준이야기」라고 명명하였다. 즉, "경쟁회사에서 새로운 해결책을 찾아냈다고 한다. 그런데 우리 회사에서 이미 몇 년 전에 동일한 아이디어가 제기된 적이 있다는 사실을 알게 되었다." 좋은 아이디어가 무시된 여러 가지 사례를 1장에서 다루었다.

필자가 그 동안 창의성에 관한 교육과 창의성 컨설팅을 해오면서 가장 눈에 띈 것 중 하나는, 해결책을 인지하고, 음미하고, 평가하는 것이 해결책을 발견하는 것보다 더 어렵다는 사실이었다. 아무리 좋은 아이디어를 가지고 있더라도 그것이 거부된다면 아무 쓸모가 없다.

해결책을 평가할 수 있는 좋은 방법을 찾는 것은 의미 있는 일이라고 동의하

해결책을 평가할 수 있는 좋은 방법을 찾는 것은 의미 있는 일이라고 동의하리라 믿는다. 이 장에서 우리는 단순하면서도 효과적인 평가 도구를 제시하면서, 다음과 같은 세 가지 요점을 공부한다.

1. 평가 기준을 정의한다. 이것은 3장에서 6장까지 공부해온 이상성, 모순, 자원의 개념이 바탕이 된다. 우리가 제시한 해결책의 평가라는 새로운 목적을 위해 이러한 도구를 사용한다.

2. 평가 수단을 고찰한다. 제시된 각 해결책의 이상성을 평가하고, 다른 해결책의 이상성과 비교한다. 이미 알려진 해결책과 상호 비교하는, 단순하고 실용적인 도구가 사용된다. 일상 프로젝트에서 평가척도는 가장 유망한 기존 또는 개발 중인 경쟁력 있는 방법이나 기술이여야 한다. 이 책의 예시에서는, 단순 명확히 하기 위해서 해결책은 널리 알려진 현 시대의 기술과 자주 비교된다.

3. 이상적 최종 결과를 얻지 못하는 경우에 어떻게 진행해야 하는가를 논의한다. 때로는 아이디어가 좋지 않아 그 아이디어 전체를 거부해야 하는 경우도 있다. 그러나 더 흔한 것은, 기본 아이디어는 탁월하지만 지엽적인 문제가 있어 이를 해결해야 하는 경우다. 부차적인 것에 따른 혼란을 피하고 여러 문제점과 해결책의 미로를 통과하기 위해서는 이와 같은 평가기준이 도움이 된다.

7.1 평가 기준

새로운 아이디어가 떠올랐다면, 그 아이디어가 좋은 것인지 나쁜 것인지 스스로 물어보아야 한다. 이 질문에 답하기 위해서는 좋은 해결책에 대한 판단기준이 필요하다. 먼저 앞 장에서 공부한 이상성에 관한 등식을 다시 생각해 보자.

$$\text{이상성} = \Sigma\text{이득}/(\Sigma\text{비용} + \Sigma\text{해로움})$$

이것이 평가의 기본이다.

첫째, 해로운 특성이 모두 사라진다. 많은 경우 문제의 해결은 어떤 결점을 제거하는 것이므로, 이 요구조건에서 시작하는 것이 논리적이다.

둘째, 유용한 특성은 모두 유지되며, 새로운 이득이 나타난다. 단지 결점만 제거하려고 해서는 안 된다. 유용한 특성들을 새롭게 끌어 들이면서, 기존에 특성은 유지해야 한다.

셋째, 해로운 특성이 새롭게 나타나지 않는다. 이를 점검해보는 것이 중요하다. 경영 개선이나 제품 개선과 관련하여 일어나는 문제를 살펴보면, 새로운 시스템이 초기 문제는 해결하였지만, 오히려 더 많은 문제를 야기하는 경우가 종종 있다. 소프트웨어 분야에서는 잘못된 "개선"으로 오히려 소비자의 불만을 초래하는 경우가 흔하다.

넷째, 시스템이 더 복잡해지지 않는다. 복잡성은 비용을 증가시키고 신뢰성을 낮춘다.

다섯째, 해결책은 문제에 있는 근원적이고, 기본적이며, 가장 중요한 모순을 제거한다. 3장과 4장에서 절충과 모순을 공부했기 때문에, 이상성 등식에서 이러한 요구사항을 쉽게 알 수 있다. 이득을 얻기 위해서, 우리는 무게, 크기, 에너지, 시간, 다른 비용을 일으키는 특성들을 더 많이 필요로 한다. 비용을 줄이고 해로움을 피하기 위해서 우리는 무게, 크기, 에너지, 시간 또는 다른 특성들이 줄여야 하기 때문에, 무엇이 본질적인 주 모순인지, 즉 무엇이 해결되어야 하는지를 항상 따져봐야 한다. 자동차가 개발되기 전에는 차량에 증기 엔진을 사용하였다. 증기기관 차량이 지닌 기본적 모순은 동력과 무게의 관계였다. 동력이 커질수록 무게 또한 더 무거워졌다. 기관은 무거워야 하고(충분한 에너지를 내기 위해) 가벼워야 한다(레일 없이 길 위를 달릴 만큼). 내연기관은 증기기관의 모순을 비교적 잘 해결했다. 전기 자동차는 그렇지 못했다. 전기 자동차가 많은 이점이 있음에도 불구하고 내연기관을 장착한 자동차가 주류를 이루는 것은 이러한 이유에서다. 한 세기 이상이 지난 지금에서야, 내연기관 자동차를 완전히 대체할 만한 새로운 종류의 전기 자동차의 개발을 목전에 두고 있다.

여섯째, 쉽게 이용할 수 있으나 이전에는 무시되었던 유휴자원을 사용한다. 우리는 5장에서 자원 매핑을 공부했는데, 이상성 등식에서도 이런 요구가 필요함을 알 수 있다. 반드시 값싼 자원을 새로이 발견해야만 비용을 줄임과 동시에 이득을 높일 수 있다.

이와 같은 여섯 가지의 평가기준은 트리즈의 기본 개념에 기반을 둔 일반적인 기준이다. 다른 기준들(예를 들면 안전성, 실행 속도, 기존 시스템과의 호환, 국가별 규제 요건 준수 등)은 연구가 진행 중인 특정 시스템에 적용된다. 이러한 여러 잡다한 기준을 위한 여지는 남겨두는 것이 바람직하다. 그래서 일곱 번째 기준으로 기타 요구조건을 추가하였다. 다음은 그 일곱 가지 기준 목록이다.

1. 해로운 특성이 모두 사라진다.
2. 유용한 특성은 모두 유지되고 이득이 새롭게 나타난다.
3. 해로운 특성이 새롭게 나타나지 않는다.
4. 시스템이 더 복잡해지지 않는다.
5. 주요 절충과 모순이 제거된다.
6. 쉽게 이용할 수 있으나 이전에는 무시되었던 유휴자원을 사용한다.
7. 현재 개발 중인 시스템과 관련된 기타 요구조건들이 충족되어야 한다.

7.2 평가의 척도

비용은 평가기준 목록에 명시적으로 포함되어 있지 않다. 우리가 아는바와 같이 어떤 아이디어가 정말로 혁신적이라면, 비용이라는 장벽을 제거하는 길도 찾을 수 있다는 것이다. 트리즈는 다음을 되풀이 하는데, 먼저 초기 문제를 해결하고 다음에는 그 비용을 줄이는 문제를 해결한다. 최근에 트리즈 교실에서 수강자들은 식품을 1인분씩 요리하여 판매할 수 있는 새로운 제품의 만드는 방법을 찾아냈다. 그러나 경영진은 이 제안을 받아들이지 않았는데, 그 이유는 제품의 가격과 판매 예측량에 비하여 새로운 공장을 짓는 비용이 비싸기 때문이었다. 트리즈 학생들은 여기에 실망하지 않고 자기들이 처음에 제안한 방식보다 비용이 60%나 줄어든 새로운 방식을 개발하였다. 이것은 신제품이 성공할 수 있다고 경영진을 설득하기에 충분한 수준이었다.

어떻게 그들이 비용을 60%나 줄일 수 있는 방법을 찾아냈는지 궁금할 것이다. 이것은 대단히 획기적인 발명의 결과가 아니라 각 공정의 효율 개선에 초점을 맞추어 트리즈를 반복적으로 적용한 결과다. 이 경우에서도 다른 수많은 경우와 마찬가지로 우리는 트리즈를 사용해서 얻은 새로운 좋은 성과 사례로 이것을 발표할 수는 없었다. 정의에 의하면 좋은 해결책이란 회사에 경쟁력을 가져다주는 해결책이다. 프록터 & 겜블 사(Procter & Gamble)나 포드 사와 같은 회사들이 트리즈를 오랫동안 사용한 경험이 있으면서도 성공 사례에 대한 글이 거의 나오지 않는 것은 바로 그런 이유 때문이다.

이 목록을 이용할 때, 어떤 절대적 개념 수준을 정의하려고 하기보다는 짝을

지어 비교를 하는 것이 더 명확하고 신뢰성 높은 방법이라는 것을 여러분은 알 수 있을 것이다. 새로운 기술과 오래된 기술은 동일한 시간 간격과 환경에서 비교해야 한다. 오늘날의 이상적인 잔디 깎는 기계 개념은 5년이나 10년 후에 잔디를 이상적으로 관리하는 방법과는 다를 것이다. 미래에는 잔디 깎는 기계를 사용하는 것 보다는 잔디의 높이가 적절하게 유지되는 "똑똑한 잔디"가 더 이상적일 수 있다. 가까운 장래에 새로운 개념의 발전 속도는 때로 과소평가되기도 한다. 마찬가지로, 소음과 오염을 줄일 수 있는 아이디어는 시간이 지날수록 더욱 가치가 높아질 것이 분명하다.

기술을 사용하기 위한 환경이 정의되지 않는다면 논의는 무의미하다. 예를 들면, 에너지 기술에 대해서 많은 논의가 있다. 태양 에너지, 핵에너지, 석탄 에너지, 수력 또는 기타 에너지 중 어느 것이 더 나은가? 에너지가 어떤 목적을 위해 필요한 것인지 정해주지 않으면 대답은 불가능하다. 에너지의 용도가 수백 메가와트의 전력을 연속적으로 사용하는 공장을 위한 것인지, 아니면 일시적으로 수십 킬로와트를 사용하는 작은 집을 위한 것인지, 아니면 토성을 탐사하는 우주선을 위한 것인지 먼저 명확히 할 필요가 있다.

트리즈의 기준을 사용함으로써 평가의 주관성을 줄일 수 있는데, 그러나 완전히 배제할 수는 없다. 기준 전체가 100% 포괄적이라거나 자동적으로 명백한 결과를 산출할 수 있다고 주장하는 것은 아니다. 개발 팀이 먼저 평가 기준을 논의하고 나서 평가를 실시하는 것이 가장 유익하다는 점을 우리는 강조한다.

7.3 평가 사례

새로운 해결책에 대한 평가는 다음 두 개의 열이 있는 표로 쉽게 나타낼 수 있다.

1. 결과에 관계없이 기준 표현(왼쪽 열)
2. 평가(오른쪽 열)

앞 장에서 제시한 몇 가지 해결책을 평가해보자. 앞서 언급한 것처럼, 이러한 연습 예제에서 비교하기 위한 척도는 잘 알려진 현시대 기술들이다. 가능하면 사용하기 쉽게 평가 도구를 만들기 위해서 예제들을 단순화시켰다. 소음 억제를 위해 잔디를 사용하는 것은 커다란 재래식 소음기와 비교한다(표 7.1 참조). 씨앗 파종 테이프는 작은 바퀴가 달린 정밀한 파종기계와 비교한다(표 7.2 참조). 잠금장치의 경우, 원추형 핀과 원통형 핀을 비교한다(표 7.3 참조). 현장 훈련은 교실에서 받는 훈련과 비교한다(표 7.4 참조). 물안개를 사용한 불끄기는 전형적인 스프링클러의 물방울을 이용하는 방법과 비교한다(표 7.5 참조).

표 7.1 잔디 깎는 기계의 소음 억제 방법-잔디를 이용한 방법과 재래식 소음기

기 준	기존 해결책과의 비교
1. 해로운 특성이 사라지는가?	그렇다. 소음이 감소된다.
2. 유용한 특성이 유지되는가? 새로운 이득이 나타나는가?	그렇다. 재래식 기계만큼 잔디를 잘 깎는다.
3. 해로운 특성이 새롭게 나타나는가?	아니다.
4. 시스템이 더욱 복잡해지는가?	아니다. 더 단순해진다.
5. 주요한 고유 모순이 해결되는가?	그렇다. "큰 소음기-작은 소음기"의 모순이 해결된다.
6. 과거에 무시된, 쉽게 이용 가능한 유휴 자원이 사용되는가?	그렇다. 잔디와 기하학적 형상이 사용된다.
7. 기타 기준: 실행에 옮기기 쉬운가?	그렇다.

이러한 사례들이 가장 가능한 기술을 제시하고 있다고 우리가 주장하려는 것은 아니다. 실제로, 이 사례들은 증명되어 발표된 해결책이기 때문에 이것들은 어느 정도 시대에 뒤떨어짐을 피할 수 없다. 그러나 이런 점은 문제가 되지 않는다. 만일 여러분이 더 좋은 해결책을 알고 있다면 그것은 대단한 일이다. 그저 당신이 알고 있는 지식을 비교표에 집어넣고, 여러분 스스로 사례를 마무리 해보라. 이 책은 여러분이 해결책을 수립하고 평가할 수 있는 최상의 도구를 제공한다. 여러분 스스로 최상의 해결책을 만들고 선별하게 될 것이다.

독자 자신의 사례에 대해서는, 먼저 문제를 서술하고, 트리즈 해결책, 그리고 지금까지의 최상의 해결책을 서술하라.

- 나의 문제
- 트리즈 해결책
- 지금까지의 최상의 해결책

그런 다음 평가표를 채워라(표 7.6 참조).

표 7.2 당근 재배: 정밀 파종기 대비 파종 테이프

기 준	기존 해결책과의 비교
1. 해로운 특성이 사라지는가?	그렇다. 아무런 새로운 장치 없이, 시스템이 더 단순해진다.
2. 유용한 특성이 유지되는가? 새로운 이득이 나타나는가?	그렇다. 정확성이 유지되며, 속도는 향상된다.
3. 해로운 특성이 새롭게 나타나는가?	아니다. 새롭게 나타나는 해로운 특성이 없다.
4. 시스템이 더욱 복잡해지는가?	아니다. 더 단순해진다. 기계를 사거나 빌릴 필요가 없다.
5. 주요한 고유 모순이 해결되는가?	그렇다. "하나의 씨앗-많은 씨앗"의 모순이 해결된다.
6. 과거에 무시된, 쉽게 이용 가능한 유휴 자원이 사용되는가?	그렇다. 테이프 스스로 씨앗을 뿌리며, 쉽게 이용 가능한 재료를 활용한다.
7. 기타 기준: 모든 규모의 정원에서 실행에 옮기기 쉽고, 유용한가?	그렇다.

7.4 해결책의 개선

당신이 이상적 최종 결과와 가까운 해결책을 갖는다면, 다섯 개의 "그렇다"는 대답(1, 2, 5, 6, 7)과 두 개의 "아니다"라는 대답(3, 4)을 얻을 것이다. 그러나 처음에 얻은 아이디어는, 설령 그것이 가장 좋은 기본 아이디어라고 하더라도, 쓸 수 있는 해결책이 되기 위해서는 제거해야 할 결점을 대부분 지니고 있다. 이상적 최종 결과를 정립하고 나면 항상 새로운 모순에 직면하게 되며, 그것을 해결하기 위해 자원을 매핑하는 과정을 다시 밟게 된다. 모순, 자원 그리고 이상성이라는 기본 개념들은 새로운 해결책을 개발하기 위해 여러 번 반복되는 순환 고리를 형성한다(그림 7.1 참조).

잔디를 소음기로 사용하면 잔디 깎는 소음이 상당히 감소한다. 분명한 것은

이 해결책이 더욱 발전되어 소음이 전혀 없는 잔디 깎는 기계, 독성 배기가스가 없는 잔디 깎는 기계가 되어야 하며, 궁극적으로는 잔디를 적절한 높이로 항상 유지하는 정원 시스템이 되어 잔디 깎는 기계가 영원히 필요하지 않아야 한다.

파종을 위한 테이프는 어떤가? 테이프에 쭉정이 씨앗이 들어 갈 수도 있다. 테이프 위에 씨앗을 고정하는 일도 필요하다. 테이프는 새롭게 도입된 요소다. 초보적인 단계에서 벗어나 더 진행하려면 이런 문제들을 해결해야 한다.

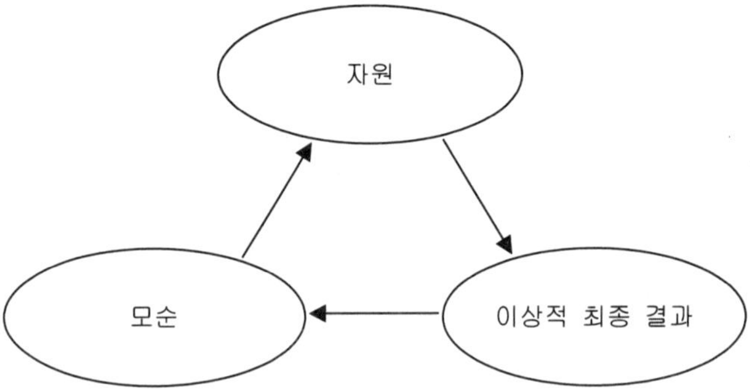

그림 7.1 개선 사이클. 이 과정의 반복은 개발 프로젝트를 전체적으로 빠르게 진척시키고 결과를 개선한다.

표 7.3 빗장장치 개선: 원통형 핀 대비 원추형 핀

기 준	기존 해결책과의 비교
1. 해로운 특성이 사라지는가?	그렇다. 마모가 발생되지 않는다.
2. 유용한 특성이 유지되는가? 새로운 이득이 나타나는가?	그렇다. 단순성이 유지되며, 잠금 문제가 해결된다.
3. 해로운 특성이 새롭게 나타나는가?	아니다.
4. 시스템이 더욱 복잡해지는가?	아니다. 더 단순해진다.
5. 주요한 고유 모순이 해결되는가?	그렇다. “큰 틈새 - 틈새 없음”의 모순이 해결된다.
6. 과거에 무시된, 쉽게 이용 가능한 유휴 자원이 사용되는가?	그렇다. 핀의 기하학적 형태가 사용된다.
7. 기타 기준: 실행에 옮기기 쉬운가?	그렇다.

1960년대에 개발된 워터제트(water-jet)에 의한 절단방법이 서서히 산업계에 도입되었는데, 도구의 마모나 과열 없이 재료를 절단할 수 있다. 그러나 그런 장점은 성가신 결점과 연결되어 있다. 느리게 움직이는 물은 부드럽다. 물을 연마식 절단기처럼 견고하게 동작시키기 위해서는, 물이 고속으로 흘러야 한다. 그러나 높은 속도를 얻으려면 높은 압력이 필요하다. 두껍고 단단한 재료를 자르기 위해서는 2000 ~ 3000 바(bar)의 압력이 필요하다. 그래서 우리는 절단 성능의 향상과 설비의 복잡성 증가 사이에서 절충을 겪는다. 그러나 물을 이용하여 모래와 같은 미세한 절단용 입자들을 흐르게 하는 것을 상상해보자. 그러면 그 입자가 절단을 맡게 되므로 훨씬 낮은 수압으로도 가능하다. 실제로, 물로 절단하는 아이디어가 처음 나오고 약 20년이 지난 뒤에야 연마 첨가제가 도입되었다. 제트 절단은 이제 광범위하게 사용되고 있다.

표 7.4 전통적 교실 훈련 대비 현장 실습 훈련

기 준	기존 해결책과의 비교
1. 해로운 특성이 사라지는가?	그렇다. 교육시간이 단축된다.
2. 유용한 특성이 유지되는가? 새로운 이득이 나타나는가?	그렇다. 훈련 효과가 유지되며, 향상되기도 한다.
3. 해로운 특성이 새롭게 나타나는가?	아니다.
4. 시스템이 더욱 복잡해지는가?	아니다(약간은 그렇다). 좋은 계획은 교육생을 위한 학습을 쉽게 해준다. 훈련을 계획하는 사람은 시스템을 수립하고 그 효과를 측정하기 위해 다소 복잡한 작업을 해야 한다.
5. 주요한 고유 모순이 해결되는가?	그렇다. “많은 훈련시간-훈련시간 없음”의 모순이 해결된다.
6. 과거에 무시된, 쉽게 이용 가능한 유휴 자원이 사용되는가?	그렇다. 업무 시간을 사용한다.
7. 기타 기준:	

표 7.5 불끄기: 물방울 대비 물안개

기 준	기존 해결책과의 비교
1. 해로운 특성이 사라지는가?	그렇다. 물 소모량과 물에 의한 파손이 줄어든다.
2. 유용한 특성이 유지되는가? 새로운 이득이 나타나는가?	그렇다. 불을 끄는 능력이 유지된다.
3. 해로운 특성이 새로 나타나는가?	아니다. 새로 발생되는 해로운 특성이 없다.
4. 시스템이 더욱 복잡해지는가?	그렇다/아니다. 압력을 높여주는 기계가 필요하다.
5. 주요한 고유 모순이 해결되는가?	그렇다. “많은 양의 물-물 없음”의 모순이 거의 이상적으로 해결된다.
6. 과거에 무시된, 쉽게 이용 가능한 유휴 자원이 사용되는가?	그렇다. 물이 사용된다.
7. 기타 기준: 사용을 위해 소방관을 훈련하기 쉬운가?	그렇다.

경첩을 사용하여 단단한 시스템을 개선하는 경우가 많이 있다. 경첩을 사용하면 램프를 조절하기가 쉽다. 그에 대한 단점은 부품이 더 많아진다는 것이다. 경첩을 탄성체로 바꾸어 주면 더욱 향상된 해결책을 얻을 수 있는데, 여기서 탄성체는 수많은 소형 경첩과 같은 역할을 한다. 모순, 자원 및 이상성 향상의 개념 사이클을 반복함으로써 램프를 더 쉽게 사용할 수 있도록 많은 개선이 이루어졌다. 평가 기준은 개선 사이클을 사용할 때 결정적 역할을 한다. 그렇다/아니다의 응답표는 다음 사이클에서 무슨 문제를 주요한 주제로 다루어야 하는지 결정하려고 할 때 많은 도움이 될 것이다.

표 7.6 평가표

기 준	기존 해결책과의 비교
1. 해로운 특성이 사라지는가?	
2. 유용한 특성이 유지되는가? 새로운 이득이 나타나는가?	
3. 해로운 특성이 새로 나타나는가?	
4. 시스템이 더욱 복잡해지는가?	
5. 주요한 고유 모순이 해결되는가?	
6. 과거에 무시된, 쉽게 이용 가능한 유휴 자원이 사용되는가?	
7. 기타 기준:	

7.5 요 약

어떤 해결책을 평가하려면 먼저 평가 기준을 설정한 후에 평가를 해야 한다. 이 기준들은, 가능하면 최대한, 사람들의 주관적인 감정과 해석에서 독립적이어야 한다. 다른 사람들이 기준을 사용해도 거의 동일한 결론을 얻을 수 있어야 한다. 트리즈의 기본 개념들은 7가지 평가 기준으로 변환되어, 지금까지 가장 우수한 기존 해결책의 관점에서 새로 제안한 해결책을 평가한다.

문제가 처음 해결되었을 때, 그것을 평가하면 단점이 드러난다. 서둘러 아이디어를 거부하지 마라. 그 아이디어가 나쁜 것일 수도 있지만, 어쩌면 뛰어난 것일 지도 모른다. 단지 해결해야 할 부수적인 문제를 가지고 있을 뿐이다. 최초의 아이디어는 거의 모두 개선해야 할 소지가 있다. 해결책 개선을 가로막는 강한 심리적 장벽이 존재한다. 모순, 자원, 이상성 향상의 개념 사이클을 반복하여 적용하면 해결책을 크게 개선할 수 있으며 심리적 관성을 극복할 수 있다.

Chapter Eight

문제 해결을 위한 모형 강화하기

이 책은 다음과 같이 세 부분으로 나누어져 있다. 모순 분석에 의한 문제 해결, 모순 분석의 직접 활용 없이 시스템 개발하기, 그리고 비즈니스 목적을 달성하기 위한 트리즈 실행이 그것이다. 2장에서 7장까지는 그 중 첫 번째 부분인 다음 사항을 다루었다.

- 모순
- 자원
- 이상적 최종 결과

이 짧은 장은 중간 부분에 위치한다.

9장과 10장은 두 번째 부분의 개념과 도구로써 다음 사항을 다룬다.

- 진화의 유형
- 혁신의 40가지 원리

13장에서 15장까지는 조직에서의 트리즈 실행방법을 다루며, 내용은 다음과 같다.

13장에서 15장까지는 조직에서의 트리즈 실행방법을 다루며, 내용은 다음과 같다.

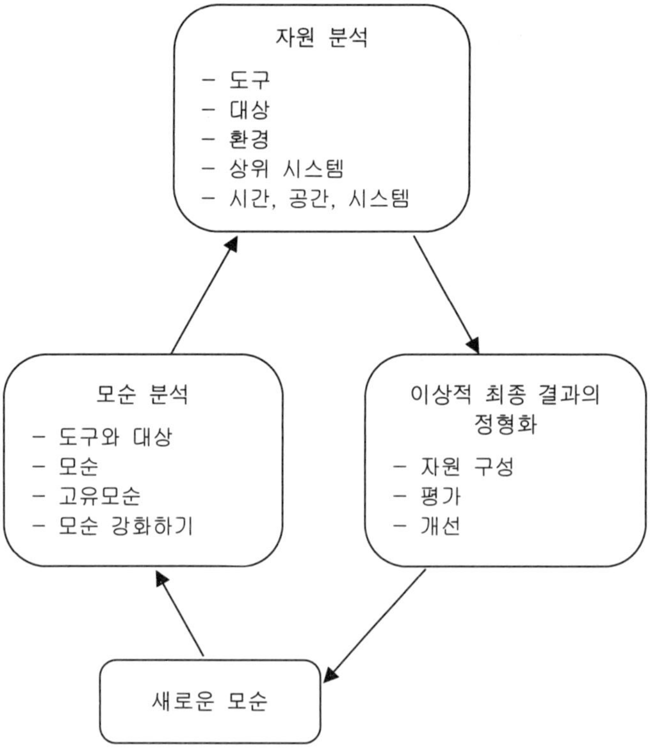

그림 8.1 트리즈 사이클. 위쪽에 있는 세 개의 상자는 세 가지 기본 개념을 나타낸다. 맨 아래 상자는 모순의 재정립을 의미하며, 환상 연결선은 문제 해결과정이 반복됨을 뜻한다. 실제적인 상황에서, 이 순환과정이 네 번 또는 그 이상 반복되는 것이 흔한 일이다. 만약 매 번 다른 질문에 대해 답을 하게 된다면, 진전이 있는 것이다.

- 트리즈를 실행하는 방법, 여러 가지 다른 도구와 함께 트리즈를 사용하는 방법
- 제약 이론(TOC)과 함께 트리즈를 사용하는 방법
- 식스시그마와 함께 트리즈를 사용하는 방법

그림 8.1은 이제까지 공부한 세 가지 기본 개념을 재검토하기 위한 것이며, 그림 7.1을 더욱 자세하게 표현한 것이다.

재검토한 후에, 우리는 문제 해결과정을 위한 일반적 의제(議題)를 제시한

다. 이것은 앞 장에서 제시한 지침을 한 페이지로 요약한 것이다. 여기서는 우리에게 친숙한 두 개의 사례, 표 8.1의 잔디 깎는 기계의 소음기와 표 8.2의 당근 재배 사례를 다루고자 한다.

이 의제는 트리즈를 가르치고 배우기 쉽게 해주는 실용적인 방법을 제공하므로, 당신에게 트리즈를 더욱 빠르게 활용할 수 있도록 도와줄 것이다. 창의성을 위해 더 나은 방법론을 찾고 있는 많은 조직들이 트리즈를 꺼리는 이유는 트리즈가 복잡하고 어렵다고 느꼈기 때문이다. 이러한 인상을 받는 이유는 전통적인 트리즈 교육 시스템에서 문제 해결과 문제의 서술 전개를 위한 지침이 너무 길고 상세한 단계로 되어 있기 때문이다. 문제 해결을 위한 가장 상세한 단계별 지침은 아리즈(ARIZ, Algorithm for Innovative Problem Solving)이다. 알트슐러와 그의 동료들은 1956년부터 1985년 사이에 ARIZ의 다양한 버전을 개발했다. 사브란스키(Savransky)의 저서에 이에 관한 자세한 내용이 나와 있다.[1]

이 책에서는 짧은 지침을 제시한다. 많은 것을 피상적으로 아는 것 보다는 적은 양이더라도 자세히 아는 것이 좋기 때문이다. 문제 해결 과정이 짧으면 쉽게 반복할 수 있으며, 반복이나 되풀이 과정은 새로운 기술을 숙달하기 위해서 중요하다.

표 8.3의 목록은 문제 해결 회의의 의제로, 또는 회의를 하지 않고 트리즈를 사용하기 위한 지침으로 사용할 수 있다. 독자 자신의 사례를 요약할 때 이것을 사용하기를 권한다. 표 8.3은 템플릿이다. 이 템플릿을 어떻게 사용하는지 보여주기 위해, 잔디 깎는 기계와 당근 재배 사례를 다루었다(표 8.1과 표 8.2 참조).

표 8.1 잔디 깎는 기계의 예제 요약

1. 모순을 서술한다(3장, 4장).

1.1 문제를 구성하고 있는 모순을 서술한다.

다양한 시스템 수준에서, 그리고 제품이나 공정 또는 시스템의 일생의 여러 단계에서 여러 개의 모순이 있을 수 있다.

잔디 깎는 기계는 너무 시끄럽다. 소음을 줄이면, 기계가 더 복잡해진다는 모순이 존재한다. 만약 이끼처럼 깎을 필요가 없는 잔디가 있다면 잔디 깎는 기계가 필요치 않지만, 새로운 잔디를 개발하는 데에 많은 시간과 돈을 투입해야 할 것이다.

1.2 해결할 모순 하나를 선택한다.

소음기를 더 크게 만들어서 소음을 줄이면, 잔디 깎는 기계가 더 복잡해진다.

1.3 모순을 강화한다.

강화된 고유 모순: 소음기는 존재해야 한다 - 소음기는 없어야 한다.

---

2. 자원을 매핑 한다(5장).

2.1 도구와 대상 자원을 나열한다.

배기가스, 소음. 해로운 요소를 유용한 자원으로 이용하도록 노력한다.

2.2 환경 자원을 나열한다.

공기, 중력, 잔디 깎는 기계를 밀고 다니는 사람.

2.3 상위 시스템 수준(거시 수준)과 미시 수준에 있는 자원을 나열한다.

배기관, 잔디 깎는 기계, 잔디, 흙.

---

3. 이상적 최종 결과를 정의한다(6장, 7장).

3.1 자원을 이용하여 모순을 제거한다.

배기관, 배출 가스, 잔디가 소음기 역할을 하게 한다.
소음기가 없으나, 소음은 사라진다.
한 가지 기술적 해결책: 잔디를 소음기로 사용한다.

3.2 해결책을 평가한다.

큰 소음기 - 작은 소음기의 갈등이 해결된다.

3.3 해결책을 개선한다.

예를 들어, 배기관의 모양이 변화된다고 상상한다(끝이 분할되었다). 뜨거운 기체가 효율적이면서도 서서히 잔디를 건조시킨다.

표 8.2 당근재배 예제 요약

1. 모순을 서술한다(3장, 4장).

  1.1 문제를 구성하고 있는 모순을 서술한다.

    다양한 시스템 수준에서, 그리고 제품이나 공정 또는 시스템의 일생의 여러 단계에서 여러 개의 모순이 있을 수 있다.

    초기 문제: 당근 솎아내는 작업은 힘이 든다. 씨뿌리기 작업이 정확하게 이루어지면, 솎아내는 작업은 필요하지 않다. 그러나 다음 단계에서 새로운 문제에 부딪힌다. 정밀한 씨뿌리기는 어려울 뿐더러 시간이 많이 든다.

  1.2 해결할 모순 하나를 선택한다.

    당근 씨앗 뿌리기가 더 정확해질수록 그 속도는 더 느려진다.

  1.3 모순을 강화한다.

    강화된 고유 모순: 매우 많은 씨앗 - 하나의 씨앗

---

2. 자원을 매핑 한다(5장).

  2.1 도구와 대상 자원을 나열한다.

    손(정원사의 눈과 두뇌의 지시를 따르는), 씨앗.

  2.2 환경 자원을 나열한다.

    흙, 물, 공기, 밭고랑, 중력.

  2.3 상위 시스템 수준(거시 수준)과 미시 수준에 있는 자원을 나열한다.

    버리는 종이, 깎은 잔디.

---

3. 이상적 최종 결과를 정의한다(6장, 7장).

  3.1 자원을 이용하여 모순을 제거한다.

    씨앗, 흙, 물을 사용해 많은 씨앗을 하나의 씨앗이 되게 한다.
    한 가지 기술적 해결책: 생분해성 파종 테이프

  3.2 해결책을 평가한다.

    한 개의 씨앗 - 많은 씨앗의 갈등이 해결된다.

  3.3 해결책을 개선한다.

    파종 테이프에 비료를 넣으면, 농사짓기가 더욱 수월해진다.

표 8.3 문제해결을 위한 간략한 의제

1. 모순을 서술한다(3장, 4장)
   - 1.1 문제를 구성하고 있는 모순을 서술한다.
     다양한 시스템 수준에서, 그리고 제품이나 공정 또는 시스템의 일생의 여러 단계에서 여러 개의 모순이 있을 수 있다.
   - 1.2 해결할 모순 하나를 선택한다.
   - 1.3 모순을 강화한다.

2. 자원을 매핑 한다(5장).
   - 2.1 도구와 대상 자원을 나열한다.
   - 2.2 환경 자원을 나열한다.
   - 2.3 상위 시스템 수준(거시 수준)과 미시 수준에 있는 자원을 나열한다.

3. 이상적 최종 결과를 정의한다(6장, 7장).
   - 3.1 자원을 이용하여 모순을 제거한다.
   - 3.2 해결책을 평가한다.
   - 3.3 해결책을 개선한다.

참고문헌

1. Savransky, S.D., *Engineering of Creativity*, CRC, Boca Raton, 2000, 304.

Chapter Nine

9 진화 유형은 시스템 개발을 위한 강력한 도구이다

2장에서 우리는 진화 유형을 소개하였다. 이장의 목적은 이 유형을 사용하는 방법을 보여주기 위한 것이다. 문제 해결에 있어서, 유형을 아는 것은 이상적인 최종 결과의 특성들로부터 구체적인 해결책들을 얻기까지 진행을 도와준다. 모순을 찾아내기가 어려운 상황에서, 유형을 이해하는 것은 시스템이 어떻게 진화하는지에 대한 경향 파악을 도와준다. 만약 시스템이 어떻게 진화하는 지를 우리가 안다면, 우리는 사실상 그 문제에 대한 해결책을 아는 것이며, 이 방법으로 하면, 모순분석 없이 해결책이 도출될 것이다. 문제해결을 위한 모형에 있어서 유형이 차지하는 위치는 그림 9.1에 있다.

가장 유용한 다섯 가지 진화 유형은 다음과 같다.

1. 시스템의 부품과 특성들의 불균일 진화
2. 거시 수준으로 전이 또는 상위 수준의 더 큰 시스템과 통합
3. 미시 수준으로 전이 또는 더 작은 부품으로 시스템의 분할
4. 시스템 사이에서 상호 작용의 증가
5. 시스템들의 확장과 융합

4. 시스템 사이에서 상호 작용의 증가
5. 시스템들의 확장과 융합

우선 각 유형에 대해서 설명한 다음에, 유형을 단독으로 또는 함께 사용하는 방법을 보여줄 것이다.

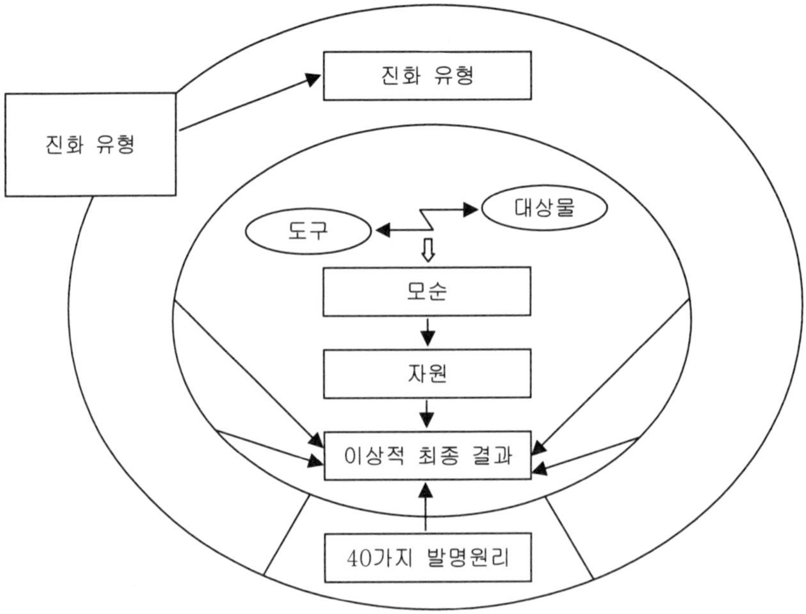

그림 9.1 문제해결 모형에서의 진화 유형. 진화 유형은 시스템 개선에 도움이 되는 독립적 도구인데, 여기서 화살표는 진화 유형으로부터 곧장 이상적 최종결과로 통한다는 것을 의미한다. 진화 유형들은 또한 모순에서 이상 시스템의 특성 서술까지 문제 풀이 과정을 지원해주는 역할도 한다.

9.1 시스템의 불균일 진화

시스템이 불균일 진화하게 되면 언제나 문제점, 병목현상, 그리고 모순들이 발생한다. 불균일 진화는 기계류, 공정, 조직체 등 모든 시스템과 기술에 관련되어 있다. 우리가 일반적으로 생각하는 것과는 다르게, 특히 기술에 있어서는, 진화는 직선적이지 않다. 보통 현재 경향은 곧바로 미래 경향으로 추정된다. 실제로 불연속성이 항상 있다. 즉, 점진적으로 증가하는 양적인 변화는 신기술의 질적인 도약에 의해서 중단된다.

자전거의 역사는 좋은 사례이다. 1791년 프랑스에서 드 시브락(de Sivrac)이라는 사람이 셀레리페르(Celerifere)를 개발했는데, 이것은 일렬로 된 두 개의 바퀴를 하나의 빔으로 연결한 것이다. 사용자는 땅을 발로 걷어차면서 "몰았다". 몇 십 년에 걸쳐 "목마" 기술은 발전하였지만, 이 시스템에는 애로점이 있었다. 속도가 더 올라갈수록, 땅을 걷어차면서 자전거를 앞으로 움직이는 것은 더 어려워졌다. 이 모순은 미쇼(Michaux) 형제가 크랭크와 페달을 자전거에 추가함으로써 해결되었으며, 이들이 만든 벨로시페드(velocipede)는 자전거 열기를 일으켰다.

너무나도 빨리 새로운 모순이 나타났다. 자전거의 속도가 증가할수록, 자전거는 타기 어려워 졌는데, 왜냐하면 자전거 타는 사람이 더욱 빠르게 다리를 움직여야 했기 때문이다. 앞바퀴의 지름을 늘리는 것만이 다리 움직임으로 속도를 얻을 수 있는 유일한 방법이었다.

체인 전동장치는 1885년에 도입되었는데, 더 작은 바퀴로도 더 높은 속도를 얻을 수 있게 해줌으로써 이 문제를 해결하였다. 그 다음에 새로운 문제가 나타났는데, 속도가 올라갈수록 진동이 더 증가하였다. 1845년에 발명된 공기 주입 타이어는 이 문제를 해결하였다. 이 자전거가 오늘날의 형태에 이르게 되었다.

✍ 연습문제

최신식 자전거에 대해서 생각해보아라. 어떤 모순들을 지적할 수 있는가? 이것들은 어떻게 해결할 수 있는가?

보통 어떤 부품이나 어떤 특성들은 매우 빠르게 개선되는 반면에, 다른 부품이나 특성들은 때로는 대단히 오랜 기간 동안 변화되지 않는 경우를 자주 본다. 불균일은 계속 반복해서 나타나 시스템을 진화하도록 강요한다. 자동차의 발전은 도로 건설을 이끌어냈다. 더 좋아진 도로는 더 좋은 차를 개발할 필요성을 느끼게 만들었다. 자동차를 개량하기 위해서 좋은 도로가 "필요"한 것인지, 아니면 좋은 도로가 있기 때문에 좋은 자동차를 팔 수 있는 것인지에 대해서는 논란의 여지가 있으며, 신제품에 대한 시장이 존재한다면 사람들은 이 시장에서 거래할 제품들을 만들어낼 것이다. 이와 유사하게, 컴퓨터 하드웨어는 소프트웨어가 더 효과적으로 유용하게 작동될 수 있도록 뒷받침해주며, 더 좋아진 소프트웨어는 하드웨어의 발전을 이끌어 낸다. 지금 새로운 시스템을 막 구매한 사람은 누구나 6개월 후에 이것이 구식이 된다는 것을 안다. 그림 9.2와 9.3의 예제와 연습 문제를 참조하여라.

✍ 연습문제

시스템의 불균일 진화를 사례를 들어 설명하여라. 이것은 개인 생활 또는 직업 생활에서 찾아볼 수 있다.

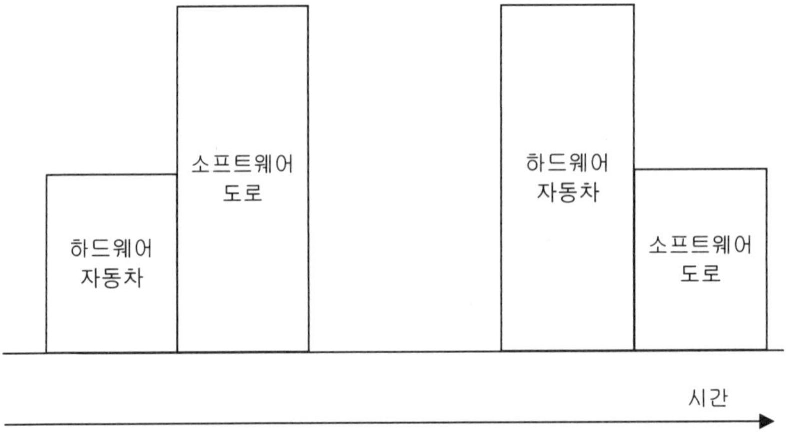

그림 9.2 시스템의 불균일 진화

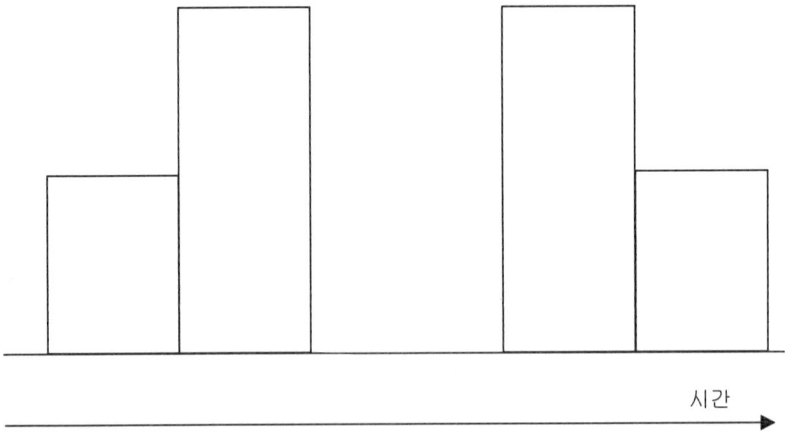

그림 9.3 연습문제. 자신의 사례로 시스템의 불균일 진화를 설명하여라.

9.2 거시 수준으로 전이

거시 수준으로 전이 유형은 어느 시스템이 상위 수준의 시스템 또는 거시 시스템으로 더욱 더 통합되는 것을 말한다. 시스템은 고립되어 아무것도 없는 상태에서 발전하는 것 아니라, 더 큰 시스템의 부분으로 발전한다.

자전거는 19세기말 가까이 되어서 개발의 중요한 한계에 도달했다. 인력을 사용하는 차량의 속도와 수송 능력을 많이 증가시킬 수 없었다. 자전거는 내연기관과 통합되어 상위 수준 시스템으로 전이되었다. 오토바이, 자동차, 비행기가 개발되었다. 오토바이는 다름 아닌 "모터가 장착된 자전거"인 것이다. 그렇지만 자동차는 말이 끄는 마차에 기원을 두고 있지만 자전거에도 기원을 두고 있다. 그리고 무어라 해도, 라이트 형제는 자전거 수리공이었다.

✍ 연습문제

자전거를 상위 수준의 시스템으로 통합하는 무슨 다른 방법을 제안할 수 있는가?

방을 가열하기 위한 난로 또는 벽난로는 오래 전에 상위 수준으로 발전되었다. 안락함을 높이고 시간을 절약하기 위해서, 난로는 중앙난방 시스템으로 바뀌었다. 많은 북쪽 지방에서 그 통합은 더 진행하였다. 수많은 도시들이 단일 열발전소(이른바 지역난방으로서, 종종 전기에너지와 열에너지를 폐열 발전함)로부터 열을 공급 받았다. 이와 유사하게, 진공청소기는 중앙 진공 청소 시스템으로 통합되고 있다.

시계는 라디오, 텔레비전, 자동차, 컴퓨터, 휴대전화, 전자레인지, 이외에 많은 다른 시스템들과 통합되었다. 전자부품들은 통합되고 있는데, 건물, (여러 겹으로 된) 의류, 수많은 음식 제품들(예를 들면, 여러 층으로 이루어진 케이크, 고기, 채소, 전분, 소스가 들어있는 냄비요리)도 마찬가지이다.

많은 통합 사례들을 비즈니스, 마케팅, 교육, 기타 비기술 분야에서 볼 수 있다. 전체 금융 분야에서 인수합병(M&A)은 회사들과 다른 조직들이 통합할 때 자주 사용하는 과정이다. 마케팅은 다양한 매체와 업무방식(마케팅 믹스)으로 이루어진 전형적인 시스템이다.

거시 수준으로 전이는 모든 곳에 있는 법칙이기 때문에 종종 하찮은 것으로 간과된다. 그렇지만, 이 법칙이 무시되어버린 까닭에 피할 수 있었던 많은 문제들이 발생한다. 예를 들면, 1970년대에 애플 컴퓨터(Apple II, Lisa, Macintosh)와 소니의 "베타" 비디오 시스템은 단일 제품으로서 기술적으로 탁월하였지만 곤경에 빠졌다. 그렇지만 이 제품들은 소비자들이 함께 사용하기를 원했던 더 큰 시스템과의 통합에서 실패하였기 때문에 뒤떨어지게 된다.

✍ 연습문제

거시 수준으로 전이를 사례를 들어 설명하여라. 이것은 개인 생활 또는 직업 생활에서 찾아볼 수 있다.

그림 9.4와 9.5의 사례와 연습문제를 참조하여라.

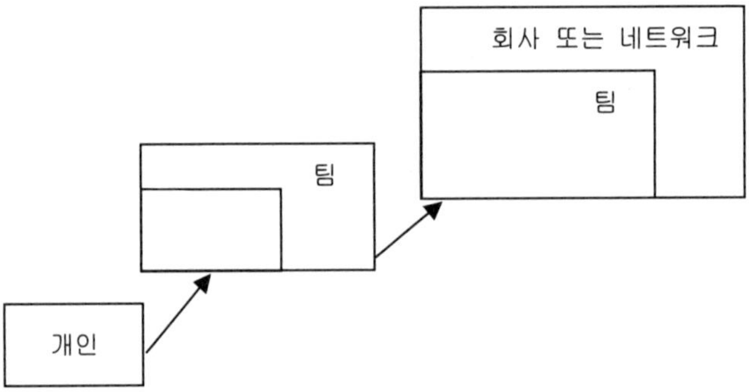

그림 9.4 거시 수준으로 전이

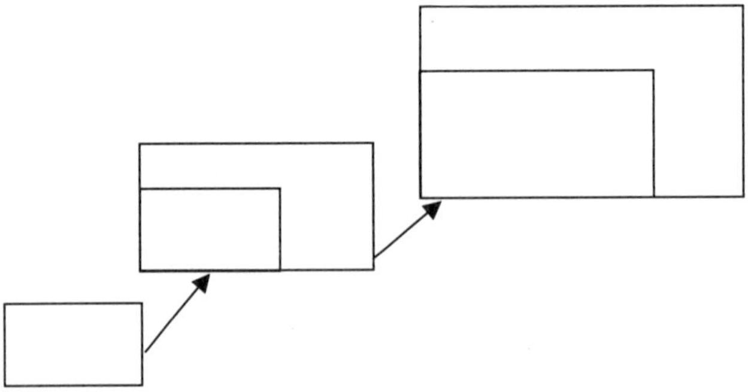

그림 9.5 연습문제. 자신의 사례로 거시 수준으로 전이를 설명하여라.

9.3 미시 수준으로 전이

미시 수준으로 전이 유형은 시스템을 더 작은 부품들로 나눔으로써 개선되는 시스템을 말한다. 그림 9.6에 이 유형의 세 가지 사례를 제시하였다.

첫 번째 사례는 이미 간략하게 논의한 바 있는데, 절단 공구의 견고한 날을 워터제트로 대체하는 것이다. *하나의 고체 대상물 대신에, 물 분자가 절단한다.* 시장조사 기관인 프로스트 앤 설리반(Frost and Sullivan)은 워터제트 도구 시장이 1997~2004 기간 동안 "가장 빨리 성장하는 시장 분야"로 부상할 것이라고 주장한다(http://wj.net/waterjet를 참조할 것).

또 다른 사례는 의료분야이다. 부상당한 사람을 옮기는 데 사용된 초창기의 들것은 단순한 덮개 또는 어떤 매트리스 종류로 덮여 있었으나, 이것은 목이나 등뼈를 다친 환자를 옮길 때 좋지 않았다. 왜냐하면 더 이상 다치지 않도록 하기 위해서 자세를 고정시킬 수가 없었기 때문이다. 이러한 문제를 해결하기 위해 진공 매트리스가 제안되었다. 작은 플라스틱 공으로 채워진 공기 매트리스는 환자의 체형에 맞게 매트리스가 변형된다. 부상자가 매트리스에 바르게 놓이면, 매트리스가 공기를 빨아들인다. 진공이 환자와 플라스틱 공의 위치에 맞추어 공의 위치를 고정하여, 이송 중에 환자를 안전하게 유지해 준다. 하나의 단단한 지지대가 수많은 작은 공으로 대체되었다.

하나의 큰 로봇은 단지 한 방향으로 굴착하는 일이나 한 방향으로 청소하는 작업만 수행할 수 있다. 이를 전파나 적외선으로 서로 통신이 가능한 소형 로봇으로 대체하는 것이 가능하다. 하나의 큰 로봇이 수많은 작은 로봇으로 대체되어 동시에 여러 방향으로 작업을 할 수 있다.

몇 가지 추가 사례는 다음과 같다.

- 자동차 세차기계는 세차할 때 보통 브러시를 사용하지만, 브러시는 자동차 외관에 흠집을 낼 수 있다. 지금은 브러시 대신 워터제트 방식을 이용한다.
- 세탁 역시 미시 수준으로 전이한 사례이다. 극세 섬유로 만든 옷은 세제 없이 세탁해도 무방할 만큼 효율적이다.
- 청바지 생산의 한 공정으로 색 바랜 유행 색상의 청바지를 생산하기 위한 스톤워싱(stone washing) 공정이 있다. 이 방법은 돌 대신 효소를 사용

하여 개선되었다. 이것은 다음과 같은 두 방향의 미시 수준으로 전이이다.

1. 효소분자는 돌보다 훨씬 작다.
2. 효소는 분자 수준으로 직물에 작용한다. 돌은 실 수준에 작용한다.

인쇄술은 여러 세대를 거치면서 미시 수준으로 전이하며 발전해왔다. 석판(lithographic) 인쇄는 200 킬로그램 이상 되는 커다란 돌을 사용한다. 구텐베르크(Guttenberg)는 분리된 금속조각으로 각각의 활자를 찍는 고정되지 않은 활자방식을 개발함으로써 획기적인 진전을 이루었다. 매트릭스 프린터는 단지 몇 개의(초기에는 9개였으나 현재에는 24개) 작은 막대만으로 모든 문자를 찍어낸다. 잉크젯 프린터는 액체 잉크를 사용해서 잉크 방울로 글자를 찍어낸다(초기에는 100 도트/인치였으나 현재에는 600도트/인치 이상임). 레이저 프린터는 빛을 사용하여 종이와 고운 분말을 반응시켜 글자를 인쇄한다.

여러 장에서 언급한 불을 끄는 사례를 돌이켜보자. 미세한 물안개가 액체 형태의 물을 대체하였다.

미시 수준으로 전이한 전형적인 사례로 유리를 만들 때 주석을 이용하는 것을 들 수 있다. 이 공정을 필킹톤(Pilkington) 공정이라고 한다. 유리판을 만들 때 사용되었던 커다란 뜨거운 금속 롤러가 유리판을 띄우기 위해 사용되는 액체 주석 용해조로 대체되었다.

재료 대상물을 분할하는 데에는 세 가지 방법이 있다.

1. **대상물의 분할**: 고체, 분할된 고체, 액체, 분말, 가스, 플라즈마, 장. 지금까지 언급한 대부분의 사례는 이 범주에 속한다.
2. **공간의 분할**: 고체, 속이 비어있는 고체, 여러 공동(空洞), 다공성 물질, 활성물질로 채워진 기공. 물체 내에 있는 모든 공간을 보통 빈 공간(void)이라 한다.
3. **표면 분할**: 평면, 주름진 표면, 거친 표면

몇 가지 사례를 더 살펴보도록 한다. 분무된 물을 이용하는 사례를 여러 차례 언급해왔다. 만약 물을 잘게 쪼갤 수 있다면 공기도 마찬가지 아니겠는가? 정화나 부유 선광과 같은 많은 공정에서 공기를 물과 섞는다. 종종 이러한 공정은 미세한 공기방울이나 거품을 사용하면 개선된다.

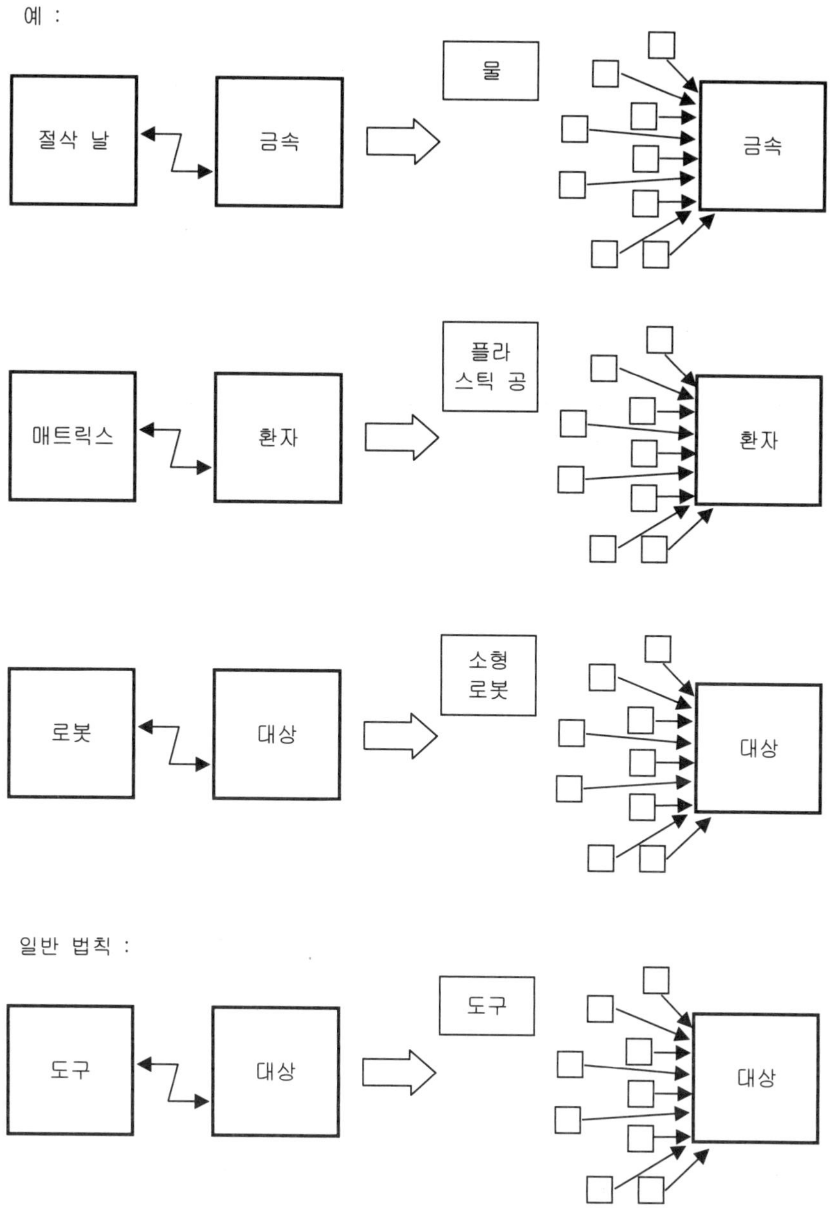

그림 9.6 진화 유형 "미시 수준으로 전이"의 세 가지 사례. 간단한 도구-작용-대상 모형로 많은 유형을 설명할 수 있다. 왼쪽은 문제의 시스템을 나타내고, 오른쪽은 개선된 시스템을 나타낸다.

비즈니스 문제에서 일부 미시 수준으로 전이를 사용할 수 있다. 고객에 민첩하게 대응하기 위해서, 그리고 상품 개발을 신속하게 하기 위해서 거대한 조직체를 작은 독립 조직으로 분할하는 사례가 있다. "권한을 부여받은 사원"이란 회사 전체의 권한을 가지고서 행동하는 개인을 일컫는데, 이 개인은 회사 하부조직 전체가 할 수 있는 것 보다 훨씬 더 빠르게 문제를 해결하고 주도할 수 있다.

자원에 관해서 다룬 장에서 우리는 연재소설이나 TV 연속극을 연예 분야에서의 분할의 사례로 언급한 바 있다.

문제에 관한 최선의 해결책은 종종 거시 수준과 미시 수준으로 전이를 모두 포함한다. 극소 전자공학과 통신기술 분야에서 구성성분의 분할이 세계적 네트워크의 구축을 가능하게 하였다. 조직의 진화도 많은 유사한 특성들을 보인다. 소기업과 자회사들이 세계적 네트워크를 구축한다.

✍ 연습문제

미시 수준으로 전이를 사례를 들어 설명하여라. 이것은 개인 생활 또는 직업 생활에서 찾아볼 수 있다.

그림 9.7의 연습문제도 참조하여라.

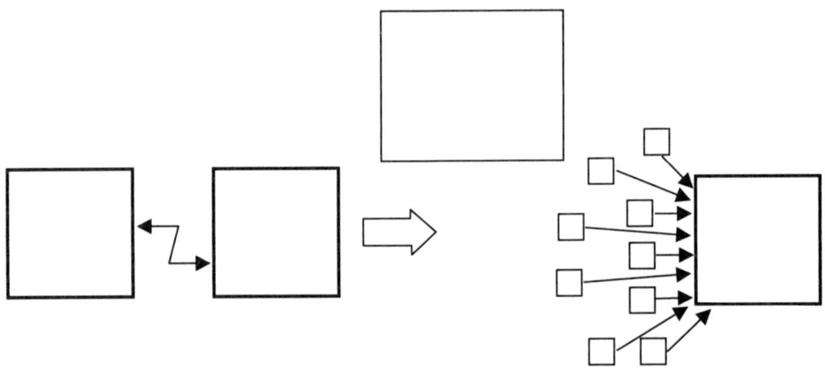

그림 9.7 연습문제. 자신의 사례로 미시 수준으로 전이를 설명하여라.

9.4 상호작용의 증가

상호작용의 증가는 새로운 상호작용을 추가한다거나 제어하기가 더 쉬운 상호작용으로 전이를 의미한다. 또한 이 유형은 원래 시스템에 있는 물질과 작용하는 새로운 물질의 추가를 포함한다. "물질"은 재료, 구성성분, 시스템, 요소이다. 물질은 미생물(예, 효모), 동물(예, 꿀벌), 또는 인간(예, 도구로써 손)일 수 있다. 물질은 다양한 방식, 즉 기계적인 작용, 열작용(가열, 냉각), 음향 상호작용(다른 소리), 화학적 반응, 전자기장과 파동, 냄새와 생물학적 상호 작용 등을 통해서 서로 상호작용한다. 비즈니스의 경우, 사람간 대화와 의사소통에서 유사성을 찾을 수 있다.

상호작용의 증가 유형은 일반적으로 다음과 같이 서술될 수 있다: 도구와 대상 사이의 상호작용이 불충분하거나 해롭다. 시스템의 개선은 불충분한 것을 강화하거나 해로운 것을 제거할 수 있도록 다양한 방법으로 기존 구성 성분에 새로운 물질을 추가하고, 새로운 상호작용을 추가하며 또는 물질과 상호작용을 바꿈으로써 가능하다.

더 제어하기 쉬운 상호작용으로 전이한 예를 몇 개 살펴보자(그림 9.8 참조).

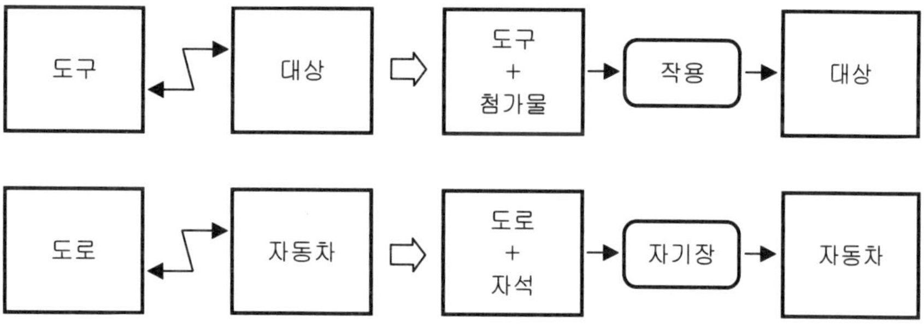

그림 9.8 상호작용의 증가. 기계적인 연결이 더욱 잘 제어될 수 있는 상호작용으로 보충되거나 대체된다. 자동차와 도로 사이에서 발생하는 기계적인 접촉은 전자기적 상호작용에 의해 보완될 수 있다. 도로에 자기물질이 더해진다.

자동차와 그 주변 환경 사이에서 일어나는 상호작용은 큰 문제이다. 이 상호작용을 더 잘 제어할 수 있는 새로운 해결책들이 심도 있게 개발되어 왔다. 항법장치는 내장 비디오카메라와 함께 전파, 레이더 장착 범퍼, 운전 보조 장치 등을 사용한다. 1997년 캘리포니아에서 자기(magnetic) 제어 시스템이 시연되었다.

자동차 운전을 개선하기 위해서 도로에 자기 핀을 정밀하게 설치하였다. 자동차에 있는 센서가 자기 핀을 감지하고, 감지된 센서의 결과에 따라 자동차가 도로를 벗어나지 않도록 조향장치를 조정한다.

시계의 역사는 상호작용의 제어가 더 잘 되도록 전이한 좋은 사례에 해당된다. 첫 번째 시계는 해시계였는데, 해 그림자를 이용해서 시간을 나타냈다. 해시계는 흐린 날이나 밤에는 사용할 수가 없었다. 모래시계와 물시계, 그 다음에 중력을 사용하는 추시계가 있었다. 이 시계들은 밤낮으로 작동했지만, 크고 불편하였다. 스프링 시계가 등장했다. 시계는 더 작아졌고 사용하기가 쉬워졌다. 오늘날의 시계는 수정 결정의 진동을 사용한다. 사용자들은 실제 시간 측정 장치를 볼 수 없다. 미시 수준으로 전이와 상호작용의 제어가 더 잘 되도록 하는 전이 모두 다 시계의 역사 속에서 드러나 있다.

추가 사례로 다음과 같은 것들이 있다.

- 접착력을 이용해서 고정시키는 포스트잇 노트(접착)는 압정이나 핀(기계적인 상호작용)을 대체한다.
- 가축 울타리에 사용하는 가시철사는 오랜 기간에 걸쳐 발전해왔다. 현재는 낮은 에너지의 전기가 흐르는 전선이 광범위하게 사용되고 있다(전기적 상호작용). 최근에 양봉장에서 곰의 접근을 막기 위해 전기가 흐르는 전선을 이용한다.
- 사람들이 들을 수 없는 주파수인 초음파는 담장을 대체해서 새들이 정원에 들어오지 못하게 하고 있다. 이것은 또한 대상물 대신에 장을 활용한 분할 유형의 사례이다.

이러한 사례들은 상호 작용을 개선함으로써 시스템을 개선시키기 위한 방안을 검토할 때에 도움이 될 것이다.

9.4.1 새로운 물질의 단순한 도입

시스템은 새로운 물질을 첨가함으로써 개선될 수 있다. 강철의 특성을 개선하기 위해서, 표면에 탄소나 질소를 첨가한다. 쇄빙선 선체와 얼음 간의 마찰을 줄이기 위해서, 중합체를 선체에 첨가한다. 이 유형은 자원 활용의 개념을 위반할 수 있으므로 주의하라. 왜냐하면 이것이 원래 시스템의 자원이 아닌 물질을 첨가하도록 요구할 수도 있기 때문이다. 특수한 상황을 자세히 살펴보면 새로운 물질이 필요할지, 아니면 시스템의 자원을 사용할 수 있을지 여부를 알게 될 것이다.

9.4.2 개량된 물질의 도입

새로운 물질 대신, 시스템 내의 기존 자원을 변형하여 사용할 수 있다. 강철의 특성을 개선하기 위해서, 표면을 담금질한다. 쇄빙선 선체와 얼음 간의 마찰을 줄이기 위해서, 물을 첨가한다. 새로운 물질을 사용하는 것보다는 변형된 물질을 사용하는 것이 이상성에 더 가깝다. 왜냐하면 기존 자원의 변형을 사용하기 때문이다.

9.4.3 빈 공간의 도입

물질 대신에 빈 공간을 사용할 수 있다. "어떤 것을 사용하는 대신에, 없는 것을 사용한다"라는 말이 이상하게 들리겠지만, 바로 이것이 우리가 말하려는 것이다.

사례:

- 속이 차 있는 구조 대신 속이 빈 구조
- 속이 찬 금속 대신 발포 금속
- 항균 화학품 대신 진공 – 진공 포장
- 고정하기, 이동하기, 들기 작업에서 진공과 흡입을 사용

"빈 공간"이란 주변 환경보다 더 희박한 모든 것을 의미한다.

9.4.4 작용의 도입

물질과 빈 공간(사물과 없는 것) 대신에, 작용을 사용할 수 있다. 예를 들어 기계적 작용인 원심력을 이용한 집진 방식의 진공청소기로 먼지를 제거할 수 있다. 성능을 증가시키기 위해서, 집진장치에 전기장을 덧붙일 수도 있다.

트리즈에 대한 옛날 문헌에서 "장(field)"이라는 용어를 역시 발견할 수 있다. 대상과 상호작용 연구를 물질-장 분석이라 부른다. 이 책에서 우리는 간단한 모형인 도구-작용-대상 또는 도구-상호작용-대상을 사용한다. "상호작용"이란 용어는 일상적으로 말하는 장(전자기장, 중력장 등)만이 아니라, 일반적으로 장이라고 일컫지 않는 상호작용(화학적, 열적, 기계적, 생물학적) 개념도 포괄한다. 그리고 사회적인 상호작용과 사람 사이의 상호작용 또한 여기에 포함할 수 있을 것이다. 상호작용의 개념은 명확하며, 이 개념은 트리즈 사용자를 도와 여러 가지 상호작용을 사용할 기회와 마주치게 해줄 것이다.

✍ 연습문제

상호작용의 증가를 예를 들어 설명하여라. 이것은 개인 생활 또는 직업 생활에서 찾아볼 수 있다.

그림 9.9에 있는 연습문제 또한 참조하도록 하여라.

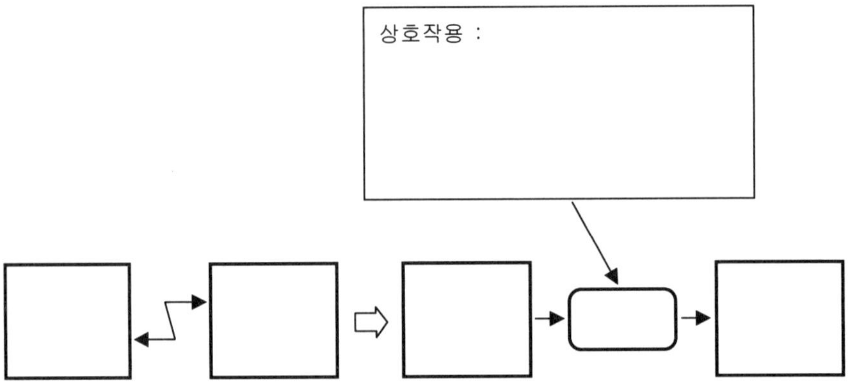

그림 9.9 연습문제. 자신의 사례로 상호작용의 증가를 설명하여라.

9.5 확장과 융합

우리가 검토할 마지막 유형은 "확장과 융합", "트리밍", 또는 때로는 "맥동하는" 진화라고 부르는 유형이다. 시스템은 처음에 복잡해지면서 확장한 다음, 다듬어지거나 융합한다. 즉, 시스템 요소들이 단순한 시스템으로 결합된다. 부품과 공정 수의 증가가 일으킨 문제는 시스템이 단순화될 때 해결된다. 진화는 선형이 아니다. 말하자면 시스템은 "맥동한다". 초기에는 부품과 공정이 적다. 그 다음에 부품과 공정 단계의 수가 빠르게 증가하다가, 결국에는 시스템이 "붕괴"되고 몇 개의 부품으로 다듬어진다. 그런 후에 이 순환은 다시 시작한다.

트랜지스터와 극소 전자부품들은 처음에 단일부품으로 사용되었다. 많은 부품으로 구성된 시스템은 대단히 복잡하고, 수명은 짧다. 나중에는, 수많은 소형 부품들이 집적회로로 통합되었으며, 이것은 단일 부품으로 취급할 수 있다. 전자 산업에서는 많은 순환을 반복해왔다. 집적회로를 복합 시스템으로 결합시킨 다음, 더 높은 통합 수준으로 부품들을 만들어 시스템을 단순화하였다. 집적회로는 새로운 단일 시스템이 되었고 이것은 추후에 다른 시스템에 합체될 것이다.

그러나 이 맥동 유형이 항상 하이테크 전자공학을 필요로 하지는 않는다. 전통적인 자전거 바퀴는 대단히 많은 바퀴살로 구성되어 있다. 최근에는 바퀴살이 디스크나 또는 몇 개의 살로 결합된 바퀴가 소개되었다.

미시 수준으로 전이 사례로 언급한 초극세사 직물 또한 확장과 트리밍의 사례이다. "직물과 세탁–세제"시스템이 초극세사 직물로 트리밍 되었다.

자동차 타이어는 처음에 튜브를 삽입해서 개선되었다. 나중에는 튜브를 없앴다. 예비타이어는 여러 해 동안 자동차의 주요 부품이었다. 이제 일부 차종에서 이것이 없어지고 타이어 자체가 "예비" 역할을 한다. 무거운 트럭에서 이중 타이어가 사용된다. 폭이 대단히 넓은 단일 타이어로 구성된 개념 설계가 있다.

확장과 트리밍은 또한 공정을 개선한다. 워터제트 절단은 종종 절단작업과 기계가공을 통합해 주는데, 왜냐하면 물로 절단한 다음에는 표면을 기계가공 할 필요가 없기 때문이다.

인쇄기술은 다섯 공정에서 두 공정으로 진화하였다. 표준 방법은 내용물을 준비하고, 필름을 만들고, 판 또는 실린더를 만들고, 판/실린더를 인쇄기에 고정시키고, 인쇄하는 단계가 필요하다. 새로운 기술은 내용물의 준비와 인쇄 두 단계로 구성되어 있다.

6장에 있는 토인비의 인용문을 다시 떠올려보자. 수송 기술은 처음에 확장하여 기관차가 되었고 그 다음에 다듬어져서 내연기관이 되었다. 장거리 통신기술은 처음에는 확장하여 전신과 전화선이 되었다가 그 다음에 다듬어져서 무선 기술이 되었다. 의상은 처음에 원시적인 누더기 옷에서 확장하여 17세기에 복잡한 형태의 의상이 되었다가 현재는 단순화되었다(티셔츠와 평상복).

이 유형은 "단일-이중-다중(mono-bi-poly)"이라고 일컫기도 하는데, 왜냐하면 단일 시스템이 다른 것과 결합하여 이중 시스템이 되고, 더 많은 것이 결합하여 복합 시스템을 형성하기 때문이다. 복합 시스템이 단순화되면 이것은 새로운 단일 시스템이다. 살라마토브(Salamatov)는 단일-이중-다중 유형에 대해 자세하게 분석한 바 있다.[1]

유사한 시스템과 상이한 시스템은 함께 결합될 수 있다. 우리는 단일-이중-다중 전이에 대한 많은 사례를 이미 소개하였다. 깨지기 쉬운 유리판은 여러 개를 겹쳐 놓으면 다루기가 수월해진다. 주스 병은 서로 묶어놓으면 운반하기가 수월해진다. "샌드위치"라는 단어는 처음에 내용물이 있는 얇게 썬 빵 만을 의미했다. 곧이어 사람들은 여러 개의 층으로 이루어진 것이면 모두 "샌드위치"라고 부르기 시작했다. 샌드위치 구조는 빌딩과 비행기에서 사용된다. 옷과 직물, 냄비와 주전자는 종종 여러 층으로 쌓인다. 유리는 다른 재료와 샌드위치 형태로 둔다. 이것은 다층 유리 구조를 사용하는 것 보다 일반적이다. 안전유리를 만드는 한 가지 방법은 유리 층 사이에 플라스틱을 샌드위치 형태로 끼우는 것이다.

단일-이중-다중 유형은 샌드위치 유형이라고 말할 수 있다. 유사한 시스템끼리 조합은 샌드위치 원리의 특별한 경우이다.

✍ 연습문제

확장과 융합을 예를 들어 설명하여라. 이것은 개인 생활 또는 직업 생활에서 찾아볼 수 있다.

그림 9.10과 9.11의 예와 연습문제 역시 참조하도록 하여라.

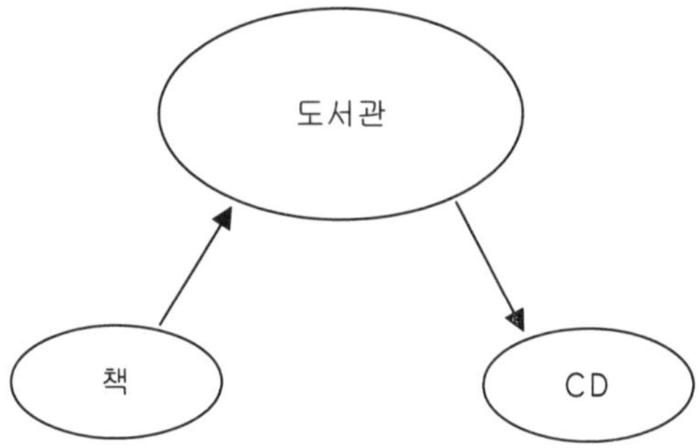

그림 9.10 확장과 융합

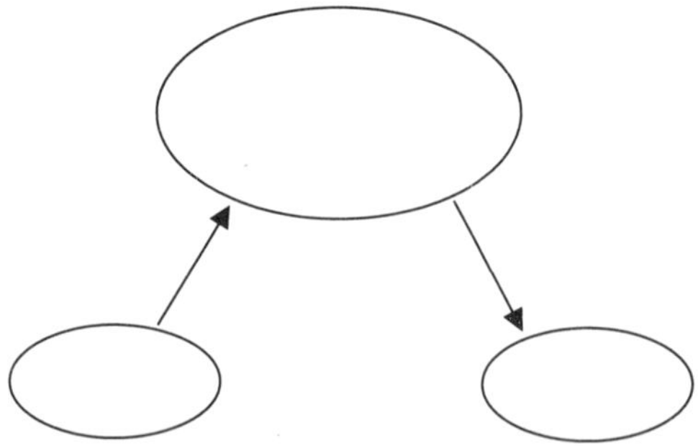

그림 9.11 연습문제. 자신의 사례로 확장과 융합을 설명하여라.

9.6 여러 유형을 함께 사용하는 방법

여러 유형을 함께 조사하고 그 결과를 '이상적 최종 결과'의 기준에 의해 점검해야 한다. 단 하나의 유형만을 고찰하면 가능한 진화 유형에 관해 잘못된 아이디어가 나올 수 있다. 여러 유형을 함께 조사해야 훨씬 신뢰할만한 결과를 얻는다. 실제 업무를 위해 우리는 "5+1 유형"을 사용하라고 제안한다. 이것은 위에서 말한 5가지 유형에 이상성 증가의 유형을 더한 것이다. 표 9.1로 "5+1 유형"과 그 내용을 요약하였다.

9.7 진화 유형을 이해하여 얻는 이득

우리는 진화 유형의 최소한 네 가지의 용도와 이득을 들 수 있다.

1. 경영자와 전문가는 모두 문제에 대한 아이디어와 해결책을 평가하고 선정하기 위한 도구로써 진화의 유형을 사용할 수 있다. 진화 유형은 이상성의 기준에 의해 평가를 보완해준다. 다음은 문제에 대한 제안된 해결책을 검토할 때 사용할 수 있는 몇 가지 좋은 질문이다.

   - 이 해결책이 기술의 불균일 진화를 설명하고 있는가? 다음에는 어떤 부분의 개선이 필요할 것인가?
   - 시스템의 다음 전이가 거시 수준인가 또는 미시 수준인가?
   - 상호작용이 어떻게 증가할 것인가?
   - 전체적으로 시스템의 이상성이 어떻게 증가하는가?

2. 진화의 유형은 문제를 식별하는 데에 도움을 준다. 각 유형을 검토하면 정보를 얻을 수 있다. 진화에 있어서 창끝과 병목은 무엇인가? 시스템을 어떻게 상위 수준의 시스템으로 통합할 수 있으며, 어떻게 더 작은 시스템으로 쪼갤 수 있을까? 어떻게 상호작용을 증가시킬 수 있을까? 미래의 진화에 관해 "만약에 이렇게 하면 어떻게 될까?(what-if)"하고 여러 가지 연구를 진행해볼 수 있다. 선천적인 기술 잠재력을 활용한다면 얻을 수 있는 것은 무엇인가? 시스템의 이상성을 개선하기 위해 다른 기술을

표 9.1 유형 요약

유 형	내 용
시스템의 불균일 진화	- 부품의 불균일 진화 - 공정 단계의 불균일 진화 - 특징의 불균일 개선 - 불균일 진화의 반복 발생
거시 수준으로 전이	- 한 시스템이 유사한 시스템 또는 유사하지 않은 시스템과 결합한다. 또는 한 시스템이 유사한 여러 시스템이나 유사하지 않은 여러 시스템과 결합한다(단일-이중-다중). - 거시 수준으로 전이를 반복한다.
미시 수준으로 전이	- 단일 물체, 분할된 물체, 액체, 분말, 기체, 플라즈마, 장 - 단일 물체, 속이 빈 물체, 많은 공동 물질, 다공성 물질 - 평평한 면, 주름진 면, 거친 면
상호작용 증가: 물질과 작용 도입하기	- 물질 도입하기: 새롭고 변형된 물질, 빈 공간 - 작용 도입하기: 기계, 소리, 열, 화학, 전기, 자기
확장과 융합	- 부품 개수 늘리기 - 공정 개수 늘리기 - 보다 적은 부품과 공정으로 융합 - 확장과 융합 주기를 반복한다.
시스템의 이상성 증가	- 이상성을 증가시키기 위해 한 가지 유형이 사용된다. - 만약 한 가지 유형이 새로운 문제를 일으킨다면, 이것을 해결하기 위해 다른 유형이 사용된다. - 여러 유형이 사용된다.

이용하는 것은 어떤 시점에서 필요한가?

3. 문제의 진술에 도움이 되는 동일한 진화 유형은 문제를 해결하는 데에도 도움이 된다.

4. 다른 산업 분야의 해결책을 이용하는 것이 더 쉬운 방법이다. 유사한 특성을 찾아 그것을 이용하는 것이 보다 쉬울 것이다. 예를 들면, 전자공학과 기계조립에 사용되는 분할과 통합의 원리는 건축 산업에 전파되었다. 소

매업에서의 셀프서비스 유형은 교육학과 의학 분야에서도 쓰이고 있다.

9.8 진화 유형의 적용 사례

진화의 유형을 적용하면 새로운 해결책을 얻을 수 있고, 기존 시스템을 개선할 수 있다. 표 9.2와 표 9.3은 앞에서 다룬 두 가지 사례에 진화 유형을 적용하여 요약한 것이다. 표 9.4는 연습용 템플릿이다.

표 9.2 잔디 깎기의 소음 줄이기

유 형	시스템에 적용하는 방법
시스템의 불균일 진화	- 오염을 줄이면서, 소음 억제
거시 수준으로 전이	- 다른 기계와 통합 - 정원 시스템 수준에서 문제 해결하기
미시 수준으로 전이	- 다공질 재료
상호작용 증가	- 소음에 대응하는 소음 - 음파를 감지하여 그것을 상쇄하는 음파 만들기
확장과 트리밍	- 부품 개수를 늘이기와 줄이기 - 먼저 소음기를 더 크게 만들고, 다음에 소음기 전체를 없앤다.
요약: 이상성 증가	- 더 깔끔한 잔디 깎기 - 잔디 깎기의 수가 줄어듦 - 잔디 깎기가 없어짐 - 잔디가 저절로 짧은 상태를 유지함 - 짧은 잔디를 항상 유지함

표 9.3 당근 재배 방법

유 형	시스템에 적용하는 방법
시스템의 불균일 진화	- 많은 수작업을 필요로 하는 솎아내기와 파종은 역행 동작이다.
거시 수준으로 전이	- 테이프에 비료를 추가
미시 수준으로 전이	- 몇 개의 거대한 당근 대신에 수많은 미세한 당근을 상상한다.
상호작용 증가	- 햇빛을 모은다.
확장과 트리밍	- 테이프를 추가한다.
요약: 이상성 증가	- 한 번의 수작업으로 정확한 위치에 씨앗을 심는다.

표 9.4 자신의 문제를 선택하여 진화의 유형을 적용해보라.

유 형	시스템에 적용하는 방법
시스템의 불균일 진화	
거시 수준으로 전이	
미시 수준으로 전이	
상호작용 증가	
확장과 트리밍	
요약: 이상성 증가	

9.9 유형 사용에 있어서 미묘한 차이

여기서 우리는 진화의 유형을 간략하게 제시하였고 상세한 부분을 많이 생략하였다. 그러나 지나친 단순화를 피하기 위해 다음과 같은 사항을 명심하기 바란다.

- 시스템의 불균일 진화, 거시 수준으로 전이, 그리고 맥동 진화는 가장 보편적인 유형들이다. "보편적"으로 우리는 거의 대부분의 경우에서

이러한 유형들을 찾아 볼 수 있으며 시스템 개발에 이용할 수 있다.

- 상호 작용 증가의 유형은 아마 고려해야할 유형 중에 가장 "통계적"일 것이다. 예를 들면, 시스템은 점점 더 많은 전기와 자기 상호작용을 이용한다. 이러한 경향은 100년 이상 지속되고 있다. 그렇다고 해서 모든 기계적 작용이 전기적, 자기적 작용과 경쟁 관계이거나 대체 가능하다는 의미는 아니다. 보다 더 제어 가능한 장으로 전이가 종종 발생하므로, 그 가능성을 고려해야 한다는 것을 이 진화 유형은 말해 준다.
- 미시 수준으로 전이도 자주 일어난다. 몇 가지 예외가 존재한다. 예를 들면, 때로는 기계 세탁이 화학 약품 세탁을 대신하며, 화학물질을 제거하기 위해 물이나 증기로 세탁한다. 우리는 이 유형이 지닌 유망한 특성을 기억해야 하며, 그것이 수반한 변화가 시스템의 이상성을 높일 수 있는지 점검해야 한다.

사람들이 자주 이렇게 묻는다. 미래의 예측과 사회는 믿을 수 없는데, 어떻게 시스템의 진화 유형이나 "법칙"을 이야기 할 수 있는가. 만일 진화 유형이 진정한 과학법칙이라면, 진화, 적어도 기술 진화를 왜 정확하게 예측할 수 없을까? 이러한 질문에는 오해가 들어있다. 물리학과 같은 가장 정밀하고 정확한 과학은 모든 필요조건을 만족한다면 무엇이 일어날지 말해준다. 하지만 언제 사회가 그런 모든 조건을 만족할지 과학은 예측하지 못한다. 물리학을 이용하면 화성을 여행하는 데 필요한 시간과 에너지가 어느 정도인지 계산할 수 있다. 그러나 인간이 언제쯤 화성에 착륙할지 정확하게 말할 수 없다. 진화의 유형은 자원을 과제에 투입한다면 달성할 수 있는 것을 말해준다.

또한 시간적 요인도 있다. 보다 긴 기간을 고려할수록, 우리는 더 많은 규칙성을 발견할 수 있고, 우연 요인이나 주관적 결정의 영향은 덜 중요해 진다. 이 책의 앞부분에서 우리는 "때늦은(late)" 혁신 사례를 소개했다. 페니실린, 패스트푸드 식당, 금속의 플래시 용련(flash melting)과 같은 혁신들은 틀림없이 좀 더 일찍 발견될 수 있었고, 실제 발견된 시기보다 더 늦게 나타날 수도 있었다. 결국 진화는 피할 수 없었다. 변화를 가속하거나 늦출 수는 있지만 이를 막을 수는 없다.

9.10 요 약

❖ 시스템 진화에 있어서 동일한 유형이 반복된다. 그런 유형은 더 나아가서 시스템 발전에 이용될 수 있다.

❖ 진화의 다섯 가지 주요 유형: 기술의 불균일 진화, 거시 수준으로 전이, 미시 수준으로 전이 또는 분할, 상호작용의 증가, 그리고 확장/융합 또는 트리밍.

❖ 해결책을 선별할 때, 문제를 찾거나 해결할 때, 진화를 예측할 때, 산업계 너머로 해결책을 옮길 때, 진화의 유형을 이용하라.

참고문헌

1. Salamatov, Y., *TRIZ: The Right Solution at the Right Time*, Insytec, Hattem, 1999, 192.

10 Chapter Ten

혁신을 위한 원리들: 좋은 해결책을 만들기 위한 40가지 방법들

우리는 좋은 해결책들의 공통 특징을 이해하는 것이 창의성의 향상을 위해서는 결정적으로 중요하다고 이 책 전반에 걸쳐서 반복해서 지적하였다. 한 가지 분명한 결론은 가장 중요한 특징 목록을 단순하게 만든 다음에 번뜩이는 아이디어와 성공적인 상품을 개발하기 위해 이 목록을 사용하는 것이다.

산업계의 일반적인 좋은 해결책들은 트리즈 개발의 한 부분으로 연구되어 왔다. 알트슐러와 그의 동료들은 특허 검색을 통하여 동일한 해결책이 반복적으로 사용된 예들을 수집하였다. 심혈을 기울인 연구 끝에 수 만개의 우수한 해결책들의 정보를 종합하고 요약하여 1970년대 초반 40가지 발명원리를 개발하였다.[1] 이러한 혁신원리의 사용은 중요한 트리즈 이론 분야가 되었다. 혁신을 위한 다양한 표준 해결책과 발명원리들이 수집되고 개발되었다. 이 연구에 대해서 더 공부하고 싶다면, 사브란스키(Savransky)의 책[2]과 즐로틴(Zlotin)과 주스만(Zusman)의 논문을 살펴보라.[3]

이 장의 목적은 효과적이고, 사용하기 쉽고, 값싸고, 모든 사람이 쉽게 접근할 수 있는 문제 해결 기법으로써 최신 40가지 발명원리를 소개하는 것이다. 40가지의 발명원리는 가

할 수 있는 문제 해결 기법으로써 최신 40가지 발명원리를 소개하는 것이다. 40가지의 발명원리는 가장 인기 있는 트리즈 도구이고, 몇몇 책들과 많은 논문이 발명원리 발전에 공헌하였다. 이 판은 세 가지의 중요한 특징이 있다.

1. 모든 예시는 새로운 것이다. 이러한 예는 대부분 일상생활에서 실제적으로 사용되는 실현된 해결책이나 혁신의 사례이다.
2. 대부분의 원리들을 비즈니스와 기술 예를 둘 다 들어서 설명하였다.
3. 원리들을 압축된 형식으로 제시하였고, 이전의 책과 같이 하위 원리들로 나누지 않았다. 40가지 원리는 80~90가지나 되는 하위 원리들보다 훨씬 쉽게 다룰 수 있다.

이전 판의 40가지 원리들의 몇몇 특징들을 이 판에 그대로 유지하였다.

1. 40가지 원리 목록의 구조: 숫자와 순서가 이전 판의 책과 같기 때문에 이 책도 이전 판의 책과 호환이 된다.
2. 발명 원리들의 부호나 이름은 전통적인 방법을 따랐다. 한 예로 "강 산화제"라는 원리가 있다. 이것이 어떻게 해서 특별한 화학 물질의 사용에서뿐만 아니라, 강한 감정의 사용을 뜻할 수 있는가 라는 의문이 생길 수 있는데, 우리는 원리의 고전적인 이름을 그대로 유지하였다.

연구가 계속되면서 미래의 어느 시점에 발명원리는 40가지 원리 보다 많아지거나 적어질 수 있다. 지금까지 "40가지 원리"는 표준이며, 새로운 사례와 발명원리를 사용하는 새로운 방법들은 이들 사용을 확장하기 위해 지속적으로 추가되고 있다. 만약 문제를 해결하는데 도움을 받기 위해서 추가적인 예를 구하고 싶다면 다음과 같은 주제를 트리즈 저널(The TRIZ Journal)*에서 찾아보아라.

- Business Examples: September 1999
- Social Examples: June 2001
- Architecture Examples: July 2001
- Food Technology Examples: October 2001
- Software Examples: September and November 2001

이 장의 구조는 아주 간단하다. 먼저, 몇몇의 예시와 함께 원리를 소개할 것이다. 그리고 나서, 연구를 위한 중요한 도구로써 모순 행렬표를 포함해서, 특별

* 역자주: 한국 트리즈 협회 홈페이지(http://www.triz.or.kr)–'트리즈 저널'참조.

한 문제를 해결하는데 가장 도움이 되는 발명원리를 어떻게 선택하는지를 보여줄 것이다.

그림 10.1은 문제 해결의 모형에서 발명원리가 해당되는 위치를 그림으로 보여준다. 여러분은 40가지 원리를 완전히 독립된 도구로 사용할 수 있다. 이 장은 이 책의 다른 장을 읽지 않고서도, 이 장 내용을 읽고서 도움이 될 수 있도록 썼다.

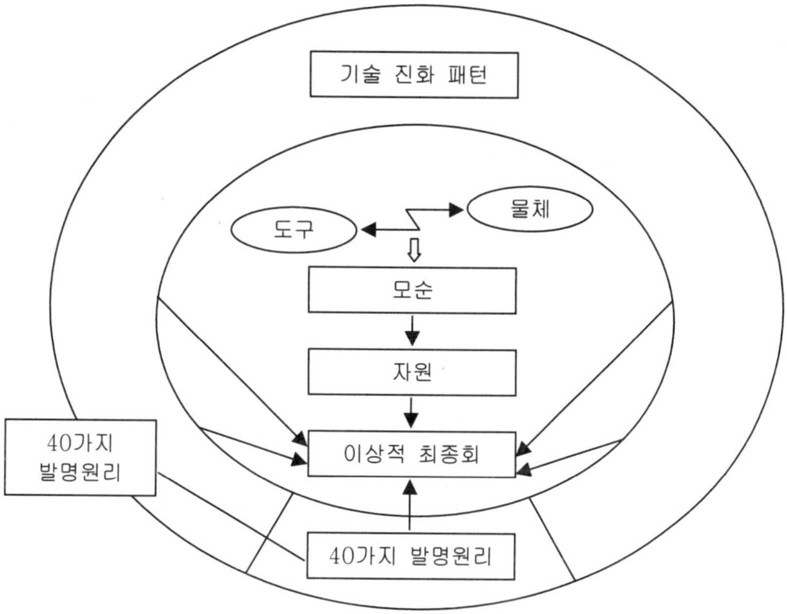

그림 10.1 문제 해결을 위한 모형에서 40가지 원리. "40가지 원리"에서 "이상적인 최종 결과"로의 화살표는 발명원리를 독립적인 도구로 사용할 수 있음을 의미한다. 또한 모순과 자원을 분석한 후에 결과를 도출하기 위해서 사용할 수 있다. 지름길과 돌아가는 길 모두 모형 안에서 유효하다.

40가지 원리들은 다른 도구와 함께 사용하면 그 효율이 증대된다. 진화 유형, 이상성과 모순 분석은 40가지의 원리와 동일한 해결책을 줄 수도 있고 다른 해결책을 줄 수도 있다. 일반적으로 중복되는 경우가 상당히 많다. 이 도구들은 서로를 강화시켜 주고 보완해 준다.

10.1 40가지 발명원리의 일반적 검토

다음은 40가지 발명원리의 목록이다. [ ]안에 있는 또 다른 이름들은 원래 러시아 연구 원문을 다양하게 번역한 데에서 유래된 것이다.[4]

1. 분할(Segmentation)[분열(fragmentation)]
2. 분리(Separation)[빼내기, 추출(taking out, extracting)]
3. 국소적 성질(Local Quality)
4. 대칭 변환(Symmetry Change)[비대칭(asymmetry)]
5. 통합(Merging)[합병(consolidation)]
6. 다기능성(Multifunctionality)[범용성/ 다용도(universality)]
7. 포개진 인형(Nested doll)[포개기, "마트레쉬카"(nesting, "Matrushka")]
8. 무게 보상(Weight Compensation)[평형추(counterweight)]
9. 선행 반대 조치(Preliminary counteraction)[사전 반대 조치(prior counteraction)]
10. 선행 조치(Preliminary action)[사전 조치, 미리 하기(prior action, do it in advance)]
11. 사전 보상(Beforehand Compensation)[사전 완충 작용(beforehand cushioning)]
12. 높이 맞추기(Equipotentiality)[같은 수준으로 물건을 가져가지(bring things to the same level)
13. "다른 길로 돌아가기"("The other way around")[반대로 하기(do it in reverse)]
14. 곡률 증가(Curvature increase)[구형화(spheroidality)]
15. 동적 부품(Dynamic parts)[역동성(dynamicity)]
16. 과부족 조치(Partial or excessive actions)[조금 적게 하기(do a little less)]
17. 차원 바꾸기(Dimensionality change)[또 다른 차원(another dimension)]
18. 기계적 진동(Mechanical vibration)
19. 주기적 작동(Periodic action)
20. 유익한 작용의 지속(Continuity of useful action)

21. 서두르기(Hurrying)[고속 처리(rushing through)]
22. 전화위복("Blessing in disguise")[해로움을 이로움으로(Convert harm into benefit)]
23. 피드백(Feedback)
24. 매개체(Intermediary)[매개자(Mediator)]
25. 셀프서비스(Self Service)
26. 복제(Copying)
27. 값싼 일회용품(Cheap disposables)
28. 기계적 상호작용의 대체(장을 사용하라)(Mechanical interaction sub stitution, use of fields)
29. 공기압과 수압(Pneumatics and hydraulics)
30. 유연한 막과 얇은 필름(Flexible shells and thin films)
31. 다공질 재료(Porous materials)
32. 광학 특성 변경(Optical property changes)[색상 변경(changing the color)]
33. 동질성(Homogeneity)
34. 폐기와 재생(Discarding and recovering)
35. 파라미터 변경(Parameter changes)[속성 변환(transformation of pr operties)]
36. 상전이(Phase transitions)
37. 열팽창(Thermal expansion)
38. 강 산화제(Strong Oxidants)[가속 산화(accelerated oxidation)]
39. 불활성 환경(Inert atmosphere)
40. 복합 재료(Composite materials)

각 발명원리의 사용방법은 기술과 비즈니스의 여러 분야 예로 설명한다. 이미 이 책 앞부분에서 사용한 많은 예시들을 여기서 다시 반복하는데, 이는 문제들의 해결책을 찾기 위해서 40가지의 발명 원리를 어떻게 사용할 수 있는지 설명하기 위한 것이다. 문제들은 한 개의 원리 또는 몇 개의 원리를 동시에 사용하여 해결될 수 있고, 시스템은 여러 방향으로 개선 될 수 있다. 대부분의 해결책은 한 개 이상의 원리들이 사용된다. 재미있는 원리를 발견했다면 그 아이디어를 개선할 수 있는 다른 원리들을 찾아보라. 흔히 하나의 원리가 해결책에 대한 개념을 주게 될 것이지만, 실제로 도움이 되는 해결책을 찾기 위해서는 몇몇 다른 원리들이 필요할 지도 모른다.

원리들을 읽고 쉽게 기억하기 위해서 발명원리 목록을 2개~4개 집단으로 구분하였다. 집단마다 하나의 절로 서술한다. 일부 집단 안에 있는 원리들은 자연스레 서로 연결되어 있으며, 다른 것들은 단순히 다른 접근 목록이다. 이 집단들은 다음과 같다.

- 분할, 분리(원리 1~2)
- 국소적 성질, 대칭 변환, 통합, 다기능성(3~6)
- 포개진 인형, 무게 보상(7~8)
- 선행 반대 조치, 선행 조치, 사전 보상(9~11)
- 높이 맞추기, 다른 길로 돌아가기, 곡률 증가(12~14)
- 동적 부품/역동성, 과부족 조치, 차원 바꾸기, 기계적 진동(15~18)
- 주기적 작동, 유익한 작용의 지속, 고속 처리(19~21)
- 전화위복, 피드백, 매개체(22~24)
- 셀프서비스, 복제, 값싼 일회용품, 기계적 작용 대체(25~28)
- 공기압과 수압, 유연한 막 또는 얇은 필름, 다공질 재료(29~31)
- 광학 특성 변경, 동질성, 폐기와 재생(32~34)
- 파라미터 변경, 상전이, 열팽창(35~37)
- 강 산화제, 불활성 환경, 복합 재료(38~40)

10.2 분할, 분리(1~2)

10.2.1 원리 1

분할. 분열, 미시 수준으로 전이. 시스템이나 대상물을 독립적인 부분으로 나눈다. 대상물을 분해하기 쉽게 만든다. 분할이나 분열 정도를 높인다(그림 10.2 참조).

그림 10.2 원리 1. 분할. 시스템을 부분으로 나눈다.

예 시

- 앞장에서 살펴보았듯이 미시 수준으로 전이 법칙은 분할의 원리가 반복적으로 적용된 결과이다. 분할은 대단히 자주 쓰이는 원리이다. 이 원리는 수많은 다른 문제에서 양립할 수 없는 것을 결합하고 모순 요구 사항을 충족시킨다. 불을 끄는 예제를 떠올려 보라. 더 효과적인(좋은) 소방은 더 많은 물을 필요로 하지만 물로 인한 피해(나쁜)의 원인이 된다. 물은 있어야 하며, 이와 동시에 없어야 한다. 물을 작은 물방울로 잘라내어서 안개가 될 때까지 분할 정도를 증가시킨다. 안개는 대단히 적은 양의 물을 사용해서 효과적으로 불을 끈다. 이전 장에서는 많은 과정을 걸쳐서 문제를 풀어나갔다. 분할이라는 원리 하나를 사용해서 직접적으로 아이디어를 얻어내는 것이 가능하다.
- 돌 세척 공정은 데님(청바지 의류 소재)의 필요한 특징과 외관을 내는 기술 중 하나이다. 하지만 돌은 가공되지 않은 도구이고 그것을 다루기 위해서는 투박한 기계 장치가 필요하다. 좋은 해결책은 돌을 사용하는 대신에 효소를 사용하여 같은 결과를 얻는 것이다. 효소는 작은 돌은 아니지만, 큰 대상물 대신에 분자를 사용한다는 개념은 분할의 원리로부터 나온다.
- 이 전 장에서 잔디 깎는 기계의 소음에 대해서 살펴보았다. 잔디 깎는 기계, 소음기, 주변 환경을 분할 또는 분열이라는 다른 방법으로 상상하는 것도 유용하다. 자원에 관한 장(5장)에서 대형 잔디 깎는 기계 한 대 대신에 소형 자동 잔디 깎는 기계를 많이 사용하는 것에 대해서 생각해 보았다. 태양 전지를 사용하여 양처럼 잔디밭을 돌아다니는 잔

디 깎는 기계도 이미 개발되어 있다. 다른 응용에서 작은 로봇들이 사용 중이다(예를 들어 관을 검사하거나 청소하는 로봇). 아마도 언젠가는 자동 잔디 깎는 기계와 작은 로봇들이 결합될 것이다.

- 소음 없는 잔디 깎는 기계가 개발되기를 기다리는 한편으로 소음기를 분할하여 보자. 소음기로써 잔디를 사용하는 아이디어(앞장 참조) 역시 분할의 예로 볼 수 있다. 이것이 분할의 유일한 방법은 분명 아니다. 한 개의 배기관을 수많은 작은 관으로 바꾸고 한 개의 소음기를 수많은 작은 소음기로 바꾸려고 하지 않는 이유는 무엇 때문인가? 플라스틱 주조와 같은 새로운 재료와 생산 기술은 많은 부품을 하나로 만드는 것을 용이하게 해준다.
- 만약에 잔디 깎는 기계를 분할 할 수 있다면, 잔디의 분할을 왜 증가시키지 않는가? 사실, 잔디를 아주 작은 조각으로 잘라 바닥에 까는 잔디 깎는 기계가 있다. 작은 잔디 조각은 쉽게 썩어 토양을 비옥하게 한다. 따라서 잘린 잔디를 치울 필요는 없다. 이것은 소음 감소 대신 쓰레기 제거라는 다른 문제를 해결한다. 개선을 위한 새로운 기회를 찾는 것은 트리즈에 있어서 일반적이다.
- 당근 재배는 이전에 생각해 보았던 또 다른 예제이다. 여기서는 분할의 원리를 어떻게 적용할 수 있을까? 우리는 커다란 한 개의 당근보다 작은 여러 개의 당근을 상상해 볼 수 있다. 만약 물과 양분이 잘 공급된다면 토양 없이 아주 빽빽하게 재배할 수 있다(물에서 재배하는 수경법과 비교해 보라). 조그만 식물을 많은 양으로 재배하는 기술들이 이미 나와 있고 같은 면적에서 훨씬 많은 수확량을 거두고 있다.
- 5장(자원)에서 빗장 장치를 통하여 핀을 분할할 수 있는 가능성에 대해서 이야기 했다. 층을 이룬 모양 또는 가는 실 모양의 핀은 고형물 모양의 핀보다 조절하기가 좋다.
- 분할의 원리는 사업에서도 많이 응용된다. 시장 세분화는 흔히 있는 일이고 자주 사용되는 용어이다. 대부분의 큰 회사들은 사업 단위 또는 이익 중심점으로 자신을 분할시킨다. 회사는 유연성을 갖기 위해서는 작아야 하고, 생산과 시장을 위한 충분한 자원을 확보하기 위해서는 커야 한다. 작으면서도 동시에 크기 위해서, 큰 회사는 자회사, 이익 중심점 또는 서로 독립적으로 일을 수행하는 다른 사업 단위로 분할된다. ABB(아세아 브라운 보베리) 회사와 고어(Gore) 회사가 좋은 예인데, 이들 회사는 직원이 150명을 초과할 때마다 새로운 조직을

구성한다.

- 지난 30년 동안, 팀 사용은 작업 현장에서 끊임없이 논의되는 주제 중 하나였는데, 왜냐하면 작은 팀은 유연하고 빠르게 의사결정을 내릴 수 있기 때문이다.
- 커다란 작업은 작고 많은 작업들로 분할될 수 있다(프로젝트 관리에서 작업분류체계라고 불린다). JIT(적시생산 방식(Just-in-time) 또는 간판(Karban)) 시스템은 분할 개념을 극한까지 사용하는데, 가장 효과적인 생산 시스템은 복수 단위만큼이나 쉽게 단일 단위도 생산할 수 있다는 개념으로 대량생산의 개념을 바꾸었다.
- 연재소설이나 TV 드라마와 같은 연예 분야의 예가 앞에서 다루어졌다. 인터넷에는 새로운 연예 매체가 등장하였는데, 소설은 연재되는 것뿐만 아니라 각 장마다 여러 가지 선택권이 있어서, 독자들이 개인적인 책을 만들기 위한 구획을 선택할 수 있다. 이것은 분할 원리와 원리 3, 국소적 성질을 결합한 것이다.
- 분할은 자원 활용을 위해서 좋은 자주 사용하기 쉬운 방법이다. 시스템은 더 작은 부분들로 분리될 수 있다. 새로운 구성 요소와 물질이 필요하지 않다.

산업계의 추가예시

- 커다란 하나의 케이크 보다 컵케이크를 만든다. 그러면 사람들은 자기 취향에 따라 꾸밀 수 있고 다양한 입맛을 제공할 수 있다.
- 금속 박편 또는 막대 모양이 아닌 가루로 된 용접 금속을 사용해서 접합 부분의 침투력을 향상시킨다.
- 약을 잘게 빻아진 가루 형태로 해서 주입한다.
- 자바 애플릿을 사용한다. 이 예제의 이전 것은 작은 업무를 순서대로 결합시킴으로써 커다란 업무를 처리할 수 있도록 유닉스에서 파이프*를 사용하는 것이었다.
- 전통적으로 종이는 직물 위에서 칼날에 의한 이송 도포 방식으로 코팅되었다. 새로운 방법은 종이 천 양쪽에서 고속 분무 형태로 분사 코팅하는 것이다.

* 역자주: 파이프는 한 프로세스의 출력을 다른 프로세스의 입력으로 사용할 수 있도록 두 프로세스 사이를 연결시키는 것.

10.2.2 원리 2

분리. 대상물 또는 시스템에서 필요한 부분(또는 성질)만 분리하거나 방해되는 부분이나 성질을 제거한다(그림 10.3 참조).

우리는 대개 시스템의 일부분이나 어떤 성질이나 특성만을 필요로 한다.

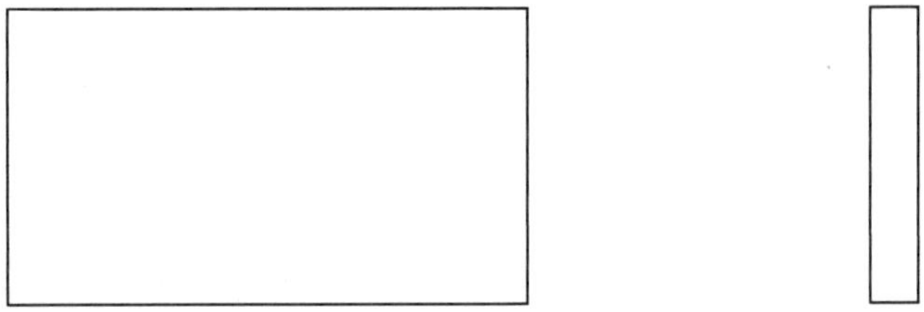

그림 10.3 원리 2. 분리. 시스템으로부터 부분이나 성질을 분리한다.

예 시

- 우리는 조명이 필요한 것이지 조명 장치가 필요한 것은 아니다. 오늘날 많은 조명 시스템 부분들은 조명이 필요한 곳에서 멀리 떨어져 있다. 반사체와 광섬유는 빛을 사용하는 지점에서 램프처럼 장치를 분리할 수 있다. 광섬유는 커다란 램프를 사용하지 않고 필요한 빛을 수술 부위 내부에 정확하게 비추기 위해서 작은 수술 도구에서 사용된다.
- 우리는 청소 능력을 원하는 것이지 진공청소기 같은 것은 필요하지 않다. 중앙 진공 청소 시스템은 아파트 내에 단지 노즐과 약간의 관만을 남겨둔다. 소음과 더러운 부분은 거주자들을 방해 하지 않는 곳에 놓아둔다.
- 전동 잔디 깎는 기계는 잔디가 너무 크지 않다면 잘 작동된 에너지의 산출물은 잔디에서 제거된다.
- 소음이 나는 공기 압축기는 건물 밖에 두고, 파이프로 압축 공기를 필요한 곳으로 보낸다. 대부분의 병원과 치과 건물은 이렇게 짓는다.
- 불을 끄기 위해 안개를 사용하는 것은 분리 원리를 사용한 예이다. 불난 곳에는 단지 작은 직경의 파이프만이 필요하다. 장비의 무거운 부분은 제거된다.
- 독점 판매권(프랜차이징)은 레스토랑이나 인쇄소와 같은 지역의 소유권 사업을 성공하게 만드는 개념 개발과 시스템으로부터 분리시킨다.

제지업자에게 종이를 만드는 기계장치가 필요할까? 보험회사에 메인 프레임 컴퓨터와 데이터 기억장치가 필요할까? 불과 몇 년 전 까지만 해도 이러한 질문은 주목을 받지 못했다. 보험회사는 데이터 센터의 운영을, 제지회사는 공장 설비의 운영과 정비를 전문회사에 맡긴다. ASP(Application Service Provider)는 새로운 개념의 사업인데 이것은 회사들이 자신들 소유의 소프트웨어를 가지지 않고, 임대 공급자로부터 필요한 부분을 빌려서 사용하는 것이다.

우리가 개인적으로 자동차나 자전거를 가지고 있어야 할까? 최근까지 편리성 때문에 이러한 질문의 대답은 "예"이었다. 오늘날 아직 시험적이지만 공동-사용이라는 개념이 새롭게 나타났다. 사용자는 일정 기간 동안 자동차나 자전거를 이용할 권리를 산다. 자동차의 경우 신용 카드가 자동차 열쇠 역할을 한다. 미국의 오레곤주 포틀랜드에서의 자전거 실험은 자전거가 필요한 다음 사람이 자전거를 받을 수 있는 곳에 자전거를 놓아 둘 것을 요구한다. 이러한 실험들은 우리에게 운송 능력, 개인별 노선과 일정, 안락감, 개인의 신망, 특정한 생활 방식과 많은 다른 특성을 주지만, 자동차를 사용하는 것을 소유권, 돌보아줌, 1톤이나 되는 금속과 플라스틱의 비용에서 분리하여 생각한다. 이러한 새로운 개념을 지지하는 사람들은 소비자는 자동차를 소유하지 않고도, 실제로 많은 자동차를 사용할 수 있다고 주장 한다. 오늘은 작은 자동차를 시내에서 운전할 수 있고, 내일은 장거리 여행을 하기 위해 큰 차를 탈 수 있으며, 모레에는 위신을 세우기 위해 리무진을 운행할 수 있다. 자동차에 투자되는 자본을 더욱 집중적으로 사용하기 때문에 비용을 줄일 수 있다.

흔히 우리는 있어야 하면서도 없어야 하는 모순을 갖는다. 일부 보기 흉한 기계 또는 복잡한 공정은 필요한 특성을 유지하기 위해서 있어야 하지만, 공간과 에너지, 시간을 절약하기 위해서는 없어야 한다. 분리 원리는 이러한 종류의 문제에 대한 해결책이 될 수도 있다.

추가예시

- 개 짖는 소리를 녹음한 것을 개가 없이도 방범 경보용으로 사용한다. 이와 유사하게 허수아비 대신에 고통스러워하는 새 소리를 사용한다.
- 광섬유 또는 빛 파이프를 사용함으로써 빛이 필요한 장소로부터 뜨거운 광원을 분리시킨다.
- 정비와 운영 업무를 외주한다.

✍ 연습문제

다음 원리에 대해서 개인 생활이나 비즈니스의 사례를 생각해 보아라.

1. 분할	
2. 분리	

10.3 국소적 성질, 대칭 변환, 통합, 다기능성(3~6)

10.3.1 원리 3

국소적 성질. 장소 또는 상황이 달라지면 대상물이 특성이나 영향을 다르게 갖도록 대상물의 구조 또는 외부 환경(또는 외부 영향)을 바꾼다. 대상물의 각 부분 또는 사용하는 시스템의 기능을 그 작동에 가장 적합한 조건으로 만든다. 대상물의 각 부분들을 차별적이고 유용한 기능을 수행하게 한다(그림 10.4).

대상물은 종종 추가적인 특성을 가져야 하지만 이러한 특성의 도입은 새로운 문제를 일으키거나 시스템을 더욱 복잡하고 비싸게 만든다. 우리는 시스템을 바꾸어야 하지만 시스템을 바꾸지 않아야 한다.

시스템을 부분적으로 바꾸는 것은 쉽다. 기술에는 이러한 예가 많이 있다. 금속 표면층의 담금질이나 다른 처리들은 그 재료의 전체 성질과 다른 표면 성질을 만든다. 우리는 너트 마다 서로 다른 렌치가 필요한데, 그 이유는 너트의 크기에 딱 맞는 렌치가 가변 렌치보다 훨씬 더 큰 힘을 내기 때문이다. 도시락에서 각각의 음식 종류마다 특성화 된 칸막이는 뜨거운 것은 뜨겁게, 차가운 것은 차갑게 해서, 근로자나 학생들에게 경제적이고 안전한 점심을 휴대할 수 있게 해준다.

사업 분야에서 시장의 분리는 국소적 성질을 설명해 준다. 분리는 특별한 속성을 갖는 작은 규모로 시장을 나누기 위해 사용되는데, 이때 국소적 성질은 각각의 시장을 적절하게 다루는데 사용된다. 자동 세탁기 시장에서 각 집단의 문화적 선호도에 따라 시장 진입을 하기 위해서 월풀(Whirlpool)사는 인도에서 18개 언어를 말할 수 있는 마케팅 인력을 고용하였다.

국소적 성질은 사람들에게도 잘 적용된다. 어떤 사람은 혼자서 일할 때 가장 효과적이고 다른 사람은 팀으로 일할 때 가장 효과적이다. 철저한 직업 전문화는 특정한 능력을 필요로 하며, 폭넓은 교양과목 지식은 다른 상황에서 요청된다.

그림 10.4 원리 3. 국소적 성질. 대상물 구조의 변화

예 시

- 필요한 곳에 정확한 분량의 화학약품을 사용하는 정밀 농업
- 지우개가 달린 연필
- 못뽑이가 있는 망치(장도리)
- 식당 내의 아이들 구역

10.3.2 원리 4

대칭 변환. 대상물 또는 시스템의 모양을 대칭에서 비대칭으로 바꾼다. 만약 대상물이 비대칭이면 비대칭 정도를 증가시킨다(그림 10.5 참조). 비대칭인 주걱은 대칭인 것 보다 더 효과적으로 뒤섞는다(콘크리트와 케이크 반죽 모두 해당된다). 비대칭인 가위는 대칭인 것 보다 더 편리하다.

비대칭을 증가시키는 것은 기하학적 자원을 사용하는 방법이다. 새로운 물질이나 성분을 넣는 것보다 종종 형상을 바꾸는 것이 더 쉽다.

고객 주문 생산 방식은 비대칭 원리에 상응하는 사업 전략이다. 제품, 서비스, 사업 방침은 각각의 소비자에 맞게 특성화 되어 설계되고 다른 소비자들에게 제공되는 것과 같을 필요는 없다. [5, 6]

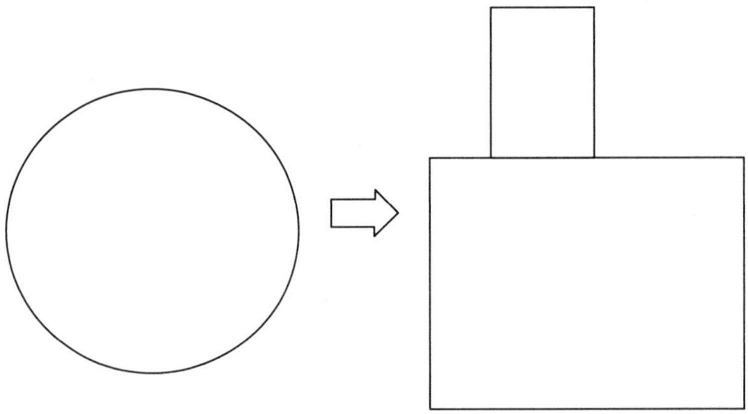

그림 10.5 원리 4. 대칭 변환. 대칭을 비대칭으로 변환한다.

예 시

- 색을 점차 바꾸기 위하여 비점수차(非點收差) 광학 특성을 사용한다.
- 부서의 예산을 모두 일률적으로 올리거나 내리는 것이 아니라 부서마다 각각 다르게 정한다.

10.3.3 원리 5

통합. 동일하거나 비슷한 대상물을 모아서 가까이(또는 통합하여) 놓는다. 병행 작업을 수행하기 위해 동일하거나 비슷한 부품들을 한데 모은다. 작동을 연속적으로 또는 병행하게 한다. 때를 맞추어 그것들을 한데 모은다(그림 10.6 참조).

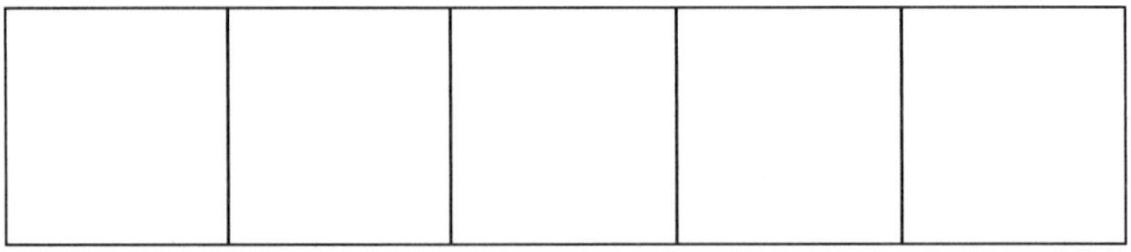

그림 10.6 원리 5. 통합. 유사한 대상물을 같이 놓는다.

예 시

- 극소 전자공학에서의 통합
- 전화와 컴퓨터 망
- 종이가 책으로 만들어지고, 책은 도서관으로 집결된다.
- 앞장에서 설명한 당근 파종과 꾸러미 처리의 예제를 보아라. 씨앗이 테이프 위에서 자리가 고정된다면 정확하고 빠르게 파종할 수 있다. 작은 꾸러미가 서로 붙어 있다면 쉽게 옮길 수 있다.
- 유리판처럼 깨지기 쉽고 취약한 구성요소들은 그것을 꾸러미 단위로 결합함으로 무게 증가 없이 더 강하게 할 수 있다.
- 정렬된 전파 망원경들은 한 개의 반사경보다 더 큰 분해능을 갖는다.
- 교통 체증을 제거하기 위한 한 가지 아이디어는 컴퓨터 제어 하에서 작은 편대로 자동차를 이동시키는 것이다. 이렇게 하면 고속도로는 현재 매 시간 2000대의 자동차 대신에 6000대 정도의 자동차를 소통시킬 수 있다.

만약에 대상물이 작아야 하고 또한 커야 한다면, 그리고 많아야 하고 또한 한 개이어야 한다면, 통합이 종종 해결책이 된다.

분할을 설명한 절(원리 1)에서 큰 주식회사가 동시에 작은 회사로 되기 위해 스스로 분할하는 것에 대해서 이야기 하였다. 작은 회사 또는 개인 사업주들은 종종 상반되는 문제를 갖고 있다. 즉, 작게 있으면서 어떻게 하면 크게 될 수 있는가 하는 문제이다. 네트워킹은 아마 가장 인기 있는 해결책이다. 다른 해결책으로는 회사들 간 연결망이나 독점판매 조직 또는 전통적인 합병이 있다. 분할과 통합의 원리는 함께 사용하면 가장 효과적인 경우가 자주 있다. 조직체들은 분할되고 그 다음에 부분들은 통합된다. 그러나 국소적 성질 원리를 잊지 말아야 한다. 한 개의 원리만을 사용하면 비효율적이거나 잘못된 해결책이 되기 쉽다. 한 개의 원리를 사용하는 것보다는 두 개나 세 개의 원리를 함께 사용하는 것이 좋을 것이다. 1970년대에 슈마커(E. F. Schumacher)는 "작은 것이 아름답다"는 표어를 시작하였다. 나중에 이 표어는 잊혀졌는데, 왜냐하면 큰 것이 아름다운 것이 될 수 있기 때문이다.

거시수준으로 전이하는 유형(9장)은 통합 원리를 반복 적용한 결과이고, 확장과 융합의 유형은 분리 원리와 이 다음에 나오는 다기능성 원리를 반복 통합하는 결과이다.

10.3.4 원리 6

다기능성 또는 다용도. 대상물 또는 시스템의 부분이 여러 가지 기능을 할 수 있도록 만든다. 다른 부분의 필요성을 제거한다(그림 10.7 참조). 부품과 작업 횟수가 줄고 유용한 특성과 기능은 유지된다.

예 시

- ABB는 높은 전압의 발전기를 개발하였다. 발전기가 직접 전기 회로망에 전기 공급하기 때문에 재래식 변압기는 필요 없다. 몇몇 신차 설계에서 플라이휠, 교류발전기, 시동 장치 그리고 그외 다른 부품들을 단일 구성요소로 결합하였다. 모든 나사에 맞게 조절이 가능한 단일 렌치는 또 다른 예이다.
- 다용도 원리는 또한 사람에게도 적용된다. 교차기능 훈련은 하나의 기능 대신 다기능을 보유하기 때문에 고용의 안정성을 보장한다. 이것을 국소적 성질과 비교해 보아라.

추가예시

- 팀 리더가 기록자와 시간 관리자의 역할을 한다.
- 원 스톱 쇼핑-슈퍼마켓에서 보험, 은행 업무, 연료, 신문 등을 판다.
- 치약이 들어있는 칫솔 손잡이

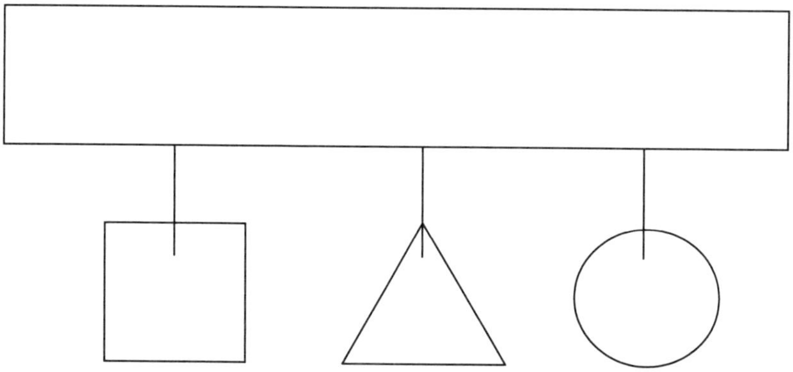

그림 10.7 원리 6. 다기능성. 시스템이 다기능을 하도록 만든다.

연습문제

다음 원리에 대해서 개인 생활이나 비즈니스의 사례를 생각해 보아라.

3. 국소적 성질	
4. 대칭 변환	
5. 통합	
6. 다기능성	

10.4 포개진 인형과 무게 보상(7~8)

10.4.1 원리 7

포개진 인형. 한 개의 대상물을 다른 것 안에 넣는다. 각 대상물을 차례로 다른 것 안에 넣는다. 한 부품이 다른 부품 안에 있는 빈 공간을 통과하게 만든다. 이 원리의 이름은 러시아의 민속 인형인 마트레쉬카(matrushka)에서 나왔는데, 일련의 나무로 된 인형들을 다른 인형 안에 각각 포개지도록 한다(그림 10.8 참조).

그림10.8 원리 7. 포개진 인형. 한 대상물을 다른 대상물 안으로 넣는다.

예 시

- 기름 탱크의 이중 벽
- 망원경 구조(우산 손잡이, 라디오 안테나, 지시봉)
- 사업에서 유사성: 큰 시장의 안에 있는 부티크 가게 안쪽에서 디자이너 작품을 특별 전시
- 윈도우 컴퓨터 운영 체제에서 파일 구조(예를 들어 10장은 "내 문서 파일" 안에 있는 "NewTRIZBook 파일" 중 하나이다.)
- 계량컵이나 계량스푼
- 칠면조를 소시지로 채워 넣고, 소시지는 밤으로 채워 넣고, 등.

10.4.2 원리 8

무게 보상. 시스템이나 대상물의 무게를 상쇄시키기 위하여, 양력을 제공하는 다른 대상물과 결합한다. 무게를 상쇄시키기 위하여 환경과 상호작용하게 만

든다(예를 들면, 공기 역학적, 유체 역학적 힘이나, 부력 또는 다른 힘을 이용, 그림 10.9참조).

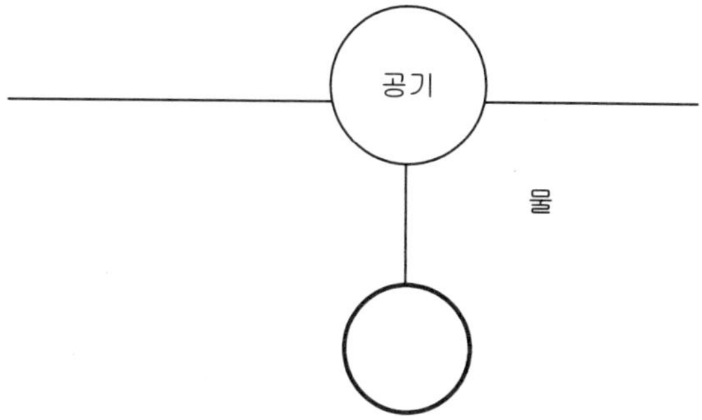

그림 10.9 원리 8. 무게 보상. 대상물이나 시스템의 무게를 상쇄시키기 위하여 양력을 주는 다른 대상물과 결합시킨다.

예 시

- 잠수함 안의 공기탱크
- 동체를 들어올림. 비행기 동체의 모양이 날개처럼 작동하여 양력을 만든다. 이것은 비행기와 배의 설계에 사용된다.
- 바람이 들어 올려서 게양할 수 있도록 전시용 깃발과 간판을 자른다.
- 사업에서 유사성: 거대한 피라미드 조직을 프로젝트 조직, 프로세스 조직, 임시 조직과 기타 계층이 약한 조직으로 바꾸는데 대한 보상으로 거대한 기구를 "향상시킨다."
- 헬륨 풍선이 광고 표시를 지탱하기 위하여 사용된다.
- 회사는 지지부진한 제품을 잘 팔리는 제품과 연계시킴으로써 매출을 증대시킨다(예, 영화 동시상영).

✍ 연습문제

다음 원리에 대해서 개인 생활이나 비즈니스의 사례를 생각해 보아라.

7. 포개진 인형	
8. 무게 보상	

10.5 선행 반대 조치, 선행 조치, 사전 보상(9~11)

10.5.1 원리 9

선행 반대 조치. 해로운 효과와 유용한 효과가 함께 작용할 필요가 있다면, 이 작용은 해로운 효과를 제어하기 위해 반대 작용으로 변경되어야 한다. 바람직하지 않은 것으로 알려진 작업 응력에 차후 필요할 때 맞설 수 있는 응력을 대상물 또는 시스템 내에 만들어라(그림 10.10 참조).

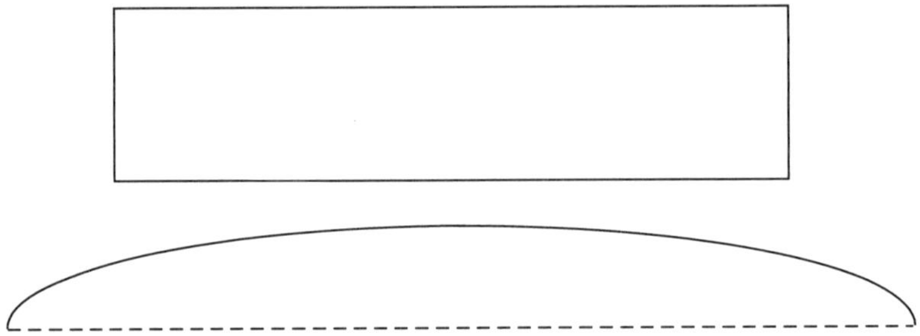

그림 10.10 원리 9. 선행 반대 조치. 해로운 효과를 제어하기 위해 선행 반대 조치를 도입.

예 시

- 북쪽 지역에서 겨울에 자동차 시동을 걸기 전에 전기 히터를 사용하여 엔진을 예열한다. 언 기름으로 인한 엔진 손상을 예방하고, 연료가 절약 되며, 공기 오염을 줄인다.

- 더욱 강한 구조물을 만들기 위해 콘크리트를 붓기 전에 철근에 미리 장력을 준다.
- 변화와 혁신은 일반적으로 조직에서 저항을 받게 된다. 영향력 있는 사람들을 끌어들여라. 그러면 그들이 변화의 계획 수립에 참여할 수 있고 두려워하지 않게 된다.
- 위험도가 높은 신제품을 출시할 때 고객으로 하여금 미리 사용해 보도록 한다(예, 영화 회사들은 여러 가지의 엔딩을 찍고 나서 다양한 관객들의 반응을 살핀 후 최종 선택을 한다).
- 정비작업으로 대처하는 대신에 사전 조치에 초점을 둔다.

10.5.2 원리 10

선행 조치. 대상물 또는 시스템의 필요한 변화는 요구가 있기 전에 그것을 시행한다(부분 또는 전체로). 이동 시간의 손실 없이 가장 편리한 곳에서 작용할 수 있도록 하기 위해 대상물을 미리 배열한다(그림 10. 11 참조).

그림 10.11 원리 10. 선행 조치, 시스템의 필요한 변화 요구가 있기 전에 그것을 시행하라. 예: 판매하기 전에 우표지에 구멍을 내어 놓으면 쉽게 잘라진다. 남극과 북극 원정 이전에 식품 창고가 미리 설치된다.

예 시

- 미리 구멍을 뚫어둔 포장은 개봉하기 쉽다.
- 목조 건물용으로 미리 절단해 놓은 자재는 건설 현장에서 작업량을 줄여준다.
- 작업자가 아주 쉽게 손에 닿을 수 있도록 가장 자주 사용하는 공구(종이, 전기 등)들을 작업 공간에 정렬해 놓는다.
- 시장조사를 하고, 다가올 미래에 대해 연구하며, 변화에 대비하여 준비

금을 마련한다.

- 고객이 오늘 불평하는 것은 아니지만, 내일 알게 될 수 있는 환경이나 윤리 규범 등의 문제에 대해 해결책을 준비한다.
- TV 방송 출연 요리사는 항상 모든 재료를 사전에 계량하여 깔끔한 작은 접시에 담아 둔다.

10.5.3 원리 11

사전 보상. 시간이 지나 대상물 또는 시스템의 신뢰도가 상대적으로 낮아지는 것을 보상하기 위해서 사전에 비상수단을 준비한다(그림 10.12 참조).

그림 10.12 원리 11. 사전 보상. 시스템의 신뢰도가 낮아지는 것을 보상하기 위해서 사전에 비상수단을 준비한다.

잘 알려져 있는 기술적인 사례로는 자동차의 에어백과 화학 반응기 및 보일러의 압력 안전밸브가 있다.

비 기술적인 사례로는 화재, 사람들의 마약 사용, 환경 문제, 필요로 하는 장소에 준비된 장비(구급약, 구조 도구, 소화기)등과 같은 예상되는 비상 상황에 대비한 취급 설명서를 게시하기가 있다. 많은 웹 사이트에서 자주 묻는 질문(FAQ) 부분은 원리 11의 사례에 속하는데, 보통은 시스템에 존재하는 것으로 알려진 문제를 자기 스스로 해결하는 방법을 사용자에게 알려준다.

원리 9~11은 문제를 예방하거나, 신속하게 조처하기 위한 시간과 관련된 원리 집단이다.

✍ 연습문제

다음 원리에 대해서 개인 생활이나 비즈니스의 사례를 생각해 보아라.

9. 선행 반대 조치	
10. 선행 조치	
11. 사전 보상	

10.6 높이 맞추기, 다른 길로 돌아가기, 곡률 증가(12~14)

10.6.1 원리 12

높이 맞추기. 위치 에너지에 맞서서 일해야 하는 필요성을 제거하기 위해 동작 조건을 변경 한다(예: 중력장에서 대상물을 올리고 내리는 필요성을 제거한다). 그림 10.13참조

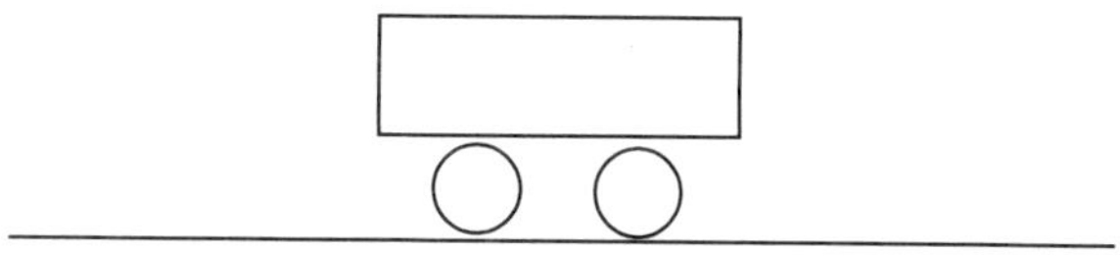

그림 10.13 원리12. 높이 맞추기. 대상물을 올리고 내리거나, 일부 "오르막길을 걷는" 필요성을 제거한다.

단층 공장에서, 높은 선반을 다는 것은 구성 요소를 실질적으로 올리거나 낮추지 않는다.

정확한 높이로 나무판을 들어 올릴 수 있도록 스프링 시스템을 사용함으로써 작업자는 다음 단계 공정을 위해서 기계에 나무 판을 밀어 넣을 수 있다. 비샤몬(Bishamon) 회사가 이 장비를 개발해서, 생산성 향상의 장비로 판매할 때는 어느 정도의 성공을 거두었는데 비해서, 작업자의 허리 부상을 예방하기 위한 장비로 광고하자마자 판매가 극적으로 증가하였다.

정전기로부터 상해를 예방하기 위해, 사람과 대상물의 전기 전위를 같게 해

주는 접지 띠를 사용한다.

비즈니스에서 비슷한 것으로는 계층 조직이 적은 좀 더 수평적인 조직으로 변경하는 일이 될 것이다. 팀 형성에 있어서 1단계는 모든 팀원들을 동일한 수준에서 계층적 행동을 제거하도록 이끄는 것이다.

10.6.2 원리 13

다른 길로 돌아가기. 문제 해결에 시용되는 작용을 반대로 한다(예를 들면, 대상물을 냉각하는 대신에 가열한다). 움직일 수 있는 부분(또는 외부 환경)은 고정시키고, 고정된 부분은 움직이게 한다. 대상물 또는 공정을 뒤집는다(그림 10.14 참조).

간혹 이 원리는 글자 그대로 적용되기도 한다. 즉, 기계를 뒤집음으로써 산업계의 많은 문제가 해결되었다. 제조 및 조립 분야에서의 효과적인 설계의 핵심 원리 중 하나는 중력이 당신의 친구가 되게 하는 것이다. 즉, 항상 원하는 위치로 부품들이 저절로 떨어지도록 배치한다. 판지 상자의 상단에 라벨을 붙일 수 있도록 상자를 돌리거나, 조립품의 위쪽에서 스크루를 체결할 수 있도록 조립품을 돌린다.

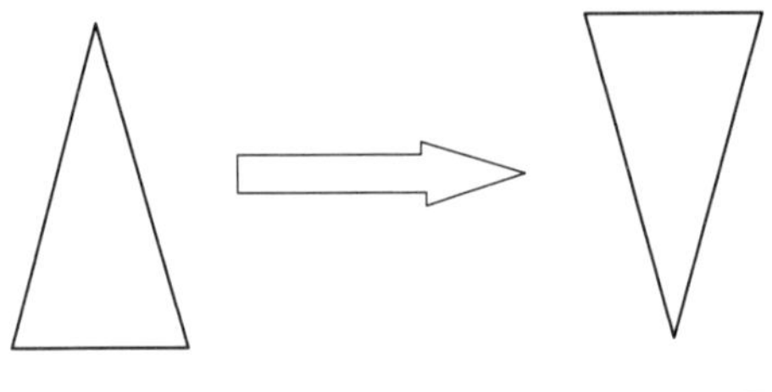

그림 10.14 원리 13. 다른 길로 돌아가기. 대상물 또는 공정을 뒤집는다.

예 시

- 패스트 푸드 대신에 슬로우 푸드
- 늘어나는 출퇴근 시간 대신에 재택근무
- 컨설턴트가 자신을 위해 답을 찾는 대신에 컨설턴트의 데이터베이스에서 스스로 답을 찾는다.
- 교회에 가는 대신에 집에 있는 사람들에게 교회 예배를 TV 또는 라디오로 전송한다.

혁신적인 원리를 고려할 때, 반대되는 아이디어도 생각해 보아라. 산업체 공장은 원리 8에 따라서 단층으로 만들어서 개선될 수 있다. 대상물을 올리거나 내리는 필요성이 제거된다(원리 12). 때로는 원리 17: 차원 바꾸기에 따라서 고층 건물을 짓는 것이 더 좋을 수 있다. 물론, 여러 가지 접근 방법들이 결합될 수 있다.

도시계획은 반대되는 접근 방법을 보여주는, 기술적이고 사회적인 혼합 사례를 제공한다. 전원 도시(garden-city) 운동은 저층 건물로 된 작은 도시를 요청하였다. 고층 빌딩 건설은 또 다른 접근방법이다. 꼬르뷔제(Corbusior)의 방사상 도시는 두 가지의 개념을 결합한 도시이다. 도심의 인구 밀도는 매우 높고 도시 면적의 95%가 유휴지로 남아있다.

추가예시

- 최상이 아닌 최악을 대상으로 벤치마킹
- 불경기 동안에 축소 대신에 확장
- 집합적 탈학습(unlearning)–적절한 경우에 과거를 잃는 능력을 얻기.
- 한 개의 큰 스크린 대신에 각자의 눈앞에 있는 작은 스크린(가상현실 모니터)

10.6.3 원리 14

곡률 증가. 정사각형, 직사각형, 정육면체 또는 평평한 부품, 표면 또는 외형을 이용하는 대신에 곡선 또는 둥근 형태를 이용한다. 평면을 구면으로 바꾼다. 입방 또는 직육면체 형상을 공 모양의 구조로 전환한다. 롤러, 볼, 나선형, 반구를 이용한다. 직선 운동을 회전 운동으로 전환한다. 원심력을 사용한다(그림 10.15 참조).

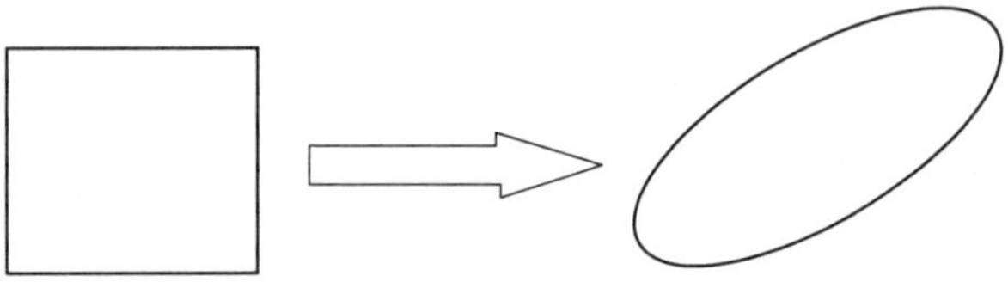

그림 10.15 원리 14. 곡률 증가. 직사각형을 곡선 형태로 바꾼다.

백열등의 필라멘트는 처음에 직선이었다. 이것이 코일 형태로 되면서 효율이 개선되었다. 사진은 처음에는 민감한 감광 유제로 코팅한 평평한 유리판 위에 만들어졌다. 사진기는 롤필름이 개발되면서 휴대용이 되었다. 평면에서 곡면으로 전이는 자동차와 전화기에서 쉽게 볼 수 있다. 농업에서 제초기의 초기 제품은 왕복 운동하는 칼날 톱으로 되어 있었다. 새로운 기계는 잔디 깎는 기계의 칼날과 유사한 회전식 칼날을 갖고 있다.

물결 모양으로 주름 잡힌 형태는 종종 무게 증가 없이 강도를 개선해 준다. 회전 운동은 흔히 장비를 단순하게 만들어 준다.

곡률 증가 원리는 종종 원리 4 비대칭과 짝을 이룬다. 구성 요소들은 비대칭을 심화하거나 대칭을 강화시킴으로써 개선될 수 있다. 곡률의 증가는 대칭을 줄이거나 또는 크게 할 수 있다.

일부 비 기술 분야에서 유사성을 찾을 수 있다. 예를 들면, 정보 순환의 증가는 조직 기능에 이득이 된다. 곡선 모양의 벽과 도로는 이웃을 외관상 식별할 수 있게 해준다(시내에서, 대형 회사 건물과 학교 내에서).

예 시

- 풀러(Fuller)의 지오데식(측지선) 돔은 부피가 큰 빔을 없앤다.
- 가구를 운반할 때 사용하는 다리 바퀴는 원통형 바퀴에서 공 모양으로 바뀌었다.
- 팀 리더를 돌아가면서 한다.
- 다이슨 진공청소기는 고속으로 먼지를 회전시켜 벽 외부로 먼지를 내보낸다. 먼지 주머니가 필요 없다.
- 반복 및 설계 루프를 사용한다.

✍ 연습문제

다음 원리에 대해서 개인 생활이나 비즈니스의 사례를 생각해 보아라.

12. 높이 맞추기	
13. 다른 길로 돌아가기	
14. 곡률 증가	

10.7 동적 부품, 과부족 조치, 차원 바꾸기, 기계적 진동(15~18)

10.7.1 원리 15

동적 부품. 최적화되도록 바꾸거나 또는 최적 동작 조건을 찾기 위해 대상물, 외부 환경, 공정 또는 시스템의 특성치를 참작해둔다(또는 설계한다). 대상물 또는 시스템을 각각 상대적으로 움직일 수 있는 부분으로 갈라놓는다. 만일, 한 대상물(또는 공정이나 시스템)이 뻣뻣하거나 유연하지 않다면 이것을 움직일 수 있게 하거나 또는 적응성할 수 있게 만든다(그림 10.16 참조).

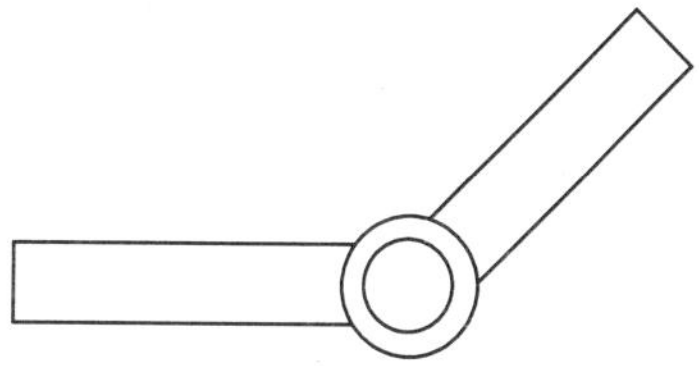

그림 10.16 원리 15. 동적 부품. 시스템 또는 공정을 움직일 수 있게 하거나 또는 적응성 있게 만든다.

이 원리의 반복된 사용과 분리 원리와의 결합은 상호작용 증가 유형과 미시 수준으로 전이 유형으로 귀착된다. 동적 특성을 증가시키는 몇 가지 단계들은 다음과 같다.

- 뻣뻣한, 움직이지 않는 시스템
- 한 개의 경첩
- 여러 개의 경첩들
- 유연한 시스템
- 물리적인 대상물 또는 시스템 대신에 장(場)

7장에서, 우리는 경첩을 도입해서 더욱 조절하기 쉽게 만든 램프의 예제를 보았다. 불이익은 부품 수의 증가였다. 유연한 성분으로 전이시킴으로써 해결책은 훨씬 더 개선되었다. 한 개의 유연한 성분은 수많은 미시 수준의 부품들, 아주 많고 아주 작은 경첩 등을 가진다. 여기서 원리 1(분할)은 시스템을 더욱 동적으로 만드는데 도움이 된다. 일반적으로, 하나의 원리에 의한 개선이 새로운 난관을 일으키면, 새로운 문제를 해결하기 위해서 다른 원리를 끌어들여라.

견고하고 움직일 수 없는 구조는 때때로 더 동적인 구조로 대체된다. 전자공학에서 연성회로 기판과 축전지, 도로변에 있는 구부리기 쉬운 자동 개폐 가로등, 항공기의 모양이 바뀌는 날개(전투기는 날개의 움직임에 의해, 고정익 항공기는 보조 날개와 슬랫의 사용에 의해), 그리고 다른 동적인 구조물들이 이에 해당한다.

지진에 안전한 빌딩을 짓기 위한 첫 단계는 건물 벽을 두껍게 하여 건축물을 더욱 견고하게 하는 것이었다. 나중에는 비실용적인 무거운 구조를 피하기 위해서 동적인 것을 추가했다. 현재의 빌딩은 약간 움직일 수 있도록 하는 충격 흡수장치와 베어링을 갖고 있다. 강도는 가외의 무게 없이 증가되었다. 자동차도 이와 유사한 진화를 거쳐 왔다. 처음에는 안전벨트(승객을 움직이지 못하게 고정시켰다), 지금은 동적 부품인 에어백이 추가되었다.

비즈니스에서 환경의 변화에 따라서 변화할 수 있는 능력인 유연성은 종종 성공과 실패간의 차이를 나눈다. 조직은 또한 경직되고 변화되지 않는 구조에서 유연한 조직으로 진화한다. 유연성을 증대시키는 방법은 분할, 좀 더 수평화 된 조직(원리 12 참조), 문제에 직면하기 전에 사전에 변화에 대비하기(원리 9-11), 폐기와 재생(원리 34) 등이 있다.

학교 역시 개선 전략의 한 부분으로서 역동성의 원리를 사용하고 있었다. 많은 학교에서, 학생들은 8세 어린이들 모두가 3학년 공부를 하는 방식으로 더 이상 고정된 학년에 할당되지 않게 되었다. 오히려 교육과정이 유연해졌다. 최근에 저자의 조카는 자신의 능력과 관심에 기반을 둔 프로그램에서 5학년 수학과 3학년 국어, 그리고 개인 과제로 지리학을 모두 같은 날에 배우고 있다.

예 시

- NASA는 비행 중에 날개를 크게 할 수 있는 비행기를 성공적으로 시험하였다.
- 소프트웨어 응용 프로그램은 사용자가 설정 가능한 도구 모음과 인터페이스를 갖고 있다.
- 카페테리아 식 보험은 직원들이 원하는 보험의 종류, 건강 적용범위를 선택하게 해준다.
- 기존의 인쇄된 교통 표지판은 날씨와 교통 조건의 변화에 따라 변경되는 표지판으로 가끔 대체된다.
- 자동 복원 선박은 밸러스트(배의 바닥짐)가 이동하여, 배가 스스로 복원하도록 한다.
- 첨단 교통 신호등은 녹색 신호일 때 도착하도록 운전자를 도와주며, 빈번한 출발과 정지를 줄여준다.
- 기업에서 유연생산방식(FMS)의 사용이 증가하고 있다.
- 빗길 자동차 미끄럼 방지를 위해 고속도로에서의 속도제한이 조정될 수 있다. 예를 들면, 도로 상의 수막의 두께에 따라서 조절된다.

10.7.2 원리 16

과부족 조치. 만일 주어진 해결 방안을 사용해서 목표를 100% 달성하기 어렵다면, 동일한 방법을 조금 더하거나 조금 덜 사용함으로써 문제가 상당히 더 쉽게 해결될 수 있다(그림 10.17 참조).

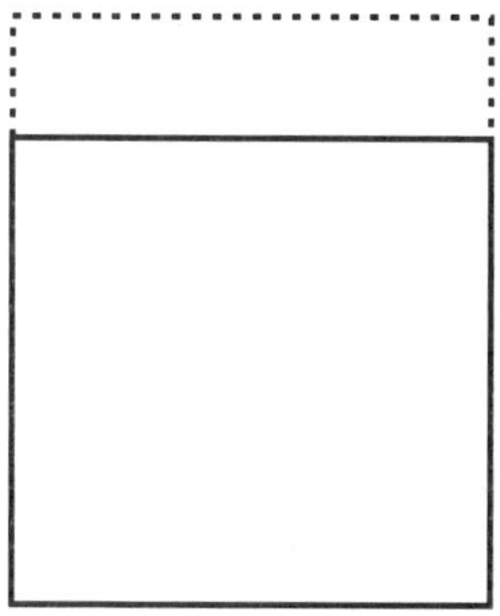

그림 10.17 원리 16. 과부족 조치. 조금 부족하거나 조금 과하게 한다.

고전적인 사례로 브러시에 페인트를 칠하기 위해서 브러시를 페인트 속에 담갔다가 초과된 페인트를 털어낸다. 이와 유사하게, 페인트를 칠할 표면에 글자 또는 모양이 새겨진 형판을 붙인 다음, 전체를 페인트로 칠한다. 형판을 제거하면, 목적을 얻을 수 있고, 과다한 페인트를 형판이 떠맡는다.

바늘구멍을 낸 포장지는 개봉하기가 쉽다(약간만 자르고, 전체를 자르지 않는다).

스케치와 개념을 준비하는 것은 완료된 결과에 작가들이 더욱 빠르게 도달하는데 도움이 된다.

영업 부서가 모든 잠재 고객들과 접촉할 수 없다면, 한 가지 해결책은 구매 가능성이 가장 밀집된 하위 집단을 선택해서, 그들에게 노력을 집중하는 것일지 모른다. 또 다른 해결책은 다음과 같은 과도한 조치를 취하는 것이다. 방송 광고는 잠재 고객이 아닌 많은 사람들에게 전달되지만, 목표 청취자는 광고가 전달된 집단 내에 포함될 것이다.

10.7.3 원리 17

차원 바꾸기. 2차원 또는 3차원 공간으로 대상물 또는 시스템을 이동한다. 대상물을 단층으로 배열하는 대신에 다층으로 배열시킨다. 대상물을 기울이거나 또는 새로운 방향으로 해서, 대상물을 가로 눕히고서, 다른 쪽 면을 사용한다(그림 10.18 참조).

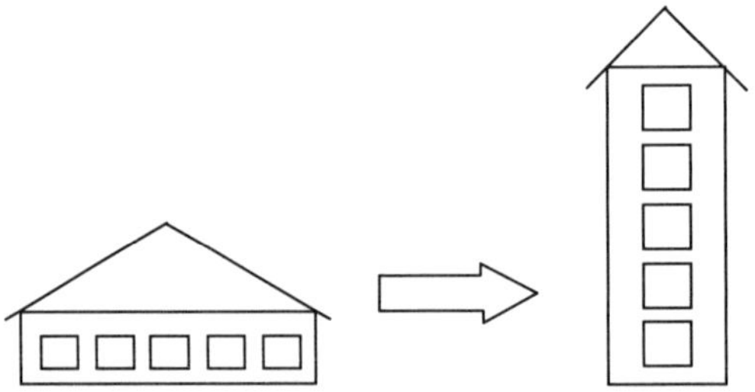

그림 10.18 원리 17. 차원 바꾸기. 대상물 또는 시스템을 2차원 또는 3차원 공간으로 이동한다.

앞에서의 당근 재배에 대한 사례에서, 작물은 열을 지어서 심어져 있다. 즉 1차원이다, 평방피트 원예(Square-foot gardening)는 작은 정원을 대상으로 개발된 방법이다. 작물은 정사각형의 블록으로 심어져 있어서(4피트 블록을 1평방피트 블록 16개로 나눈다) 2차원이다. 작물이 대규모의 농업에서 보다 훨씬 더 밀집되게 심어진다. 수확량이 매우 많고, 조밀한 간격 때문에 잡초는 거의 나지 않는다.

지하 터널과 빌딩의 사용이 증가하고 있다. 동시에 점점 더 높은 빌딩과 다단계의 간선 도로와 고가도로가 세워진다. 동절기에, 토론토는 다층 도시가 된다. 사람들은 한 빌딩의 지하에서 다른 빌딩의 3층에 있는 밀폐된 통로까지, 다음 빌딩의 현관까지 5마일 이상을 실내에서 왕래할 수 있다. 또한 앞에서의 쓰레기통 사례를 보면 수직 차원이 공간 확보에 사용된다.

때로는 부가적 차원이 고객들에게 보이지 않는다. 플로리다의 디즈니 월드는 현재 많은 놀이 공원에서 사용되는 다차원 개념을 개척하였다. 터널, 집회 장소, 탈의실, 창고 그리고 직원 사무소의 네트워크가 놀이 공원 아래에서 운영된다. 캐릭터들은 그들의 역할에 맞지 않는 공원 지역에서는 보이지 않는다. 그 대신 작업자는 한 장소에서 사라져 지하 시스템을 이용해 다른 지역으로 이동하여 쉬거나 의상을 제거하거나 바꾼다. 이것은 방문자들에게 "마술"로 받아들여진다. 매력적인 것은 덜하지만, 쓰레기는 다른 터널 시스템으로 버려지기 때문에 방문자들은 놀이 공원에서 운송되는 쓰레기를 결코 보지 못한다.

예 시

- 3차원 사진인 홀로그램
- 3차원 효과가 있는 IMAX 영화

10.7.4 원리 18

기계적 진동. 대상물 또는 시스템을 진동하게 한다. 진동 주파수를 증가시킨다. 대상물의 공진 주파수를 이용한다. 기계적 진동 대신에 압전을 이용한다. 초음파와 전자기장을 혼합한 진동을 사용하라(그림 10.19 참조).

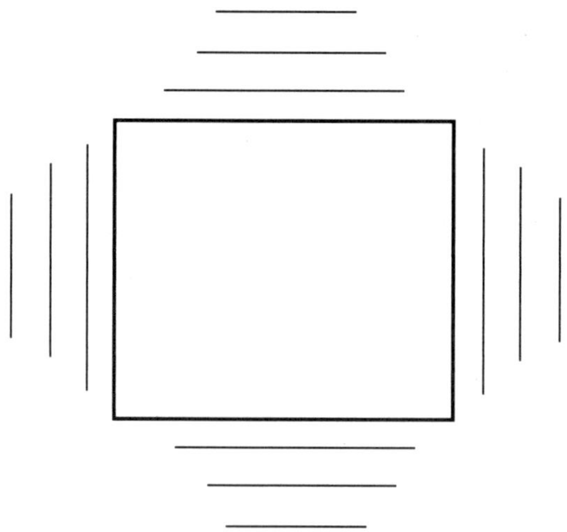

그림 10.19 원리 18. 기계적 진동. 시스템이 진동하게 한다.

예 시

- 소리 대신에 진동은 이동 전화 또는 호출기에서 전화 또는 메시지의 착신을 사람에게 알려주는데 사용된다.
- 리소트립시(Lithotripsy)로 불리는 기술에서 대상물의 공명 주파수는 쓸개와 신장의 결석을 초음파로 제거하는데 쓰인다. 이는 수술이 필요 없게 한다. 이는 분할의 이용으로 볼 수 있다. 왜냐하면 결석이 아주 작은 조각으로 쪼개져서, 신체가 그 다음에 자연적인 과정을 통해서 작은 조각의 결석을 제거하기 때문이다.
- 조정(Coordination)은 기계적 진동과 유사한데, 조직에서 비슷하게 적용할 수 있다. 예로써, 근무 시간과 교통 스케줄이 시차제를 두어 조정됨으로써, 교통 혼잡을 줄일 수 있다. 일부 사람들은 또한 시스템을 흥분된 상태로 가져가기 위해 은유적으로 진동을 사용하였으며, 그 다음에는 조정된 행동에 도달되기 위해 사람들을 흥분시키는 다양한 수단으로 원리 18번을 적용하였다. 사례로는 스포츠 행사에서 치어리더 따라하기 또는 파도타기 놀이, 정치 집회에서 음악 연주 등이 있다.

✍ 연습문제

다음 원리에 대해서 개인 생활이나 비즈니스의 사례를 생각해 보아라.

15. 역동성	
16. 과부족 조치	
17. 차원 바꾸기	
18. 기계적 진동	

10.8 주기적 작동, 유익한 작용의 지속, 고속처리(19~21)

10.8.1 원리 19

주기적 작동. 연속적인 작동 대신에 주기적인 또는 맥동적인 작동을 이용한다. 만일 작동이 이미 주기적이라면 주기의 크기 또는 주파수를 변경한다. 다른 작동을 수행하기 위해서 임펄스 사이 쉬는 시간을 이용한다(그림 10.20 참조).

그림 10.20 원리 19. 주기적 작동. 주기적인 또는 맥동적인 작동을 이용한다.

예 시

- 월풀 세탁기에서 펌프는 맥동한다. 회사는 파동 효과의 결과가 기존의 교반기보다 때를 40~60% 더 효과적으로 제거한다고 주장한다.
- 연속적인 빛 신호 대신에 섬광 빛이 정보, 광고 그리고 경보로 자주 사용된다.
- 정오 시간의 낮잠은 지적 작업의 효율을 높여준다고 연구자들은 제안한다.

- 조명과 작업에 필요한 전기 에너지는 주로 낮 시간에 가장 많이 사용된다. 전력 회사는 재정 장려금을 이용하여 전력 소비를 야간 시간으로 옮김으로써 사람들의 주기적 행동의 크기를 바꾸려고 하고 있다. 일부 대형 상점에서는 전기 지게차를 새벽 2시와 5시 사이에 재충전하도록 한다. 왜냐하면, 이때 전력이 가장 저렴하기 때문이다.
- 작업 도중 휴식 시간이 교육에 이용될 수 있다.

10.8.2 원리 20

유익한 작용의 지속. 작업을 지속적으로 수행하며, 대상물 또는 시스템 모든 부품을 항상 최대 부하에서 작동시킨다. 쉬거나 간헐적인 작용은 모두 제거한다. 앞의 두 가지 원리는 서로 상충되는데, 만일 당신이 모든 간헐적인 작용을 제거한다면, 당신은 사용 중에 어떠한 중단도 없을 것이다. 이것이 바로 각각의 원리에 있어서 다양한 제안들은 특별한 상황에 대해서 상식적으로 적용해야 한다는 의미이다(그림 10.21 참조).

그림 10.21 원리 20. 유익한 작용의 지속. 작업을 지속적으로 수행한다.

제조 특성의 변동은 이 원리의 상당한 영향력을 보여준다. 린(Lean)과 적시생산 방식(Just-in-time)은 모두 다 긴 연속생산 대신 작은 규모의 고객주문 생산을 강조한다.

예 시

- 강철과 기타 다른 금속의 연속적인 주조
- 이동하면서 공부하기
- 무단 변속기(CVT)

또한 원리 19, 주기적 작동과 원리 21, 고속처리를 참조하여라.

기계식 타자기는 모든 줄을 (사용 언어에 따라서) 같은 방향으로 글자를 찍는다. 캐리지를 시작하는 위치로 되돌리는 동안에는 글자를 치지 않는다. 메모리를 가진 전동식 타자기는 세상을 놀라게 하였는데, 이 타자기는 양방향으로 글자를 쓰고, 그래서 줄 간 정지를 제거함으로써 향상된 생산성을 보여주었다.

10.8.3 원리 21

고속처리. 공정이나 어떤 단계(예: 파괴적이거나, 해롭고 위험한 공정)를 고속으로 처리한다(그림 10.22 참조).

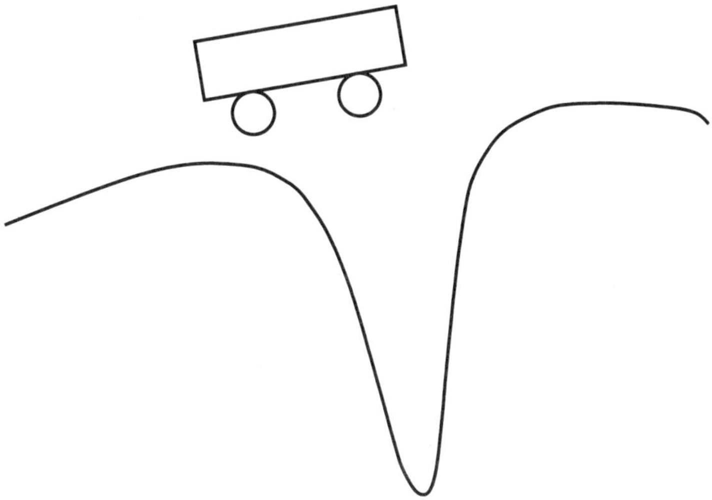

그림 10.22 원리 21. 고속처리. 고속으로 공정을 수행한다.

예 시

- 수술하는 동안, 환자의 마취가 길어질수록, 실패와 차후 합병증의 위험도가 더 높아진다. 8시간 이상이 소요되는 개심 수술은 새로운 도구와 방법들을 통합적으로 사용해서 현재 한 시간 이내에 끝난다. 주사 총은 다른 약품의 사례이다. 피부 표피를 통해서 서서히 약을 투여하는 대신에, 이 새로운 주사 방법은 표피 밖에서 바로 들어갈 수 있도록 고속으로 혈액에 약물을 투여한다. 이러한 무통 주사는 바늘을 사용하지 않는다. 고운 가루 형태로 준비된 약을 가스 압력에 의해 주사한다. 총이 피부 표피를 뚫지 않기 때문에 한번 사용한 후에 위생상의 이유로

이 주사기를 버릴 필요가 없다.[7]

- 이 원리의 고전적 사례로 플라스틱 파이프를 신속하게 자르는 것이 있다. 만일 서서히 절단하게 되면, 절단 부분에서 나오는 열이 파이프의 다른 부분으로 퍼져서 형상이 변형된다.
- 우유를 저온 살균하는 전통적인 방법은 15초 동안 72℃까지 가열하는 것이다. 초고온 살균법은 단지 2초 동안 138℃까지 가열하여, 우유의 저장 시간을 증가시킨다.
- 사업에서 때로는 천천히 완전한 작업을 수행하는 것 보다 신속하게 행하는 것이 더 중요할 수도 있다. IBM의 설립자인 토머스 왓슨(Thomas J. Watson)은 다음과 같이 말했다. "만약 당신이 성공하기를 원한다면, 당신의 실패율을 두 배로 하시오." 시장 1등의 중요성은 새로운 표준을 확립하기 위한 e-비즈니스 경제에 대한 많은 연구에서 강조되고 있다.

주기적 작동(원리 19), 유익한 작용 지속(원리 20), 고속처리(원리 21)는 모두 유용하고 실질적인 도구 모음을 구성한다. 이들 모두를 기억해 두자. 요점은 상황에 적합한 원리를 적용하는 것이다.

농업은 기술 관련 실증적 사례이다. 씨 뿌리기와 거름주기는 대표적인 주기적 작동이다. 그 이후 농작물은 계속해서 성장한다. 고속 처리는 수확을 설명하기에 좋은 단어이다. 왜냐하면, 농작물이 완전하게 익은 상태로 있는 기간은 대단히 짧기 때문이다.

프로젝트 관리와 개인 시간 관리는 비즈니스 관련 사례이다. 때때로, 고속처리가 가장 적합한 방법이다(프로젝트 시작부터 끝까지 쉬지 않고 보고서 또는 편지를 작성한다). 만일, 일의 규모가 크다면, 부분적으로 처리할 수 있다(주기적 작동).

추가예시

- 빠른 주기–전원 참가 방법: 회사의 재 조직화와 같은 커다란 변화에서 조직 전체가 동시에 관여한다.
- 끓는 물이 튀지 않도록 한 손으로 뚜껑을 잡고 있으면서 살아있는 바다 가재를 신속하게 냄비 속에 넣는다.

✍ 연습문제

다음 원리에 대해서 개인 생활이나 비즈니스의 사례를 생각해 보아라.

19. 주기적 작동	
20. 유익한 작용 지속	
21. 고속처리	

10.9 전화위복, 피드백, 매개체(22~24)

10.9.1 원리 22

전화위복. 전화위복은 "레몬을 레몬수"로 만드는 것과 같다. 긍정적인 효과를 얻기 위해서 해로운 인자(특히 환경이나 주위의 해로운 효과)를 사용한다. 주 해로운 작용에 다른 해로운 작용을 부가함으로써, 주 해로운 작용을 제거하여 문제를 해결한다. 더 이상 해롭지 않을 정도까지 해로운 인자를 확대한다(그림 10.23 참조).

그림 10.23 원리 22. "전화위복" 긍정적 효과를 얻기 위해 해로운 요소를 사용한다.

예 시

- 보통 해로운 전하가 공정 제어를 위해 사용 될 수 있다. 전하는 화재와 폭발을 일으키고, 전자 부품을 파괴하며, 재료를 서로 달라붙게 한다. 그러나 대부분의 산업 공정에 존재하는 바로 그 전하가 공정 최적화를 위한 가치 있는 정보를 제공 할 수 있다. 석탄을 태울 때 석탄 먼지에 있는 전하의 측정은 연소 제어에 사용되고, 유해 질소 산화물 방출량을 줄이며 효율을 개선하는데 사용된다. 시멘트와 석회석의 분쇄 과정

에서 생산물의 품질을 높일 수 있다.

- 열팽창은 종종 해로우면, 보상해주는 장치가 필요하지만, 어떤 때에는 고정 장치 없이 강력하고 확실하게 부품을 접합시키기 위해 열팽창을 사용할 수 있다. 원리 37 보라(열팽창).
- 조직에서 불평과 파괴적인 비판은 부정적인 "부담"이지만 이것은 조절되어, 긍정적인 변화를 가져오곤 한다.
- 울적한 기분을 노래하는 것 또한 예이다. 가수는 개인적인 고난을 다른 사람들을 위한 즐거움으로 돌린다.
- 컴퓨터 네트워크에서 바이러스의 공격은 좋지 않지만, 매번 시스템은 공격에서 살아남아, 다음 번 공격에 대비해서 시스템을 더 잘 보호할 수 있는 정보를 만들어 낸다. 이것은 몸이 작용하는 방식과 유사하다. 병으로부터 살아남기 위하여 몸은 항체를 만들어, 다음에 있을 초기 전염에 의해 생길 희생에 대비한다.
- 많은 상항에서 사람들은 레몬을 레몬수로 바꾼다. 트리즈의 창시자이며 40가지 발명원리의 저자인 알트슐러는 스탈린 시대에 구 소비에트 연방, 바쿠에서 1940년대에 연구를 시작하였다. 정부는 노동 수용소에서 수년 동안 일하게 함으로써 그의 활동을 "보답"하였다. 노동 수용소에서 알트슐러는 1930년대 대 숙청 기간 동안 체포된 많은 매우 능력 있는 전문가들을 만났다. 그는 그들에게 강의와 세미나를 요청했다. 그는 한 명의 학생과 많은 교수들이 있는 "대학"을 만들었다. 그래서 알트슐러는 백과사전적 지식을 얻어, 문제 해결을 위한 도구 개발에 사용하였다.

해로운 인자가 덜 해롭거나 유용해지도록 우리는 어떻게 해로운 인자를 확대할 수 있는가? 해로운 인자를 다른 공정에 있는 자원으로 생각해 보자. 석탄이나 다른 연료 속의 황은 해로운 요소이다. 왜냐하면 배기가스에서 나오는 이산화황의 정제는 복잡한 기술을 필요로 하며 정제되지 않은 가스는 인간에 해롭기 때문이다. 그러나 황의 함량이 높아지면, 황산 제조에 유익해진다. 구리의 플래시 용련(Flash-Melting)기술(첫 장에 있는 사례)에서 황은 황산 제조를 위한 연료와 원료 양쪽으로 사용된다.

1940년대에 전투기에 대한 한 가지 문제는 일부분이 비어있는 탱크에서 휘

발유 가스가 공기와 혼합될 때 휘발유의 폭발 가능성이었다. 탱크의 빈 공간을 채우기 위하여 불활성 기체를 가지고 다니는 것은 추가 무게가 필요했고, 복잡하였다. 이 경우, 다른 자원을 사용하였다. 엔진에서 나오는 배기가스는 비행기 기내에서 생성되었고, 이것은 보통의 공기보다 산소가 훨씬 적었다. 이 배기 가스를 탱크로 유입하여, 폭발 위험 혼합물의 형성을 방지하였다. 산불을 끄기 위해 맞불을 놓는 것은 잘 알려진 기법이다. 산불이 덮쳐서 나무를 연료로 사용하기 전에 통제된 불을 놓는다. 불이 그곳에 다다르면 불은 꺼져 버린다.

예 시

- 예방접종은 해로운 바이러스로부터 인간을 보호하는 위해서 해로운 바이러스를 어떻게 다루어야 하는지를 알려주는 고전적인 예이다.
- 알레르기를 일으키는 물질인 알레르겐에 대한 내성을 기르기 위해서 그와 동일한 물질의 추출물에 노출시킨다.
- 건강에 이롭지 않은 소금(NaCl)을 맛이 나쁜 염화칼륨(KCl)과 섞어 건강에도 좋고 맛도 좋은 식탁용 소금을 만든다.

10.9.2 원리 23

피드백. 프로세스 또는 작동을 개선하기 위해서 피드백을 도입한다. 만약 피드백이 이미 사용되고 있다면, 그 크기 또는 영향력을 바꾼다(그림10.24 참조).

기술적 예를 보면 통상의 자동차에서 운전자는 전방을 관찰한 다음, 필요한 수정을 가하기 위해 조종 장치와 브레이크 및 다른 '기기'를 사용한다. 개발 중인 새로운 설계에서 자동차는 피드백을 이용한 능동적인 운전자 지원 시스템을 가지고 있다(예: 만약 운전자가 급회전을 하게 되면 시스템이 자동적으로 핸들을 돌린다).

측정과 제어의 진화는 또 다른 좋은 사례이다. 온라인 측정과 제어가 증가되었다. 생산 품질관리는 생산 후에 검사보다는 생산과정 중에 즉각적인 측정과 관리의 도입에 의해 개선되었다. 비즈니스의 예로는 소비자로부터 피드백을 얻는 시스템이 계속 개선 되고 있다.

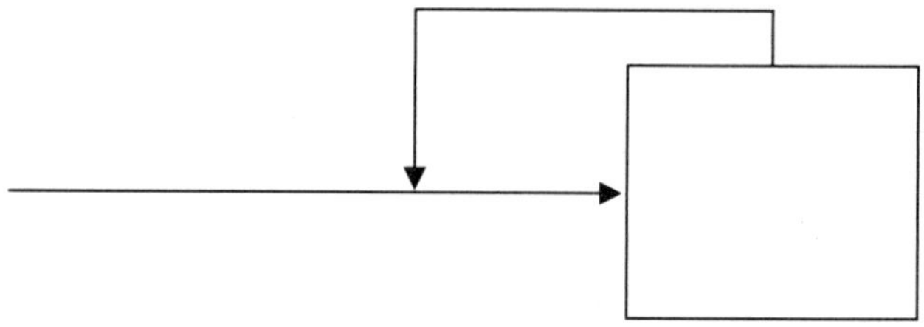

그림 10.24 원리23. 피드백. 피드백을 도입하라.

피드백은 주요 학습 기구이다. 아이들과 어른 양쪽 다 피드백을 생각하지 않고 자연스럽게 피드백을 사용한다. 사람들은 무언가 새로운 것을 시도하고, 결과를 검토한다. 그 결과가 성공적이라면 그것을 다시 한다. 만약 그것이 성공적이지 못하다면 그것을 수정한 후에 다시 시도한다. 이것은 이 책으로 트리즈를 공부하는 사람, 걸음마를 배우는 아이, 그리고 다른 모든 종류의 학습에 적용된다. 다른 예로는 운동하는 중에 운동 강도를 조절하기 위한 심장 박동 모니터를 들 수 있다.

10.9.3 원리 24

매개체. 중간매개 전달자 또는 중간매개 공정를 사용한다. 대상물이 쉽게 제거될 수 있는 다른 대상물과 임시로 결합한다(그림10.25 참조).

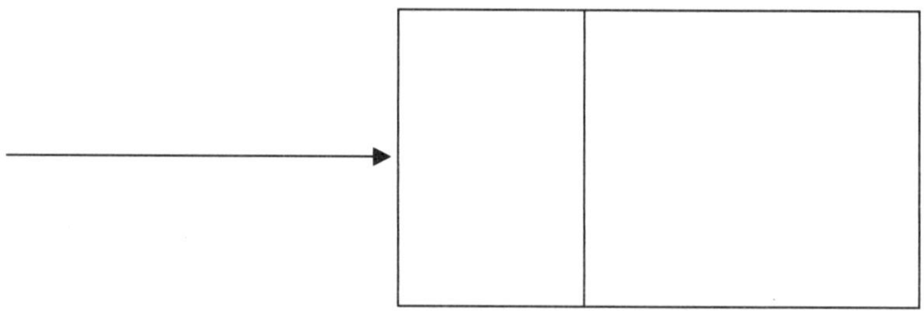

그림10.25 원리24. 매개체. 중간매개 전달자 또는 공정을 사용한다.

예 시

- 고정구 또는 지그는 부품의 위치를 잡아 조립을 쉽게 하기 위해 사용된다. 조립된 부분을 제거하고 나면 지그는 반복해서 다시 사용 할 수 있다. 이러한 개념은 공장뿐만이 아니라 가정에서도 쉽게 쓰일 수 있

다. 프라이 팬이나 젤라틴 용 틀은 디저트의 모양을 내는 "중간 매개체"이다. 냄비 집게는 손을 데이지 않고도 식탁으로 뜨거운 접시를 옮길 수 있는 매개체이다.

- 얼음이 녹을 때 생기는 물 때문에 해로운 영향을 받지 않는 물건이라면 작은 물건을 임시로 붙잡아 두는데 얼음을 사용 할 수 있다. 또한 앞에서 살펴본 바와 같이 당근 씨앗을 테이프에 붙이는 사례도 있다.
- 중립적인 제삼자는 힘든 협상의 매개체 역할을 할 수 있다. 판매 촉진을 위해서 소비자가 공평한 전문가라고 인정하는 중개자를 추천을 할 수 있다.

연습문제

다음 원리에 대해서 개인 생활이나 비즈니스의 사례를 생각해 보아라.

22. 전화위복	
23. 피드백	
24. 매개체	

10.10 셀프서비스, 복제, 일회용품, 기계적 상호작용의 대체(25~28)

10.10.1 원리 25

셀프서비스. 대상물이나 시스템이 유용한 보조 기능을 수행하게 함으로써 스스로 서비스 하게 한다. 시스템을 개선하기 위해 에너지와 재료가 포함하고 있는 자원을, 특히 처음에 버렸던 자원을 사용한다(그림 10.26 참조).

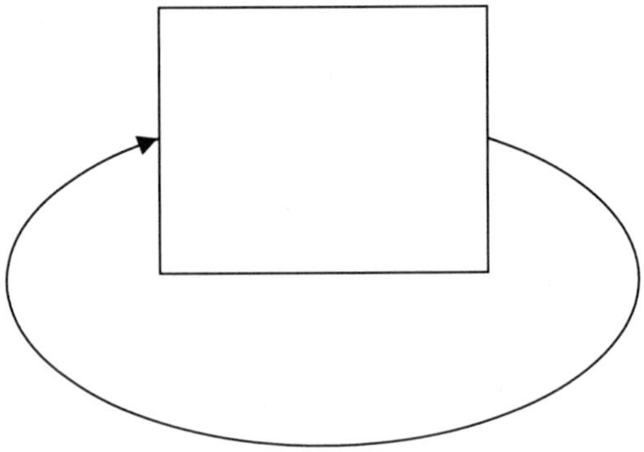

그림 10.26 원리 25 셀프서비스. 시스템이 스스로 서비스하게 한다.

예 시

- 타이어 안에서 액체를 뿌려놓음으로써 타이어가 스스로를 수리한다. 타이어가 펑크 났을 때 액체가 구멍을 메운다. 이 액체가 바깥의 공기를 접촉하면 응고되어, 내구성 수리가 된다.
- 비즈니스 분야의 고전적인 예로는 책의 초반부에 소개했던 셀프서비스 패스트푸드 식당이 있다. 많은 전자 산업의 아이디어는 고객과 시스템 자원으로써 시스템 안에 있는 고객 자원을 포함한 기반을 두고 있다. 이것은 관심 사항 커뮤니티와 대화방에서부터 냅스터(Napster)와 그누텔라(Gnutella)와 같은 자료 공유까지 모든 것을 포함한다.
- 어떤 검색 엔진은 웹 사이트를 사용하는 빈도를 가지고 품질의 척도로 쓰며, 더 많은 사람이 방문할수록 더 높은 추천 순위를 기록한다. 이것은 피드백(24)과 셀프서비스의 조합이다.
- 자가 치료와 자가 검진. 환자 자신이 이전에는 의료인들만이 했던 혈압이나, 혈당 측정 또는 배란 검사(그 이후 임신 테스트도)와 같은 일부 의료 시험을 병원 진료 전에 실시한다. 어떤 경우에는 환자들이 테스트 결과에 근거해서 치료 또는 행동을 조정한다.

셀프서비스는 대상물의 자원을 사용하는 방법이다. 이 원리는 이상성 증가 유형을 설명해 준다. 시스템이 스스로 행하는 것보다 더 이상적인 것이 무엇이겠는가?

추가예시

- 할로겐램프는 사용되는 동안에 필라멘트를 재생한다. 증발된 물질이 다시 붙는다.
- 일시적으로 활용하지 못하는 작업자를 다른 조직에 빌려준다.(회사 전반에 균형 잡힌 업무량과 능력의 균형은 윈-윈 상황을 만드는데, 작업자(축구 팀의 경우에는 선수)는 경기에 알맞게 유지되어, 빌려주는 사람은 임금을 절약하고, 빌려 받는 사람은 부족한 기술을 메운다.
- 스스로 충전을 하는 수정 시계는 착용한 사람의 움직임에 의해서 동력을 공급받는다.
- 자동 복원하는 구명보트는 뒤집혀도 바로 복원된다.
- 쇠 조각을 녹이는 현대 기술은 조각 자체의 에너지를 사용한다. 탄소와 규소는 불에 탄다.

10.10.2 원리 26

복제. 이용할 수 없거나 비싸거나 깨지기 쉬운 물건 대신에 간단하고 값싼 복제물을 사용한다. 대상물, 시스템 또는 공정을 광학적 복제품으로 대체한다. 만약 눈에 보이는 광학적 복제품이 이미 쓰이고 있다면 적외선이나 자외선으로 파장을 바꾼다(그림 10.28 참조).

예 시

- 직접 측정하는 대신 사진으로 측정한다. 이것은 농장과 삼림 자원의 위성사진에서부터 자궁 속 태아의 초음파 영상까지 넓은 기술 역역을 포함한다.
- 대상물 대신에 모의실험을 사용한다. 이것은 제품이나 서비스뿐만이 아니라 많은 비즈니스 과정에 적용된다.
- 새로운 시스템의 어떤 해로운 점을 조기에 찾아내기 위해서 모형을 사용한다.
- 실제 모형 대신에 가상 모형을 사용한다.

- 출장 가는 대신에 화상회의를 한다.
- 어려운 상황에서 새로운 공정을 시험하거나 일할 사람들을 훈련시키기 위해서 가상현실을 사용한다. 외과 의사는 이제 가상 환자에게 새로운 수술 절차를 시험하고, 자동차 조립 근로자는 가상 공장에서 새로운 절차를 실습한다.
- 희귀한 고서적이나 문서 등은 스캔을 하면 모두 사람들이 다 열람할 수 있고 원본도 보존 할 수 있다.
- 완전히 독립적인 로봇 대신 원격 현존(Telepresence)을 사용한다.

인조 모피 또는 가죽 역시 복제 원리의 또 다른 예이다. 인공 잔디는 일부 장소에서는 유용한 대안이 된다. 잔디를 깎을 필요가 없다. 플라스틱 꽃이나 식물에 비교하여 보자.

자외선은 가시광선보다 어느 특정한 종류의 표피 외상을 더 잘 보여준다. 자외선에 민감한 염료는 금속 부품의 갈라진 틈을 찾아내는데 사용된다. 적외선 영상은 열을 보여준다. 이것이 대부분의 야간 투시경의 기본 원리이다.

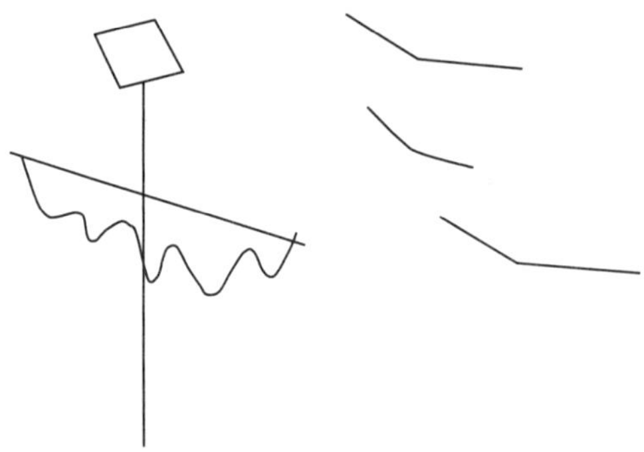

그림 10.27 원리 26. 복제. 값싼 복제품을 사용한다. 예, 사람 대신 허수아비.

10.10.3 원리 27

값싼 일회용품. 어떤 품질은 손해 보면서(예를 들어 서비스 기간과 같은) 몇 개의 값싼 물건으로 비싼 물건을 대체한다(그림 10.28 참조).

예 시

- 일회용 종이와 플라스틱 식기
- 일회용 수술 도구
- 일회용 보호의류

그림 10.28 원리 27. 값싼 일회용품. 비싼 물건을 몇 개의 값싼 물건으로 대체한다.

10.10.4 원리 28

기계적 상호작용의 대체. 기계적인 방법을 감각(광학, 음향, 맛 또는 냄새) 방법으로 대체한다. 대상물과 상호작용하는 전기, 자기 또는 전자기장을 사용한다. 장을 구조화하기 위해서 고정된 장을 움직일 수 있는 장으로 바꾼다. 장을 활성화 시키는 입자(강자성체)와 관련이 있는 장을 사용한다(그림10.29 참조).

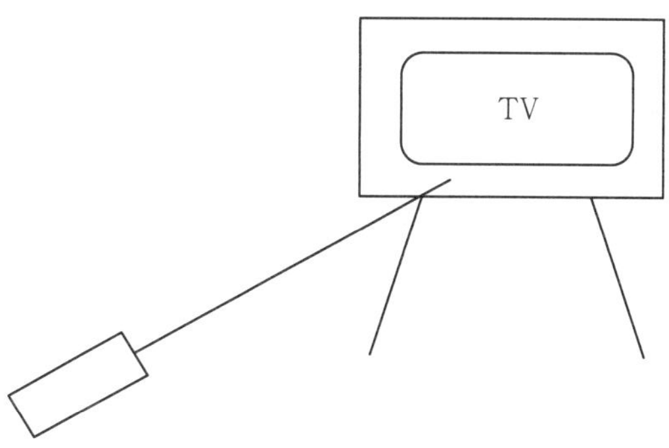

그림 10.29 원리 28. 기계적 상호작용의 대체. 음향과 광학적 상호작용, 맛, 냄새를 사용한다. 전자기장을 사용한다.

예 시

- 경고로써 냄새를 사용하는 가장 잘 알려진 사례로 시스템이 셀 때 사용자에게 경고하기 위해 천연 가스에 나쁜 냄새나는 물질을 넣는 예가 있다.
- 적시생산 방식(Just-in-time)은 공급이 필요할 때 눈에 띄도록 간판 카드 또는 휴대용 상자와 같은 대상물을 사용한다.
- 상호작용의 증가라고 불리는 진화 유형을 다룬 9장을 보자. 기술의 역사를 살펴보면 무언가 일을 하는 기계적인 수단이 처음에는 전기 시스템으로 보완되고, 그 다음에는 전기 또는 전자 시스템으로 바뀐 수많은 사례가 있다. 자동차의 조종 시스템은 주로 기계적인 시스템이지만, 이미 항공기에서는 광범위하게 사용되고 있는 전선에 의한 제어가 자동차 산업에서 집중적으로 연구되고 있다. 통신 분야에서는 적외선과 전파, 그 밖에 다른 무선 기술을 점점 더 많이 사용한다.
- 자동 태양열 잔디 깎는 기계의 경우, 어떤 이유로 기계가 가끔 이웃집 잔디로 넘어가는 것을 막아야 한다. 하나의 해결 방법은 눈에 보이지 않는 저 전압 전선에서 나오는 신호를 감지하는 센서이다.
- 우리는 의사소통과 비즈니스에서 새로운 상호작용이 증가하는 것을 또한 명확히 볼 수 있다. 인간 사회가 시작되었을 때 모든 대화는 얼굴을 맞대고 했다. 하지만 지금은 글, 전신, 전화, 팩스, 전자우편, 화상회의 그리고 그 밖의 다른 수단으로 대화를 한다.
- 더욱 쉽게 제어할 수 있는 상호작용으로 전이는 종종 미시 수준으로 전이 또는 분할과 관련이 있다. 잉크젯 프린터에서 잉크 입자는 열과 전자기장에 의해 제어된다. 비디오 디스플레이에서 문자와 그림은 미세 입자 또는 분자를 제어하는 전자기장을 사용하여 만들어지고, 바뀌고, 제거된다. 예를 들면 수많은 평판 컴퓨터 디스플레이는 액정을 사용하는데, 여기서 이미지는 분자로부터 나오는 빛의 반사에 따라 달라지고, 그 반사는 분자 배향의 변화로 수정된다.

추가예시

- 자기 부상 고속 열차 차량은 철로에서 뜨기 위해서 자기장을 이용한다.
- 마그네틱 카드와 스마트카드는 지폐 또는 수표를 대체하여 사용된다.
- 고리형 레이저 자이로스코프는 예전의 기계식 자이로스코프와 달리 움직이는 부품이 없다.
- 레이저 빔을 사용하는 CD 장치는 끝을 다이아몬드로 만든 픽업 장치가 있는 구형 녹음기를 대체하였다.
- 서식을 채우는 대신 터치스크린 방식으로 소매 소비자가 데이터를 입력한다.

연습문제

다음 원리에 대해서 개인 생활이나 비즈니스의 사례를 생각해 보아라.

25. 셀프서비스	
26. 복제	
27. 값싼 일회용품	
28. 기계적 상호작용의 대체	

10.11 공기압과 수압, 유연한 막과 얇은 필름, 다공질 재료(29~31)

10.11.1 원리 29

공기압과 수압. 대상물 또는 시스템의 고형 부품 대신에 기체 또는 액체(예를 들면 공기로 부풀리기, 액체로 채우기, 공기쿠션, 액체 정역학)를 사용한다(그림10.30 참조).

예 시

- 미시 수준으로 전이는 공기압과 수압의 사용을 통해서 가능하다. 공기압의 예로는 공기로 부풀릴 수 있는 집(가게, 전시관, 체육관과 그와 유사한 것들)과 공기 팽창 보트와 공기쿠션으로 무거운 부품 이동하기가 있다.
- 공기로 부풀려서 만들 수 있는 성분은 디자이너가 강도의 손실 없이 무게를 줄일 수 있게 해준다. 공기쿠션은 매우 작은 에너지를 사용하여 무거운 물건을 옮길 수 있게 해준다. 예를 들어 기계적 잭 대신 공기쿠션을 사용하면, 풀이나 진흙과 같은 부드러운 평면에서 항공기를 들어 올릴 수 있다.
- 또한 수압 장치는 같은 크기의 단순한 기계 장치보다 더 많은 힘을 낼 수 있다. 물리적인 절단 도구를 워터제트로 대체하는 것은 고체를 액체로 대체하는 수압의 원리를 설명해준다.
- 비즈니스도 유사하게 경직된 조직을 대체하는 유동(성) 개념을 사용한다. 보험회사는 이제 소비자의 요구에 맞게 정책을 수정하는 "유동적인" 시스템을 가지고 있다. 이것은 원리 15(동적부품)와 상당히 겹친다.
- 1997년에 나사(NASA)는 화성 탐사선 패스파인더호의 착륙을 위해 값비싼 로켓 대신에 에어백을 사용하였다.

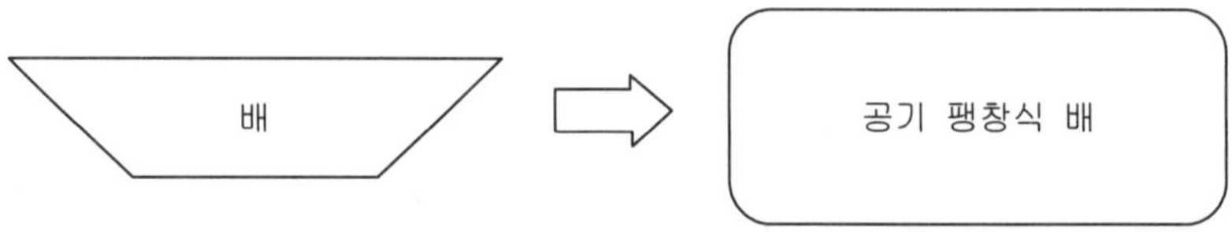

그림 10.30 원리 29. 공기압과 수압. 고체 부품 대신 기체와 액체를 사용한다.

10.11.2 원리 30

유연한 막과 얇은 필름. 3차원 구조물 대신에 유연한 막과 얇은 필름을 사용한다. 유연한 막과 얇은 필름을 사용하여 대상물 또는 시스템을 외부 환경과 격리한다(그림 10.31 참조).

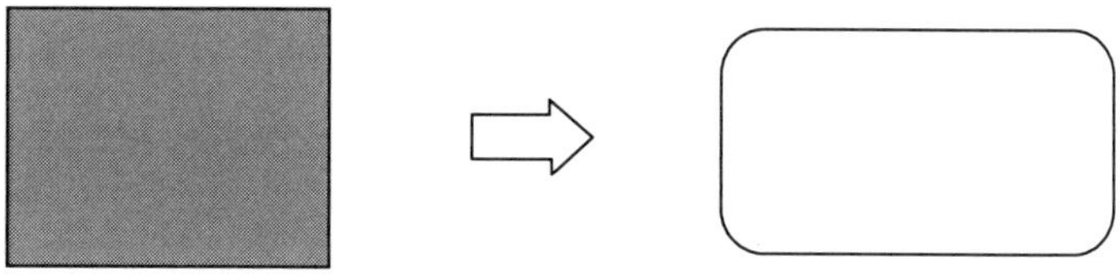

그림 10.31 원리 30. 유연한 막과 얇은 필름. 3차원 구조물 대신에 유연한 막과 얇은 필름을 사용한다.

예 시

- 예전에 코팅제은 칼날 방식으로 종이에 칠해졌다. 한 가지 개선은 얇은 필름 형태로 종이에 코팅제을 전사시키는 것이다. 종이가 더 균일하게 코팅 된다.
- 알약 형태의 약물 치료는 작은 약 부분을 서로 다른 속도로 용해하는 얇은 필름으로 층을 이루어 약물을 둘러싸고 있기 때문에 오랜 시간에 거처 투약된다. 환자는 한 개의 알약을 먹으면, 약은 긴 시간에 걸쳐 체내에서 약이 방출된다.
- 에폭시와 같은 어떤 물질은 사용되기 전까지는 분리된 두 성분을 갖는다. 포장은 미리 계량된 비율로 얇은 필름에 의해 분리되어 있다가, 사용자가 쉽게 필름을 찢어서 제품을 섞어, 사용하기가 편리하다. 이것은 원리 10의 요소를 또한 갖고 있다.
- 음료용의 무거운 유리병은 알루미늄 같은 얇은 금속 또는 얇은 플라스틱 재료로 만든 캔으로 대체되었다. 수압이 역시 사용된다. 음료의 압력은 캔을 단단하게 만든다. 강도가 약해지지 않으면서 무게가 감소된다.

10.11.3 원리 31

다공질 재료. 대상물을 다공질 재료로 만들거나 다공질 재료를 첨가한다(삽입, 코팅 등). 만약 대상물이 이미 다공질이라면 유용한 물질이나 기능을 도입하기 위해 그 구멍을 사용한다(그림 10.32 참조).

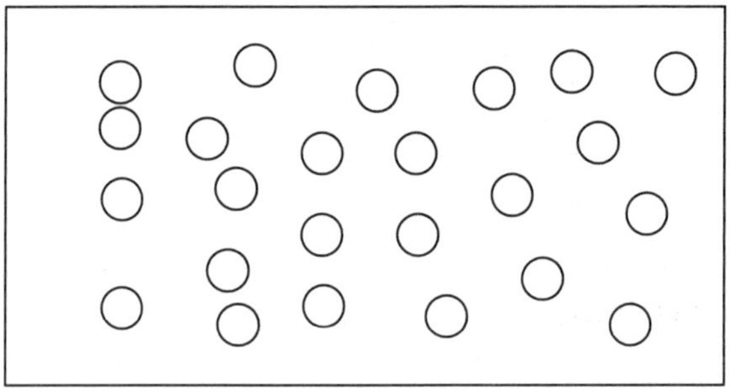

그림 10.32 원리 31. 다공질 재료. 대상물을 다공질로 만든다.

예 시

- 친수성 다공질 소결 재료로 만든 세라믹 필터는 진공 시스템을 단순화하고 향상시킨다. 물은 필터를 통과하는 동시에 필터를 막는다. 기존 진공 필터의 공기 누출 문제는 없어지고 에너지 소모가 줄었다. 이와 유사하게 다공질 세라믹은 위험 폐기물 정화 시스템에 많이 쓰인다. 세라믹의 작은 구멍은 위험한 물질과 결합하는 재료로 채울 수 있고, 세라믹 입자가 그러한 물질의 분산과 제거를 훨씬 쉽게 해준다.
- 첨단 기술의 극세사는 이제 잘 알려져 있다. 작은 구멍은 물의 통과는 막지만, 습기의 증발은 가능하다. 새로운 깁스 또는 붕대는 잘 알려지지 않았지만 흥미롭다. 그것들은 반투과성 필름으로 덮혀 있다. 물, 먼지, 세균은 들어오지 못하게 막고, 과다한 수분은 밖으로 증발한다.
- 비즈니스에서 유사한 예: 조직 안으로 정보의 흐름을 용이하게 하기 위하여 조직을 "다공질"로 만든다. 고객이 필요한 것을 찾기 위해 조직 안으로 들어가기 쉽게 한다.

✍ 연습문제

다음 원리에 대해서 개인 생활이나 비즈니스의 사례를 생각해 보아라.

29. 공기압과 수압	
30. 유연한 막 또는 얇은 필름	
31. 다공질 재료	

10.12 광학 특성 변경, 동질성, 폐기와 재생(32~34)

10.12.1 원리 32

광학 특성 변경. 대상물 또는 그 외부 환경의 색깔이나 투명도를 변경한다 (그림 10.33 참조).

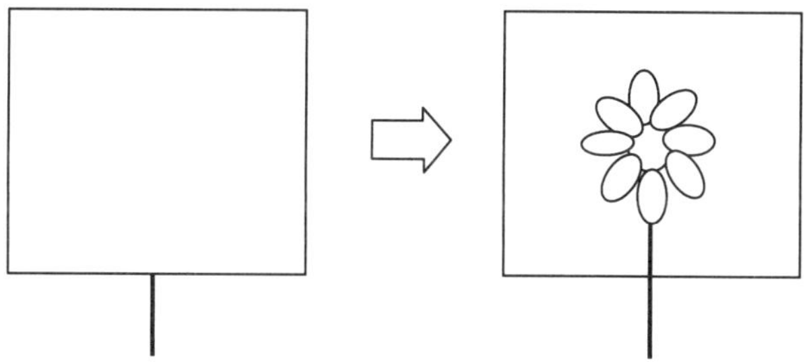

그림 10.33 광학 특성 변경. 대상물의 색깔이나 투명도를 변경한다.

예 시

- 빛을 발생하는 효소는 식품의 불순물을 찾는데 사용될 수 있다. 미취학 아동용 장난감은 투명 포장으로 포장된다. 주위 환경의 밝기에 따라 빛의 차단 정도를 바꾸는 선글라스는 원리 32와 25(셀프서비스)를 보여준다.
- 투명도는 물리적인 용어일 뿐만 아니라 비즈니스 용어로도 쓰인다. 투

명도를 바꾸는 것, 즉 그것을 증가시키거나 감소시키는 것은 비즈니스를 개선할 수 있는 한 가지 중요하면서도 종종 값싼 방법이다. 아이들은 장난감을 보고 싶어 하고, 어른들은 제품과 전체 생산 프로세스가 안전하고 생태학적인지 보고 싶어 한다. 여기서 투명성은 성공과 실패를 좌우한다.

- 비즈니스 스쿨의 사례 연구는 종종 위기관리의 형태로서 "투명한" 기업의 행동에 대한 존슨 앤 존슨의 사례를 인용한다. 타이레놀 제품에 혼입 사건 문제가 있었을 때, 회사는 즉시 약을 회수하고 그 사실에 대한 모든 정보를 사람들에게 알려주었다. 그러한 상황에 대한 빠르고 정직한 발표로 타이레놀은 명예 회복이 되었고 회사는 좋은 이미지를 유지하게 되었다.
- 다공질 재료와 광학 특성 변경은 자주 함께 사용하는 한 쌍의 원리이다. 다공질 재료는 흔히 반투명하다. 비즈니스에서 유사한 예로 컴퓨터 시스템에 방화벽이 있다. 이 방화벽은 정당한 사용자에게 투명하지만, 동시에 중요한 정보를 훔치려는 사람에게는 침투하지 못하게 해야 한다.

추가예시

- 사무실이나 방의 분위기를 바꾸기 위해서 조명 효과를 사용한다.
- 형광 펜
- 기업 색깔의 창조(맞춤 색깔의 사용으로 강력한 브랜드 이미지를 창출하기). BP화학은 녹색, 브리티시 텔레콤은 빨간 전화 부스, 포드는 푸른색 등
- 음식이 부패하면 "진실은 말한다(Tell the truth)" 테이프가 검은 회색으로 변한다.

10.12.2 원리 33

동질성. 대상물을 똑같은 재료(또는 동일한 특성을 가진 재료)와 상호작용하게 한다(그림10.34 참조).

그림 10.34 원리 33. 동질성. 똑같은 재료와 상호작용하게 한다.

플라스틱 산업에서 폴리스티렌 구슬은 종종 폴리스티렌으로 만든 자루에 담아 수송된다. 이 방식은 구슬을 녹이는 회사가 자루를 포함한 포장 전체를 처리실비에 넣어 녹일 수 있게 해준다. 이 방식을 사용하면 자루를 열 필요가 없어시 시간이 절약되고, 자루의 저장과 폐기 또는 재생이 필요 없다.

식품에서 많은 상품들은 포장지가 그 내용물과 같은 특성(먹을 수 있는)으로 하는 아이디어를 사용한다. 아이스크림콘, 타코(taco)와 스프링 롤이 좋은 예이다. 이미 언급했던 새로운 붕대는 제2의 피부처럼 작용한다. 붕대는 상처의 습기를 유지한다. 상처는 자체가 습하며 습한 환경에서 더 잘 낫는다. 이 혁신적 방법은 교훈적인 역사가 있다. 고대 이집트에서부터 로마 제국까지, 그리고 중세를 거치면서, 상처는 축축한 상태에서 치료되었다. 그런데 이 지식이 잊혀졌다가 1960년대에서야 재발견되었다.

비즈니스에서도 이 원리가 유사하게 사용될 수 있다. 사람들이 물건을 구매할 때는 매우 달리 보이는 것보다는 자기에게 친숙해 보이는 물건을 구입한다. 또한 우리 모두는 영화의 속편에 친숙하다. 대부는 대부Ⅱ와 대부Ⅲ가 뒤를 이었다(람보와 주라기 공원 시리즈등도 그렇다.). 물론 이 원리는 정반대되는 아이디어와 함께 사용해야 한다. 영화 속편을 만들기 위해서 먼저 원 영화가 있어야 하고, 모두 서로 달라야 한다.

예 시

- 같은 곳에 배치된 프로젝트 팀
- 생체 뼈와 접합하는 바이오 글라스
- 보잉의 함께 일하는 팀(소비자와 공급자를 디자인 루프로 가져온다.)
- 더욱 편안한 자연광의 균형 잡힌 스펙트럼을 본 따서 만든 전구
- 전기 불 대신에 자연광을 빛 가이드(낮은 손실로 빛을 전송(傳送)할 수 있는 유리 섬유 등)로 가져온다.

10.12.3 원리 34

폐기와 재생. 기능을 완수한 대상물의 일부를 폐기하거나(분해하거나 증발시켜서 폐기함), 작동하는 도중에 그것을 변경시킨다. 역으로, 작동하는 동안에 직접 대상물의 소모성 부분을 재생한다(그림 10.35 참조).

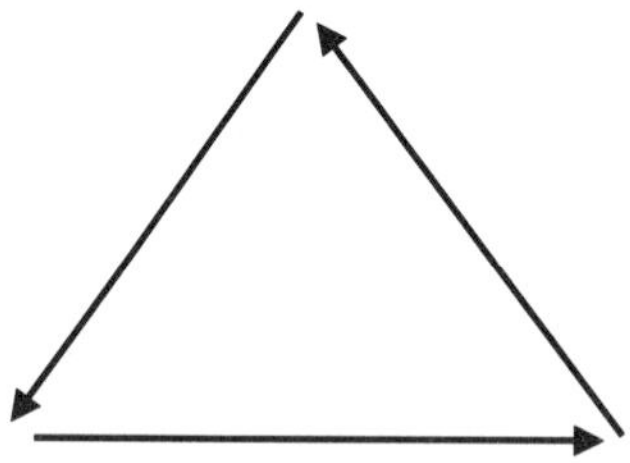

그림 10.35 원리 34. 폐기와 재생. 기능을 완수한 대상물의 일부를 폐기한다. 소모성 부분은 재생한다.

예 시

- 의약에서는 생분해성 재료인 폴리락타이드(Polylactid)를 사용해서 용해성 나사와 핀을 만든다. 이것들은 부러진 뼈를 치료하기 위해서 외과 의사들이 사용하는 티타늄 나사를 대체한다. 나사를 제거하기 위한 이차 수술이 필요 없다. 또 다른 예로 타이어가 마모될 때 타이어 접지면(tread) 블록의 가장자리를 회복하는 접지면 타이어가 있다.
- 많은 재생 공정 기술이 오랜 기간 동안 사용되어 왔다. 펄프용 목재를 얻기 위해 사용되는 화학물질은 재생 보일러에서 재생된다. 환경적 필요에 의해서 재생은 더 보편화될 것이다. 예를 들어, 어느 공정에서나 오염된 물을 정화하여, 그 공정에 재사용하는 것은 점점 흔해지고 있다.
- 비즈니스에서 프로젝트 조직은 폐기와 재생의 좋은 예이다. 좋은 프로젝트는 끝 마쳐져야만 한다. 그러면 조직은 결국 해체될 것이다. 그 조직원들은 새로운 프로젝트에서 다시 자신의 기술을 사용할 수 있다. 모든 업무에서 지식과 기술은 일하는 동안과 재교육을 받는 동안에 직접적으로 새로워지고 개선된다.

✍ 연습문제

다음 원리에 대해서 개인 생활이나 비즈니스의 사례를 생각해 보아라.

32. 광학 특성 변경	
33. 동질성	
34. 폐기와 재생	

10.13 파라미터 변경, 상전이, 열팽창(35~37)

10.13.1 발명원리 35

파라미터 변경. 대상물의 물리적 상태를 바꾼다(예를 들면, 기체, 액체 또는 고체로). 농도 또는 밀도를 바꾼다. 유연성의 정도를 바꾼다. 온도를 바꾼다(그림 10.36 참조).

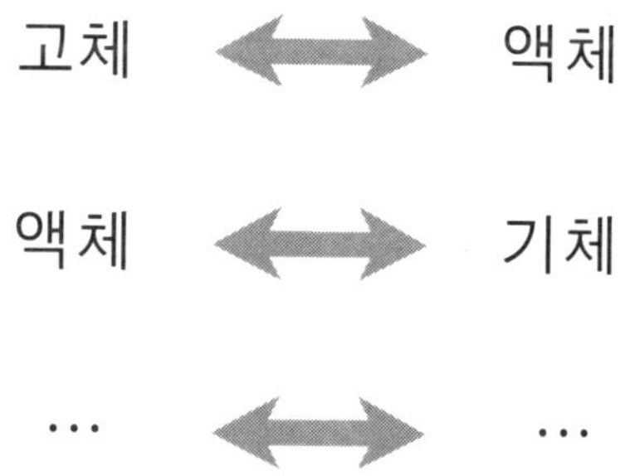

그림 10.36 원리35. 파라미터 변경. 대상물의 물리적 상태를 바꾼다.

예 시

- 앞에서 설명한 새로운 의료용 깁스는 파라미터 변경을 설명해준다. 전통적인 건식 깁스는 습식 깁스로 대체되었다. 파라미터 변경, 동질성,

다공질 재료 사용 등의 원리들이 이 기술에 결합되어 있다.

- 질소 가스 또는 산소 가스를 액체로 수송한다. 이와 유사하게 천연 가스와 프로판가스를 액체로 수송한다.
- 초콜릿을 온도에서 운반할 때 녹지 않도록 초콜릿의 용융 온도를 바꾼다.
- 액체 페인트 대신 분말 페인트를 사용할 수 있다. 분말 페인트는 실리콘 계열의 에멀젼 페인트와 최신 라텍스(고무액)의 성능을 분말의 편리성과 결합하였다. 분말의 운송과 저장이 쉬워진다. 사용할 때는 단지 물만 첨가하다.
- 비즈니스 상황에서 파라미터 변경은 주로 정책 변경으로 나타난다. 지난 10년간 많은 회사들은 종업원 이익 향상 프로그램의 유연성을 증가시켜왔다. 하나의 표준 프로그램을 운영하는 대신 종업원들은 의료보험, 생명보험, 연금 계획 등을 합쳐서 설계할 수 있다. 한편 고객 주문 생산 시스템(Mass Customization System)은 고객 자신이 원하는 것에 딱 맞게 제품을 설계할 수 있도록 더 많은 유연성을 고객에게 부여한다. 이것은 '원리 15, 동적인 부품(역동성)'을 나타내는 것이기도 하다.

10.13.2 발명원리 36

상전이. 상전이 과정에서 생기는 현상을 이용한다(예를 들면, 부피 변화, 열의 손실 또는 흡수 등). 가장 일반적인 많은 종류의 상전이는 고체-액체-기체-플라즈마, 상자성체-강자성체 그리고 보통의 전도체-초전도체 등을 포함한다. 그러나 수많은 유용한 현상은 '고체-고체'의 결정학적 변화, 초유동성, 반강자성 등과 같은 더욱 특이한 전이와 관련이 있다(그림 10.37 참조).

t ⟶ V

t ⟶ Q

… ⟶ …

그림 10.37 원리36. 상전이. 상전이 과정에서 생기는 현상을 이용한다.

예 시

- 고체 이산화탄소를 분사하여 표면을 청소할 수 있다. 불순물들이 즉시 얼고, 수축하여 쉽게 떨어질 것이다. 이 예는 또한 '파라미터 변경(35)', '열팽창(37)' 및 '고속처리(21)'를 설명한다. 불순물은 매우 빨리 얼게 되므로 청소 대상물이 열팽창을 하지 않는다. 표면에 분사된 이산화탄소는 이 후에 아무런 해로운 작용이 없이 기체로 승화하고, 따라서 따로 다시 청소할 필요가 없다.
- 열 파이프는 상전이에 일어나는 현상을 활용한 예로 잘 알려져 있다. 배관 내의 유체가 액체에서 기체로 전환됨에 따라 발산되고 흡수되는 열은 시스템 배열 방법에 따라 히터 또는 에어컨으로 사용될 수 있다.
- 근육 줄(Muscle Wire)은 니켈-티타늄 합금 형태로 로봇 시스템과 치열 교정에 사용된다. 약한 전류가 줄을 가열하고, 이 열이 결정학적인 상전이를 일으켜 줄의 길이를 바꾼다.
- 비즈니스가 구조 변경을 할 때(인수와 합병 또는 내부 변화), 이에 수반되는 현상은 상전이에 있어서의 열과 유사하다. 즉, 많은 혼란이 있게 된다. 이 혼란 기간을 이용하기 위한 건설적인 방법은 새로운 전략으로 비즈니스 시스템을 배열하는 새로운 방식을 찾기, 고객 또는 공급자와 새로운 제휴 맺기, 그리고 쓸모없는 관습을 폐기하기 등을 포함한다.

추가예시

- 열을 이용한 잉크 제트는 잉크가 노즐 밖으로 잉크를 밀어내기 위해 증발을 이용한다.
- 프로젝트의 각 단계, 즉 개념-출생-발전-성숙-쇠퇴 단계의 요구 사항을 알아차린다.

10.13.3 발명원리 37

열팽창. 물질의 열팽창(또는 수축)을 이용한다. 만약 열팽창을 이용하고 있다면, 여러 가지의 열팽창 계수를 가진 다층 재료를 고른다(그림 10.38 참조).

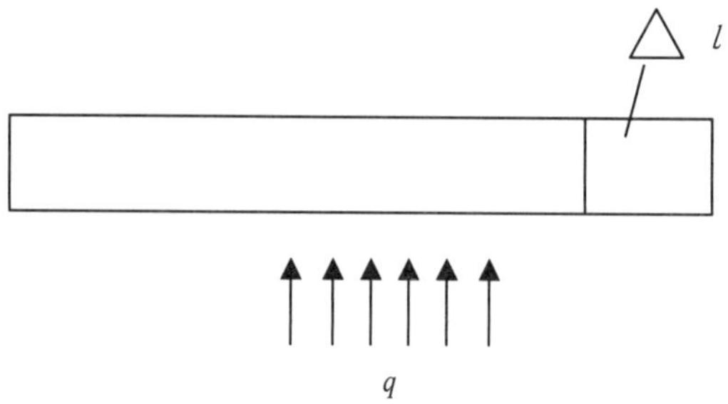

그림 10.38 원리37. 열팽창. 열팽창을 이용한다.

열팽창을 엔진의 밸브와 같이 구성 요소의 위치를 잡아주거나 맞추기 위해 사용한다. 구성 요소를 액체 질소로 차갑게 하여 수축시키고 난 뒤 설치하고, 그 후에 팽창시켜 설치 위치에 고정한다. 주방에서 병뚜껑이 잘 열리지 않을 때 병을 뜨거운 물에 넣어두면 병에 꽉 끼인 금속 뚜껑이 유리병보다 더 팽창하여, 뚜껑을 쉽게 열수 있다.

✍ 연습문제

다음 원리에 대해서 개인 생활이나 비즈니스의 사례를 생각해 보아라.

35. 파라미터 변경	
36. 상전이	
37. 열팽창	

10.14 강 산화제, 불활성 환경, 복합 재료(38~40)

10.14.1 원리 38

강 산화제. 일반 공기를 산소가 풍부한 공기로 대체한다. 산소가 풍부한 공기를 순수 산소로 대체한다. 산소 또는 공기를 이온화 복사선에 노출한다. 이온화된 산소를 사용한다. 이온화된 공기 또는 산소를 오존으로 대체한다(그림 10.39 참조). 산소는 종이 생산을 위한 펄프 표백에 사용된다. 표백하기 위해 오존을 사용하는 아이디어와 실험이 있다.

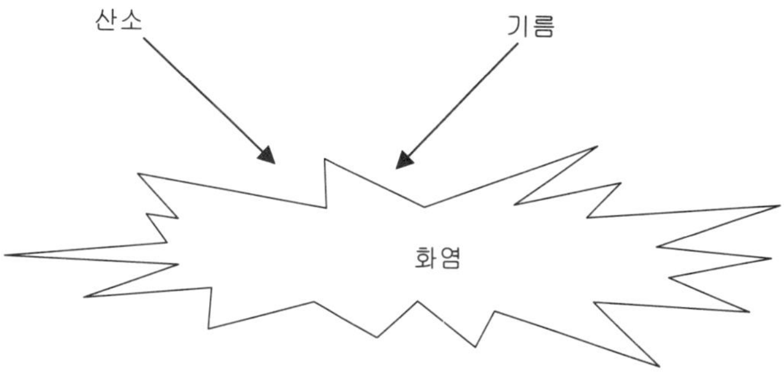

그림 10.39 원리38. 강 산화제. 공정을 더욱 활성화시킨다.

쥘 베른(Jules Verne)는 옥스박사의 실험(Dr. Ox's Experiment)이라는 소설을 썼다. 이 소설의 퀴켄돈이라는 상상의 도시에서는 생활의 속도가 매우 느리다. 그런데 옥스박사는 그 도시에 어떤 기체를 주입했고 모든 것이 매우 빠르게 일어나기 시작했다. 사람들은 이례적으로 매우 활기차고 열정적으로 변했다. 어쩌면 우리도 마음상태를 긍정적인 효과로 채우기 위해 옥스박사의 기체와 같은 어떤 것이 가끔 필요할 것이다.

예 시

- 강의 형태의 교육 훈련 대신 모의실험과 놀이 등을 사용한다.
- 스쿠버 다이빙에서 더 오래 견뎌낼 수 있도록 니트록스(Nitrox) 또는 공기가 아닌 다른 혼합물을 사용한다.
- 혐기성 박테리아를 죽이기 위해 고압 산소 환경에서 상처를 치료한다.
- 금속 활성 가스 용접(MAG, Metal Active Gas Welding)

10.14.2 원리 39

불활성 환경. 보통의 환경을 불활성 환경으로 바꾼다. 중성 물질이나 불활성 첨가제를 대상물 또는 시스템에 추가한다(그림 10.40 참조).

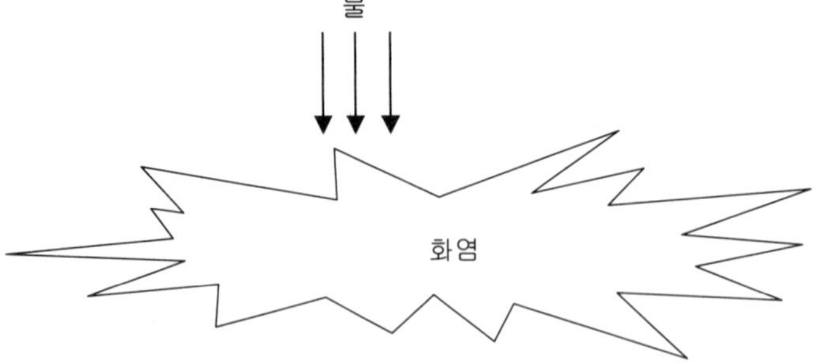

그림 10.40 원리39. 불활성 환경. 공정을 느리게 하거나 더 수동적으로 만든다.

예 시

- 용접 시 용접부 재료의 산화를 막기 위해 이산화탄소 또는 아르곤 같은 불활성 가스를 사용한다.
- 소비자가 계량을 쉽게 하기 위해 세제에 불활성 물질을 첨가한다(당신은 박스에 "97%불활성 물질"이라고 쓰여 있는 이유가 무엇인지 궁금해 한 적이 있는가?).

강 산화제와 불활성 환경은 한 쌍의 원리로 간주할 수 있다. 이 둘을 함께 써서 좋은 결과를 얻는 경우가 종종 있다. 산소는 필요한 에너지를 얻기 위해 사용되고, 불활성 기체는 원하지 않는 산화를 방지하기 위해 사용된다. 어떤 발명가가 용접기기를 소화기로 사용할 것을 제안했다. 이 기기는 고압의 불활성 기체를 불어낼 수 있는 간단한 시스템으로 구성되어 있다.

불활성 환경과 같은 사회적 유사성은 무관심과 중립일 것이다. 비즈니스에서 부정적인 상황은 대개 냉각을 필요로 한다. 부정적인 행동이나 파괴적인 행동을 무시하거나 중립화 한다(만약 당신이 그러한 상황을 긍정적으로 바꿀 수 없다면 원리22를 참조하라). 중립적인 중재자를 사용한다. 여기서 물론 중요한 것은 적시에 올바른 접근 방법을 사용하는 것이다.

추가예시

- 금속 불활성 가스 용접(MIG, Metal Inert Gas Welding)

10.14.3 원리 40

복합 재료. 균일 재료를 복합 (다층) 재료와 시스템으로 바꾼다(그림 10.41 참조).

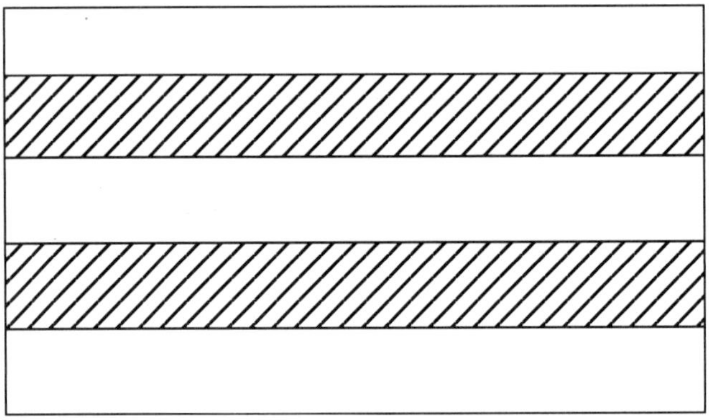

그림 10.41 원리40. 복합 재료. 균일 시스템을 복합 시스템으로 바꾼다.

예 시

- 직물 줄로 강화시킨 고무, 강화 콘크리트와 유리 섬유 강화 플라스틱이 전형적인 기술 사례이다.
- 복합 재료의 요소 중의 하나로서 아무것도 사용하지 않는(즉, 공기 또는 진공을 사용하는) 것은 트리즈의 매우 전형적인 예이다. 즉, 무자원은 모든 상황에서 활용이 가능하다. 벌집 모양의 재료(달걀 상자, 비행기 구조), 속이 빈 시스템(골프채, 뼈), 스펀지 재료(포장재, 스쿠버 잠수복). 이러한 것들은 원리 31 다공질 재료 사용과 원리 40, 복합 재료 사용의 결합이다.
- 비즈니스에서도 복합 구조를 얘기할 수 있다. 각 전문 분야 협력의 프로젝트 팀이 한 분야의 전문가 집단들보다 더 효과적인 경우가 가끔 있다. 마케팅, 교육, 학습 및 오락에서도 한 가지 매체 실행보다 멀티미디어 프레젠테이션이 훨씬 더 낫다. 다른 예들은 마음에 와 닿는 것이 덜하더라도 중요성이 떨어지는 것은 결코 아니다. 청결함에 대한 투철한 방침은 맥도널드 사의 유명한 한 가지 특징이다. 일치된 음식 준비는 또 다른 중요한 방침이다. 이 두 가지 원칙, 또는 가치 또는 근성은 느슨한 조직을 함께 묶어준다.

복합 재료 원리 또는 더 일반적으로 말해서 복합 시스템은 발명 원리의 활용에 관한 이 단원의 훌륭한 결론이다. 만약 당신이 하나의 시스템을 가지고 있다면 그것을 다른 시스템과 통합함으로써 결과를 개선할 수 있다. 발명 원리 또한 하나의 시스템이다. 하나의 원리보다 복합 원리가 더 나은 경우가 종종 있다.

추가예시

- 고 위험과 저 위험 투자 전략의 병행
- 비행기 좌석의 쿠션으로 사용되는 인화성인 폴리우레탄을 내화성인 케블라 섬유로 코팅한다.

연습문제

다음 원리에 대해서 개인 생활이나 비즈니스의 사례를 생각해 보아라.

38. 강 산화제	
39. 불활성 환경	
40. 복합 재료	

당신이 40가지 원리에 당신 자신의 사례를 추가함으로써 그것들을 좀 더 효과적인 도구로 만들어, 당신의 필요와 목적에 맞게 손질할 수 있다. 어떤 사람들은 자신들의 분야 밖에 있는 사례에서 가장 창의적 자극을 얻고, 어떤 사람들은 자기 자신의 분야와 가까운 사례에서 시작하는 것을 선호한다. 만약 당신이 당신의 사례를 다른 사람들과 공유한다면 당신은 문제해결 도구의 지속적인 발전에 기여하게 될 것이다.

10.15 가장 적합한 원리를 선택하는 법

유용한 원리를 찾기 위한 가장 쉬운 방법은 편안한 방식으로 원리들의 목록을 단순히 훑어보는 것이다. 시스템 관련 지식과 문제의 제약들이 당신에게 어떤 원리가 적합한지 결정하게 해줄 것이다.

표 10.1 예제 문제와 문제를 해결하는 데 사용될 수 있는 원리

문 제	원 리
잔디 깎는 기계의 소음 줄이기	다공질 재료(31)
당근 재배를 쉽게 하기	통합(5), 다기능성(6)
핀 타입 걸쇠를 개선하기	분할(1), 동적 부품(15)
훈련을 더 효과적으로 하기	분할(1), 복합 재료(40)
적은 물로 불끄기	분할(1)

이미 설명한 다섯 가지의 예를 생각해 보자(잔디 깎는 기계의 소음을 줄이기, 당근 재배를 쉽게 하기, 핀 타입 걸쇠를 개선하기, 훈련을 더 효과적으로 하기, 적은 물로 불끄기). 각 예에서 어떤 원리가 적용되었는지 쉽게 알 수 있다.

표 10.1은 원리의 목록을 잠깐 훑어보고서 얻은 전형적인 결과이다. 더 철저하게 조사하면 더 많은, 아마 더 적절한 원리들이 드러날 것이다. 이 결과는 가장 유용한 원리를 선택하기 위한 어떤 지침을 사용하므로써 더 개선될 수 있다.

10.15.1 절충(Tradeoffs)

원리는 절충(3장에서 검토하였음)에 의해 선택될 수 있다. 절충이 정형화되면, 그것은 적절하지 않은 원리를 제거하는 데 사용될 수 있다. 절충을 무효화하는 원리가 바로 우리가 선택해야 하는 원리이다. 예를 들면, 소음 흡수가 개선될 때 소음기의 크기와 부품수가 증가한다. 다기능성 또는 범용성 원리(6)를 사용하자. 만약 크기 증가와 부품수가 문제라면, 어떤 다른 자원이, 예를 들어 케이스 또는 잔디가 소음기의 역할을 할 수 있는지를 점검하는 것이 현명하다.

좀 더 정확하게 당근 씨를 심고자 한다면 작업 속도가 느려진다. 여기에는 씨를 심는 과정이 있고, 둘째는 다루기 어려운 많은 씨가 있다. 선행 조치(10)와 매개체(24) 원리가 자연스러워 보인다. 이 두 가지는 모두 당근 씨를 심기 전에 테이프에 정렬해두는 것을 제안함으로써 모순 제거를 도와준다.

만약 잠그고 여는 것을 쉽게 할 수 있도록 핀을 만들면 마모가 심해진다. 모순되는 요구 사항을 동일한 구성 요소가 충족시켜야 하고, 서로 양립할 수 없는

특성을 가지고 있다. 분할 원리(1)가 가장 근접한 원리가 될 것 같다. 왜냐하면, 부분과 전체가 서로 반대 특성을 가질 수 있기 때문이다. 예를 들어, 핀을 두 부분으로 분할해서 그 중 한 부분을 작은 쐐기 모양으로 만들면 걸쇠는 쉽게 열릴 것이다. 비대칭(4) 사용도 도움이 될 것이다. 즉 핀의 각 부분이 서로 다른 요구 조건을 가지고 있기 때문에 핀의 선단부, 중간부, 밑부분이 서로 다른 치수를 가지게 할 수 있다. 훈련을 더 철저하게 하면 할수록 더 많은 시간이 필요하다. 이것은 동일한 활동에 대해 서로 모순되는 요구 사항이다. 분할(1), 다기능성(6), 선행 조치(10), 그리고 복합 재료(40) 등이 먼저 떠오르는 원리들이다. 긴 훈련을 더 짧은 훈련으로 쪼개어 업무와 병행할 수 있으며 아마 사전에 준비할 수도 있다.

불을 끄기 위해서 더 많은 물을 사용할수록, 더 많은 장비가 필요하고 손상이 더 많이 발생할 것이다. 분할(1)을 생각해 보자. 다시 동일한 구성 요소가 모순되는 요구 사항을 충족시켜야 하고 서로 양립할 수 없는 특성을 가지고 있다. 먼저 우리는 어떤 방법으로든 물을 잘게 부수는 시도를 해볼 수 있다.

절충을 해결하기 위해서 원리를 찾기 위한 부가적인 단서는 모순 행렬표로 요약되어 있다. 이 행렬표는 큰 표이다. 행(세로줄)은 개선해야 하는 전형적인 특성을 나타내고, 열(가로줄)은 악화되는 전형적인 특성을 나타낸다. 행과 열이 교차하는 칸에 이 특별한 절충을 해결하는데 지금까지 가장 많이 사용된 원리들의 번호가 적혀 있다(표 10.2 참조).

표 10.2 모순행렬표에서 일부 선택한 행과 열

개선되는 특성		악화되는 특성								
		31	32	33	34	35	36	37	38	39
11	응력 또는 압력	2, 33, 27,18	1, 35, 16	11	2	35	19, 1, 35	2, 36, 37	35, 24	10, 14, 35, 37
12	모양	35, 1	1, 32, 17, 28	32, 15, 26	2, 13, 1	1, 15, 29	16, 29, 1, 28	15, 13, 39	15, 1, 32	17, 26, 34, 10
13	대상물 구조의 안정성	35, 40, 27, 39	35, 19	32, 35, 30	2, 35, 10, 16	35, 30, 34, 2	2, 35, 22,26	35, 22, 39, 23	1, 8, 35	23, 35, 40, 3
14	강도	15, 35, 22, 2	11, 3, 10, 32	32, 40, 25, 2	27, 11, 3	15, 3, 32	2, 13, 25, 28	27, 3, 15, 40	15	29, 35, 10, 14
15	움직이는 대상물의 동작 지속 기간	21, 39, 16, 22	27, 1, 4	12, 27	29, 10, 27	1, 35, 13	10, 4, 29, 15	19, 29, 39, 35	6, 10	35, 17, 14, 19

비고: 칸에 있는 번호는 과거에 분석을 근거로 모순을 해결할 가능성이 가장 높은 원리를 나타낸다. 예를 들면, 에어백이 체구가 작은 탑승자의 부상을 줄이기 위해 에어백의 팽창 속도를 변경시키라는 제안을 생각해 보자. 절충은 고속에서 사고가 발생되었을 때 부상이 증가한다는 것이다. 이것을 트리즈 행렬표의 용어로 표현하면 개선하고자 하는 특성은 "움직이는 대상물의 동작 지속 기간(열15)"이고, 악화되는 특성은 "대상물이 일으키는 해로운 요소(열31)"이다. 교차하는 지점의 칸에는 21, 39, 16, 22 라고 쓰여 있다. 이들이 네 개의 발명 원리에 대한 번호이다.

행렬표에 나타나는 전형적인 특성은 표 10.3(참고 문헌 8)에 있으며, '알트슐러 행렬표'라고 부르는 전체 행렬표의 수정판은 이 장의 마지막에 부록으로 첨부되었다. 알트슐러가 처음으로 발명의 원리와 함께 그것을 개발하였다. 원본 행렬표는 인터넷을 통해 내려 받을 수 있다.[9] 이 책에서 행렬표의 각 칸에 있는 번호는 같지만, 원본 행렬표에는 빈칸으로 있던 곳에 이 책에서는 해당 칸에 대해 40가지 원리 전체를 시도해 보아야 한다는 것을 나타내기 위해서 'all'이라는 단어를 기입해두었다. 모순행렬표를 활용하려면 다음 단계를 따라야 한다.

1. 표 10.3에서 개선되어야 할 특성에 가장 가까운 표준 특성을 선택한다.
2. 이 적용으로 나빠지게 될 특성에 가장 가까운 표준 특성을 선택한다.
3. 개선되는 표준 특성 번호를 행렬표의 행에서 찾는다.
4. 나빠지는 표준 특성 번호를 행렬표의 열에서 찾는다.
5. 행렬표의 행과 열이 만나는 칸에 추천 발명 원리의 번호가 있다.
6. 40가지 원리 목록에서 추천된 원리 번호에 해당되는 원리를 찾아서 그 원리를 활용하여 문제를 해결할 아이디어를 창안해 낸다. 추천된 원리 중에서 어떤 것은 도움이 안 될 수도 있고, 어떤 경우에는 당신이 찾아낸 대단한 아이디어가 추천된 원리에 포함되어 있지 않을 수도 있지만, 놀랄 일은 아니다. 모순행렬표의 각 칸에 있는 원리의 번호는 역사적인 통계자료에 기반을 둔 것이지, 당신의 특별한 문제에 대한 지식에 기반을 둔 것이 아니다.

표 10.3 모순행렬표의 39가지 특성의 설명

명 칭		설 명
	움직이는 대상물	스스로 또는 외력의 결과로 공간 위치를 쉽게 바꿀 수 있는 대상물. 휴대용으로 설계된 대상물과 차량이 이 분류의 기본 멤버이다.
	정지한 대상물	스스로 또는 외력의 결과로 공간 위치를 바꾸지 않는 대상물. 대상물이 사용되고 있는 조건을 생각하라.
1	움직이는 대상물의 무게	중력장에 있는 대상물의 질량. 받침대 또는 매달린 구조물에 몸체가 작용하는 힘
2	정지한 대상물의 무게	중력장에 있는 대상물의 질량. 받침대 또는 매달린 구조물에 또는 자신이 얹혀 있는 표면에 몸체가 작용하는 힘
3	움직이는 대상물의 길이	길이가 길 필요는 없이 어떤 일차원 척도는 길이로 간주된다.
4	정지한 대상물의 길이	위와 같음

<계속>

5	움직이는 대상물의 면적	선으로 둘러싸인 평면 일부로 설명되는 기하학적인 특성. 대상물이 점유한 표면 부분 또는 대상물의 내부 또는 외부 표면의 제곱 치수
6	정지한 대상물의 면적	위와 같음
7	움직이는 대상물의 부피	대상물이 점유한 공간의 삼차원 치수. 직사각형 대상물은 길이×폭×높이 이고, 원기둥 대상물은 넓이×높이임
8	정지한 대상물의 부피	위와 같음
9	속도	대상물의 속도. 프로세스 또는 작용의 단위시간 비율
10	힘	힘은 시스템간의 상호작용을 측정한다. 뉴턴 물리학에서는 힘=질량×가속도이고, 트리즈에서 힘은 대상물의 조건을 변경시키려고 하는 어떤 상호작용이다.
11	응력 또는 압력	단위 면적당 힘, 장력
12	모양	시스템의 외부의 윤곽, 외관
13	대상물 구조의 안정성	시스템의 강건성 또는 완전성. 시스템 구성 요소의 관계. 마모, 화학적 분해와 조립품의 분해는 모두 안정성을 줄인다. 엔트로피의 증가는 안정성을 줄인다.
14	강도	대상물이 힘과 반응해서 변화할 때 저항할 수 있는 정도. 깨지는 것에 대한 저항력
15	움직이는 대상물의 동작 지속 기간	대상물이 동작을 수행할 수 있는 시간, 서비스 기간, 평균고장간격은 동작 지속 기간의 단위
		지속성
16	정지한 대상물의 동작 지속 기간	위와 같음
17	온도	대상물 또는 시스템의 열적 조건. 넓게는 온도 변화율에 영향을 미치는 열용량과 같이 다른 열적 변수를 포함한다.
18	밝기 강도	단위 면적당 빛의 양, 또한 밝기 또는 빛의 품질과 같은 다른 조명 특성도 포함됨.
19	움직이는 대상물의 소비 에너지	대상물이 일을 하는 용량의 척도. 고전 역학에서 에너지는 힘×거리이다. 이것은 상위 시스템(전기 에너지 또는 열과 같은)이 제공하는 에너지의 소비도 포함한다. 특별한 일을 하는데 필요한 에너지
20	정지한 대상물의 소비 에너지	위와 같음
21	동력	일을 수행하는 시간 비율. 에너지 사용 비율

<계속>

22	에너지의 손실	일을 완료하는데 기여하지 않은 에너지의 사용(19 참조)
		가끔 에너지 손실을 줄이는 것은 에너지 사용을 개선하는 것과는 다른 기술을 요구한다. 이것이 범주(19와 22)를 분리한 이유이다.
23	물질의 손실	시스템의 재료, 물질, 부품 또는 하위 시스템의 일부 또는 전부의 일시적인 또는 영구적인 손실
24	정보의 손실	시스템 안에서 또는 시스템에 의한 데이터 또는 데이터 접근의 일부 또는 전부의 일시적인 또는 영구적인 손실. 종종 향기, 느낌과 같은 감각 데이터를 포함한다.
25	시간의 손실	시간은 활동 기간이다. 시간의 손실을 개선한다는 것은 활동에 걸리는 시간을 줄이는 것을 의미한다. "사이클 타임 단축"이 일반적인 용어이다.
26	물질의 양/일의 양	전체 또는 부분적으로, 영구적이거나 일시적으로 변경될 수 있는 시스템의 재료, 물질, 부분 또는 하위 시스템의 수 또는 양
27	신뢰성	예상할 수 있는 방법과 조건에서 의도된 기능을 수행할 수 있는 시스템의 능력
28	측정의 정확도	시스템의 특성에 대한 측정값과 실제 값의 차이
		측정의 실수를 줄이는 것은 측정의 정확도를 높이는 것이다.
29	제조의 정밀도	시스템이나 대상물의 실제 특성 값이 규정된 특성 값 또는 요구되는 특성 값과 일치되는 정도
30	대상물에 영향을 주는 외부의 해로움	외부에서 발생하는 (해로운) 영향에 대한 시스템의 민감성
31	대상물이 일으키는 해로운 요소	해로운 효과가 대상물 또는 시스템의 기능 효율이나 품질을 감소시킨다. 이것은 대상물 또는 시스템에 의해 그 작동 중 일부로서 일어난다.
32	제조 용이성	대상물 또는 시스템을 조립하거나 제조할 때 쉬운, 편안한 또는 힘이 덜 드는 정도
33	동작 용이성	단순성: 동작에 많은 사람과 많은 단계가 필요하거나, 특별한 도구가 필요하다면 프로세스가 쉬운 것이 아니다. "어려운" 프로세스= 낮은 수율, "쉬운" 프로세스= 높은 수율: 올바르게 하는 것이 쉬운 것이다.
34	수리 용이성	시스템에 있는 장애, 고장 또는 결점을 수리하기 위한 편의성, 편안함, 단순성 및 시간과 같은 품질 특성
35	적응성/융통성	시스템이나 대상물이 외부의 변화에 긍정적으로 반응하는 정도. 다양한 환경 속에서 다양한 방식으로 사용될 수 있는 시스템

<계속>

36	장치의 복잡성	시스템 내의 요소 간 상호 관계의 개수와 다양성. 사용자는 복잡성을 높이는 시스템의 요소일 수 있다. 시스템을 숙달하는데 있어서 어려움 정도가 복잡성의 척도이다.
37	검출 및 측정의 어려움	복잡하고 비용이 많이 드는 측정 또는 감시 시스템은 설치하고 사용하는데 위해 많은 시간과 노력이 필요하다. 성분 사이에 복잡한 관계가 있거나 서로 간섭하는 성분은 모두 "검출과 측정의 어려움"을 나타낸다. 만족스러운 오차까지 측정하는 비용의 증가는 역시 측정의 어려움이 증가하였다는 표시이다.
38	자동화 정도	시스템이나 대상물이 사람의 개입 없이 그 기능을 수행하는 정도. 가장 낮은 자동화 수준은 수동 조작 도구의 사용이다. 중간 수준에서는 사람이 도구를 프로그래밍하고, 그 동작을 관찰하며 필요에 따라 중단시키거나 다시 프로그래밍 한다. 최고 수준에서는 기계가 필요한 동작을 감지하고, 스스로 프로그래밍하며 자신의 동작을 감시한다.
39	생산성	단위 시간에 시스템이 수행하는 동작이나 기능의 수, 단위 기능이나 동작에 필요한 시간, 단위 시간당 출력 또는 단위 출력당 비용

10.15.2 고유 모순과 자원

고유 모순이나 자원(제4장과 5장에서 논의되었음)에 의하여 원리가 선택될 수 있다. 문제의 제약은 서로 상반되는 요구 사항이 서로 다른 시간에 다른 장소에서 또는 같은 시간에 같은 장소에서 만족되도록 요구할지도 모른다. 표 10.4의 처음 3행은 이러한 상황을 제시하고 있다.

우리가 다루었던 몇 가지 사례에 대하여 이러한 추천을 적용해 보자.

- 큰 소음기 – 소음기가 없음

소음기는 같은 시간에 같은 장소에서 크기가 커야 하고 크기가 영이어야 하므로 다기능성 원리(6)가 고려해야할 첫 번째 원리이다.

- 많은 씨앗 – 한 알의 씨앗

같은 시간에 같은 장소에서 많은 씨앗과 한 알 씨앗이 있어야 하므로 통합 원리(5)가 시도해야할 첫 번째 원리일 것이다.

- 큰 간격 – 간격이 없음

다른 시간에 간격이 커야 하고 간격이 없어야 하므로 분할(1)과 동적 부품(15)이 선택될 수 있다. 핀과 구멍은 간단한 기하학적 형태를 가지고 있으므로 기하학적 원리도 흥미롭다.

- 긴 훈련 시간－훈련 시간이 없음

같은 시간에 같은 장소에서 훈련 시간은 길어야 하고 짧아야 한다. 분할(1)과 다기능성(6)이 좋은 원리이다.

- 많은 물－물이 없음

불을 끄기 위해서는 많은 물이 있어야 하고 장치를 간단히 하고 물로 인한 손상을 줄이기 위해서는 물이 없어야 한다. 원리: 분할(1).

시스템에 따라서 공기, 물, 공간, 중력과 같은 다양한 일반적인 자원이 활용 가능 하다. 표 10.4의 마지막 행은 당신들이 이러한 자원들을 활용하는데 도움이 되는 원리들을 보여준다.

자원의 구성 요소와 자원의 수정을 항상 고려하라. 만약 당신이 공기를 가지고 있다면 당신은 질소, 산소, 이산화탄소 및 소량의 다른 기체들을 가지고 있다. 당신이 만약 햇빛을 가지고 있다면 당신은 노란 빛, 빨간 빛, 자외선, 적외선 등을 가지고 있다. 만약 당신이 DC 전력을 가지고 있다면 당신은 전기가 흐르는 선에 고리를 만들어 자석을 만들 수 있다. 만약 당신이 물과 동력을 가지고 있다면 당신은 증기 또는 얼음을 만들 수 있다. 그런 다음 이러한 새로운 자원에 대해서 발명 원리를 적용한다.

표 10.4 특정한 모순 및 자원과 관련된 몇 가지의 원리

모순 및 자원	원 리
다른 시간대에 양립할 수 없는 요구 사항을 실현하기 위한 원리(시간 자원)	분할(1), 선행 반대 조치(9), 선행 조치(10), 사전 보상(11), 동적 부품(15), 주기적 작동(19), 고속처리(21), 폐기와 재생(34)
다른 장소에서 양립할 수 없는 요구 사항을 실현하기 위한 원리(공간 자원)	분리(2), 국소적 성질(3), 대칭 변환(4), 포개진 인형(7), 차원 바꾸기(17), 유연한 막과 얇은 필름(30)
같은 장소에서 동시에 양립할 수 없는 요구 사항을 실현하기 위한 원리(거시와 미시 수준에 대한 자원)	분할(1), 통합(5), 다기능성(6), 매개체(24), 복합 재료(40)
일반 자원: 공기, 물, 공간, 중력, 기타	공기압 및 수압(29), 무게 보상(8), 불활성 환경(39)

10.15.3 이상적 최종 결과의 특성을 사용하기

발명 원리는 이상적 최종 결과(제6장에서 검토하였음)의 특성에 의해 선택

될 수 있다.

이상 시스템은 무게가 없고, 크기가 없고, 에너지 소비가 없다. 이상성을 증가시키는 것과 가장 직접적으로 연결되는 원리는 표 10.5의 마지막 행에 있다. 일부 다른 구성 요소가 소음기 또는 핀의 기능을 수행해야 한다. 업무 사례의 경우, 일부 다른 활동을 훈련에 포함시켜야 한다. 씨앗을 심는 것은 다른 동작과 결합시켜야 한다. 훈련은 자기 훈련이 되어야 할 것이다.

표 10.5 진화 유형과 관련 원리들

진화의 유형	원 리
시스템의 불균형 진화	모두 관련됨
거시 수준으로 전이	통합(5), 포개진 인형(7), 무게 보상(8), 다기능성(6), 복합 재료(40)
미시 수준으로 전이	분할(1), 포개진 인형(7), 기계적 상호작용의 대체(28), 유연한 막과 얇은 필름(30), 다공질 재료(31), 파라미터 변경(35), 상전이(36)
상호작용의 증가: 물질과 작용의 도입	다공질 재료(31), 불활성 환경(39), 피드백(23), 매개체(24), 기계적 상호작용의 대체(28), 열팽창(37), 파라미터 변경(35)
확장과 융합	분리(2), 국소적 성질(3), 통합(5), 다기능성(6)
요약: 이상성 증가	다기능성(6), 전화위복(22), 셀프서비스(25)

이상적 최종 결과를 정형화하고 이상을 왜 얻을 수 없는지 파악하는 것은 특히 유용할 것이다. 보통 이것이 모순을 일으킨다. 예를 들면[10], 고객 서비스 상황에서 이상적 최종 결과는 고객이 서비스가 필요할 때 정확하게 그들이 필요한 것을 얻는 것이다. 문제 분석은 다음과 같은 과정을 따를 것이다.

> "우리 직원들이 모든 지식을 가지고 있지 못하므로 내가 고객에게 그것을 줄 수 없다."
>
> "왜 안되지?"
>
> "직원이 너무 자주 교체되어서 훈련 받지 못한 직원이 일을 맡기 때문이다."

이 분석은 여러 가지의 잠재적인 문제와 여러 가지 해결책을 나타내 준다.

- 고객들은 직원의 직접적인 도움 없이도 그들이 원하는 것을 얻는다.
- 직원들은 훈련 받지 않고 지식을 얻는다.

- 훈련된 직원들은 그 일을 그만두지 않는다.

이제 40가지 원리를 사용하여 각각의 문제 범주에 대한 해결책을 살펴본 다음, 이 상황에서 도움이 될 확률이 가장 높은 하나(또는 그 이상)의 원리를 선택한다. 40가지 발명 원리를 적용할 때, 모순의 원인을 제거하고 활용 가능한 자원을 사용한다는 트리즈의 개념을 염두에 두어야 한다.

발명 원리는 진화의 유형(제9장에서 검토하였음)에 의해 선택될 수 있다. 일부 원리는 진화의 유형과 같고 일부 다른 원리는 진화 유형을 사용하기 위한 수단으로 쉽게 보일 수 있다. 이와 반대로 진화 유형은 어떤 일련의 원리의 반복 사용으로 생겼다고 보일 수 있다. 표 10.5는 진화 유형과 발명 원리 사이의 대응을 보여준다. 표에서는 가장 명확한 연결만 나타내었다. 당신이 원리를 더 많이 사용할수록 당신은 원리와 진화 유형 사이의 관계를 더 많이 알 수 있을 것이다.

당신은 예시된 문제에 적용하기 위해서 다른 원리를 선택할 수도 있다. 여기에 제시된 원리는 결코 전부가 아니다. 발명 원리는 여러 해에 걸쳐 매우 다양한 문제에 대한 많은 강력한 해결책에 기반을 둔 훌륭한 아이디어이다. 어떤 해결책이 당신의 특정 문제에 최선인가 하는 것은 문제, 자원 그리고 제약에 따라 달라질 것이다. 당신의 문제 해결에 접근하는 새로운 방법을 찾는데 유용한 새로운 통찰력을 얻기 위해 40가지 원리를 사용해 보아라(표 10.6).

표 10.6 당신 자신의 문제에 발명 원리를 적용하라

모순은 무엇인가?
만약 이 모순이 모순행렬표에 있다면, 어떤 원리가 제안되어있는가?
만약 이것이 고유 모순이라면, 어느 원리가 도움이 될까?
각각의 원리로부터 당신은 어떤 아이디어를 얻었는가?
모든 원리들을 훑어보아라. 추가로 어떤 아이디어를 얻었는가?

10.16 요 약

- ❖ 발명 원리는 문제해결의 실마리를 제공한다. 원리를 사용하는 가장 간단한 방법은 모든 원리를 다 시도해보는 것이다.
- ❖ 약간의 선택기준은 어느 특정한 문제에 대해서 어느 원리를 사용할 것인지를 결정하는데 도움이 될 것이다. 절충을 해결하는 원리를 찾아라. 만약 모순행렬표가 당신의 절충 문제에 적합하다면 모순행렬표를 사용해 보아라.[9] 고유 모순을 제거하는 원리를 찾아라. 자원 매핑, 이상적 최종 결과의 서술과 진화 유형 역시 유용한 원리를 찾는데 도움이 된다.

❑ 감사의 글

저자는 40가지 원리의 수많은 예시 목록을 관대하게 공유해준 다렐 만(Darrel Mann)과 존 터닝코(John Terninko)에게 감사를 드리고자 한다. 우리는 또한 모순행렬표의 특성에 대한 연구를 도와준 조 밀러(Joe Miller)와 엘렌 맥그래인(Ellen MacGran)에게 감사를 드린다.

참고문헌

1. Altshuller, G.S., *40 Principles*, TIC, Worcester, 1997.
2. Savransky, S.D., *Engineering of Creativity*, CRC, Boca Raton, 2000, 199.
3. Zlotin, B. and Zusman, A., Managing Innovation Knowledge, *Izobretenie*, I, 21, 1999.
4. E. Domb and Altshuller, G.S., *40 Principles*, TIC, Worcester, 1997, 125.
5. Mann, D., Using TRIZ to Overcome the Mass Customization Contradiction, presented at TRIZ conference 'TRIZ Future 2001', Bath, November 7-9, 2001.
6. Mann, D. and Domb, E., Business Contradictions-1) Mass Customization, *TRIZ Journal*, December 1999, www.triz-journal.com.
7. *How Things Work Today*, Wright, M. and Patel, M., Eds., Marshall Publishing, London, 2000, 303.
8. Domb, E. The 39 features of Altshuller's Contradiction Matrix, *TRIZ Journal*, November 1998, www.triz-journal.com.
9. Contradiction Matrix, *TRIZ Journal*, July 1997, www.triz-journal.com.
10. Mann, D. and Domb, E. 4 inventive(business) principles with examples, *TRIZ Journal*, September 1999, www.triz-journal.com.

개선되는 특성		악화되는 특성									
		1	2	3	4	5	6	7	8	9	10
1	움직이는 대상물의 무게	all	all	15, 8, 29, 34	all	29, 17, 38, 34	all	29, 2, 40, 28	all	2, 8, 15, 38	8, 10, 18, 37
2	정지한 대상물의 무게	all	all	all	10, 1, 29, 35	all	3, 5, 30, 13, 2	all	5, 35, 14, 2	all	8, 10, 19, 35
3	움직이는 대상물의 길이	8, 15, 29, 34	all	all	all	15, 17, 4	all	7, 17, 4, 35	all	13, 4, 8	17, 10, 4
4	정지한 대상물의 길이	all	35, 28, 40, 29	all	all	all	17, 7, 10, 40	all	35, 8, 2, 14	all	28, 10
5	움직이는 대상물의 면적	2, 17, 29, 4	all	14, 15, 18, 4	all	all	all	7, 14, 17, 4	all	29, 30, 4, 34	19, 30, 35, 2
6	정지한 대상물의 면적	all	30, 2, 14, 18	all	26, 7, 9, 39	all	all	all	all	all	1, 18, 35, 36
7	움직이는 대상물의 부피	2, 26, 29, 40	all	1, 7, 4, 35	all	1, 7, 4, 17	all	all	all	29, 4, 38, 34	15, 35, 36, 37
8	정지한 대상물의 부피	all	35, 10, 19, 14	19, 14	35, 8, 2, 14	all	all	all	all	all	2, 18, 37
9	속도	2, 28, 13, 38	all	13, 14, 8	all	29, 30, 34	all	7, 29, 34	all	all	13, 28, 15, 19
10	힘	8, 1, 37, 18	18, 13, 1, 28	17, 19, 9, 36	28, 10	19, 10, 15	1, 18, 36, 37	15, 9, 12, 37	2, 36, 18, 37	13, 28, 15, 12	all

<계속>

부록 모순행렬표

개선되는 특성		악화되는 특성									
		1	2	3	4	5	6	7	8	9	10
11	응력 또는 압력	10, 36, 37, 40	13, 29, 10, 18	35, 10, 36	35, 1, 14, 16	10, 15, 36, 28	10, 15, 36, 37	6, 35, 10	35, 24	6, 35, 36	36, 35, 21
12	모양	8, 10, 29, 40	15, 10, 26, 3	29, 34, 5, 4	13, 14, 10, 7	5, 34, 4, 10	all	14, 4, 15, 22	7, 2, 35	35, 15, 34, 18	35, 10, 37, 40
13	대상물 구조의 안정성	21, 35, 2, 39	26, 39, 1, 40	13, 15, 1, 28	37	2, 11, 13	39	28, 10, 19, 39	34, 28, 35, 40	33, 15, 28, 18	10, 35, 21, 16
14	강도	1, 8, 40, 15	40, 26, 27, 1	1, 15, 8, 35	15, 14, 28, 26	3, 34, 40, 29	9, 40, 28	10 15, 14, 7	9, 14, 17, 15	8 13, 26, 14	10, 18, 3, 14
15	움직이는 대상물의 동작 지속 기간	19, 5, 34, 31	all	2, 19, 9	all	3, 17, 19	all	10, 2, 19, 30	all	3, 35, 5	19, 2, 16
16	정지한 대상물의 동작 지속 기간	all	6, 27, 19, 16	all	1, 40, 35	all	all	all	35, 34, 38	all	all
17	온도	36, 22, 6, 38	22, 35, 32	15, 19, 9	15, 19, 9	3, 35, 39, 18	35, 38	34, 39, 40, 18	35, 6, 4	2, 28, 36, 30	35, 10, 3, 21
18	밝기 강도	19, 1, 32	2, 35, 32	19, 32, 16	all	19, 32, 26	all	2, 13, 10	all	10, 13, 19	26, 19, 6
19	움직이는 대상물의 소비 에너지	12, 18, 28, 31	all	12, 28	all	15, 19, 25	all	35, 13, 18	all	8, 35	16, 26, 21, 2
20	정지한 대상물의 소비 에너지	all	19, 9, 6, 27	all	all	all	all	all	all	all	36, 37

<계속>

개선되는 특성		악화되는 특성									
		1	2	3	4	5	6	7	8	9	10
21	동력	8, 36, 38, 31	19, 26, 17, 27	1, 10, 35, 37		19, 38	17, 32, 13, 38	35, 6, 38	30, 6, 25	15, 35, 2	26, 2, 36, 35
22	에너지의 손실	15, 6, 19, 28	19, 6, 18, 9	7, 2, 6, 13	6, 38, 7	15, 26, 17, 30	17, 7, 30, 18	7, 18, 23	7	16, 35, 38	36, 38
23	물질의 손실	35, 6, 23, 40	35, 6, 22, 32	14, 29 10, 39	10, 28, 24	35, 2, 10, 31	10, 18, 39 31	1, 29, 30, 36	3, 39, 18, 31	10, 13, 28, 38	14, 15, 18, 40
24	정보의 손실	10, 24, 5	10, 35, 5	1, 26	26	30, 26	30, 16		2, 22	26, 32	
25	시간의 손실	10, 20, 37, 35	10, 20, 26, 5	15, 2, 29	30, 24, 14, 5	26, 4, 5, 16	10, 35, 17, 4	2, 52 34, 10	35, 16, 32, 18	all	10, 37, 36, 5
26	물질의 양/ 일의 양	35, 6, 18, 31	27, 26, 18, 35	29, 14, 35, 18	all	15, 14, 29	2, 18, 40, 4	15, 20, 29	all	35, 29, 34, 28	35, 14, 3
27	신뢰성	3, 8, 10, 40	3, 10, 8, 28	15, 9, 14, 4	15, 29, 28, 11	17, 10, 14, 16	32, 35, 40, 4	3, 10, 14, 24	2, 35, 24	21, 35, 11, 28	8, 28, 10, 3
28	측정의 정확성	32, 35, 26, 28	28, 35, 25, 26	28, 26, 5, 16	32, 28, 3, 16	26, 28, 32, 3	26, 28, 32, 3	32, 13, 6	all	28, 13, 32, 24	32, 2
29	제조의 정밀도	28, 32, 13, 18	28, 35, 27, 9	10, 28, 29, 37	2, 32, 10	28, 33, 29, 32	2, 29, 18, 36	32, 23, 2	25, 10, 35	10, 28, 32	28, 19, 34, 36
30	대상물에 영향을 주는 외부의 해로움	22, 21, 27, 39	2, 22, 13, 24	17, 1, 39, 4	1, 18	22, 1, 33, 28	27, 2, 39, 35	22, 23, 37, 35	34, 39, 19, 27	21, 22, 35, 28	13, 35, 39, 18

<계속>

부록 모순행렬표

개선되는 특성		악화되는 특성									
		1	2	3	4	5	6	7	8	9	10
31	대상물이 일으키는 해로운 요소	19, 22, 15, 39	35, 22, 1, 39	17, 15, 16, 22	all	17, 2, 18, 39	22, 1, 40	17, 2, 40	30, 18, 35, 4	35, 28, 3, 23	35, 28, 1, 0
32	제조 용이성	28, 29, 15, 16	1, 27 36, 13	1, 29, 13, 17	15, 17, 27	13, 1, 26, 12	16, 40	13, 29, 1, 40	35	35, 13, 8, 1	35, 12
33	동작 용이성	25, 2, 13, 15	6, 13, 1, 25	1, 17, 13, 12	all	1, 17, 13, 16	18, 16, 15, 39	1, 16, 35, 15	4, 18, 39, 31	18, 13, 34	28, 13, 35
34	수리 용이성	2, 27, 35, 11	2, 27, 35, 11	1, 28, 10, 25	3, 18, 31	15, 13, 32	16, 25	25, 2, 35, 11	1	34, 9	1, 11, 10
35	적응성/융통성	1, 6, 15, 8	19, 15, 29, 16	35, 1, 29, 2	1, 35, 16	35, 30, 29, 7	15, 16	15, 35, 29	all	35, 10, 14	15, 17, 20
36	장치의 복잡성	26, 30, 34, 36	2, 26, 35, 39	1, 19, 26, 24	26	14, 1, 13, 16	6, 36	34, 26, 6	1, 16	34, 10, 28	26, 16
37	검출 및 측정의 어려움	27, 26, 28, 13	6, 13, 28, 1	16, 17, 26, 24	26	2, 13, 18, 17	2, 39, 30, 16	29, 1, 4, 16	2, 18, 26, 31	3, 4, 16, 35	30, 28, 40, 19
38	자동화 정도	28, 26, 18, 35	28,26, 35, 10	14, 13, 17, 28	23	17, 14, 13	all	35, 13, 16	all	28, 10	2, 35
39	생산성	35, 26, 24, 37	28, 27, 15, 3	18, 4, 28, 38	30, 7, 14, 26	10, 26, 34, 31	10, 35, 17, 7	2, 6, 34, 10	35, 37, 10, 2	all	28, 15, 10, 36

<계속>

개선되는 특성		악화되는 특성									
		11	12	13	14	15	16	17	18	19	20
1	움직이는 대상물의 무게	10, 36, 37, 40	10, 14, 35, 40	1, 35, 19, 39	28, 27, 18, 40	5, 34, 31, 35	all	6, 29, 4, 38	19, 1, 32	35, 12, 34, 31	all
2	정지한 대상물의 무게	13, 29, 10, 18	13, 10, 29, 14	26, 39, 1, 40	28, 2, 10, 27	all	2, 27, 19, 6	28, 19, 32, 22	19, 32, 35	all	18, 19, 28, 1
3	움직이는 대상물의 길이	1, 8, 35	1, 8, 10, 29	1, 8, 15, 34	8, 35, 29, 34	19	all	10, 15, 19	32	8, 35, 24	all
4	정지한 대상물의 길이	1, 14, 35	13, 14, 15, 7	39, 37, 35	15, 14, 28, 26	all	1, 10, 35	3, 35, 38, 18	3, 25	all	all
5	움직이는 대상물의 면적	10, 15, 36, 28	5, 34, 29, 4	11, 2, 13, 39	3, 15, 40, 14	6, 3	all	2, 15, 16	15, 32, 19, 13	19, 32	all
6	정지한 대상물의 면적	10, 15, 36, 37	all	2, 38	40	all	2, 10, 19, 30	35, 39, 38	all	all	all
7	움직이는 대상물의 부피	6, 35, 36, 37	1, 15, 29, 4	28, 10, 1, 39	9, 14, 15, 7	6, 35, 4	all	34, 39, 10, 18	2, 13, 10	35	all
8	정지한 대상물의 부피	24, 35	7, 2, 35	34, 28, 35, 40	9, 14, 17, 15	all	35, 34, 38	35, 6, 4	all	all	all
9	속도	6, 18, 38, 40	35, 15, 18, 34	28, 33, 1, 18	8, 3, 26, 14	3, 19, 35, 5	all	28, 30, 36, 2	10, 13, 19	8, 15, 35, 38	all
10	힘	18, 21, 11	10, 35, 40, 34	35, 10, 21	35, 10, 14, 27	19, 2	all	35, 10, 21	all	19, 17, 10	1, 16, 36, 37

<계속>

부록 모순행렬표

개선되는 특성		악화되는 특성									
		11	12	13	14	15	16	17	18	19	20
11	응력 또는 압력	all	35, 4, 15, 10	35, 33, 2, 40	9, 18, 3, 40	19, 3, 27	all	35, 39, 19, 2	all	14, 24, 10, 37	all
12	모양	34, 15, 10, 14	all	33, 1, 18, 4	30, 14, 10, 40	14, 26, 9, 25	all	22, 14, 19, 32	13, 15, 32	2, 6, 34, 14	all
13	물체 구성의 안정성	2, 35, 40	22, 1, 18, 4	all	17, 9, 15	13, 27, 10, 35	39, 3, 35, 23	35, 1, 32	32, 3, 27, 16	13, 19	2, 4, 29, 18
14	강도	10, 3, 18, 40	10, 30, 35, 40	13, 17, 35	all	27, 3, 26	all	30, 10, 40	35, 19	19, 35, 10	35
15	움직이는 물체의 작동시간	19, 3, 27	14, 26, 28, 25	13, 3, 35	27, 3, 10	all	all	19, 35, 39	2, 19, 4, 35	28, 6, 35, 18	all
16	정지한 물체의 작동시간	all	all	39, 3, 35, 23	all	all	all	19, 18, 36, 40	all	all	all
17	온도	35, 39, 19, 2	14, 22, 19, 32	1, 35, 32	10, 30, 22, 40	19, 13, 39	19, 18, 36, 40	all	32, 30, 21, 16	19, 15, 3, 17	all
18	밝기	all	32, 30	32, 3, 27	35, 19	2, 19, 6	all	32, 35, 19	all	32, 1, 19	32, 35, 1, 15
19	움직이는 물체의 소비 에너지	23, 14, 25	12, 2, 29	19, 13, 17, 24	5, 19, 9, 35	28, 35, 6, 18	all	19, 24, 3, 14	2, 15, 19	all	all
20	정지한 물체의 소비 에너지	all	all	27, 4, 29, 18	35	all	all	all	19, 2, 35, 32	all	all

<계속>

개선되는 특성		악화되는 특성									
		11	12	13	14	15	16	17	18	19	20
21	동력	22, 10, 35	29, 14, 2, 40	35, 32, 15, 31	26, 10, 28	19, 35, 10, 38	16	2, 14, 17, 25	16, 6, 19	16, 6, 19, 37	all
22	에너지의 손실	all	all	14, 2, 39, 6	26	all	all	19, 38, 7	1, 13, 32, 15	all	all
23	물질의 손실	3, 36, 37, 10	29, 35, 3, 5	2, 14, 30, 40	35, 28, 31, 40	28, 27, 3, 18	27, 16, 18, 38	21, 36, 39, 31	1, 6, 13	35, 18, 24, 5	28, 27, 12, 31
24	정보의 손실	all	all	all	all	10	10	all	19	all	all
25	시간의 손실	37, 36, 4	4, 10, 34, 17	35, 3, 22, 5	29, 3, 28, 18	20, 10, 28, 18	28, 20, 10, 16	35, 29, 21, 18	1, 19, 26, 17	35, 38, 19, 18	1
26	물질의 양/ 일의 양	10, 36, 14, 3	35, 14	15, 2, 17, 40	14, 35, 34, 10	3, 35, 10, 40	3, 35, 31	3, 17, 39	all	34, 29, 16, 18	3, 35, 31
27	신뢰성	10, 24, 35, 19	35, 1, 16, 11	all	11, 28	2, 35, 3, 25	34, 27, 6, 40	3, 35, 10	11, 32, 13	21, 11, 27, 19	36, 23
28	측정의 정확성	6, 28, 32	6, 28, 32	32, 35, 13	28, 6, 32	28, 6, 32	10, 26, 24	6, 19, 28, 24	6, 1, 32	3, 6, 32	all
29	제조의 정밀도	3, 35	32, 30, 40	30, 18	3, 27	3, 27, 40	all	19, 26	3, 32	32, 2	all
30	대상물에 영향을 주는 외부의 해로움	22, 2, 37	22, 1, 3, 35	35, 24, 30, 18	18, 35, 37, 1	22, 15, 33, 28	17, 1, 40, 33	22, 33, 35, 2	1, 19, 32, 13	1, 24, 6, 27	10, 2, 22, 37

<계속>

부록 모순행렬표

개선되는 특성		악화되는 특성									
		11	12	13	14	15	16	17	18	19	20
31	대상물이 일으키는 해로운 요소	2, 33, 27, 18	35, 1	35, 40, 27, 39	15, 35, 22, 2	15, 22, 33, 31	21, 39, 16, 22	22, 35, 2, 24	19, 24, 39, 32	2, 35, 6	19, 22, 18
32	제조 용이성	35, 19, 1, 37	1, 28, 13, 27	11, 13, 1	1, 3, 10, 32	27, 1, 4	35, 16	27, 26, 18	28, 24, 27, 1	28, 26, 27, 1	1, 4
33	동작 용이성	2, 32, 12	15, 34, 29, 28	32, 35, 30	32, 40, 3, 28	29, 3, 8, 25	1, 16, 25	26, 27, 13	13, 17, 1, 24	1, 13, 24	all
34	수리 용이성	13	1, 13, 2, 4	2, 35	11, 1, 2, 9	11, 29, 28, 27	1	4, 10	15, 1, 13	15, 1, 28, 16	all
35	적응성/융통성	35, 16	15, 37, 1, 8	35, 30, 14	35, 3, 32, 6	13, 1, 35	2, 16	27, 2, 3, 35	6, 22, 26, 1	19, 35, 29, 13	all
36	장치의 복잡성	19, 1, 35	29, 13, 28, 15	2, 22, 17, 19	2, 13, 28	10, 4, 28, 15	all	2, 17, 13	24, 17, 13	27, 2, 29, 28	all
37	검출 및 측정의 어려움	35, 36, 37, 32	27, 13, 1, 39	11, 22, 39, 30	27, 3, 15, 28	19, 29, 39, 25	25, 34, 6, 35	3, 27, 35, 16	2, 24, 26	35, 38	19, 35, 16
38	자동화 정도	13, 35	15, 32, 1, 13	18, 1	25, 13	6, 9	all	26, 2, 19	8, 32, 19	2, 32, 13	all
39	생산성	10, 37, 14	14, 10, 34, 40	35, 3, 22, 39	29, 28, 10, 18	35, 10, 2, 18	20, 10, 16, 38	35, 21, 28, 10	26, 17, 19, 1	35, 10, 38, 19	1

<계속>

개선되는 특성		악화되는 특성									
		21	22	23	24	25	26	27	28	29	30
1	움직이는 대상물의 무게	12, 36, 18, 31	6, 2, 34, 19	5, 35, 3, 31	10, 24, 35	10, 35, 20, 28	3, 26, 18, 31	1, 3, 11, 27	28, 27, 35, 26	28, 35, 26, 18	22, 21, 18, 27
2	정지한 대상물의 무게	15, 19, 18, 22	18, 19, 28, 15	5, 8, 13, 30	10, 15, 35	10, 20, 35, 26	19, 6, 18, 26	10, 28, 8, 3	18, 26, 28	10, 1, 35, 17	2, 19, 22, 37
3	움직이는 대상물의 길이	1, 35	7, 2, 35, 39	4, 29, 23, 10	1, 24	15, 2, 29	29, 35	10, 14, 29, 40	28, 32, 4	10, 28, 29, 37	1, 15, 17, 24
4	정지한 대상물의 길이	12, 8	6, 28	10, 28, 24, 35	24, 26	30, 29, 14	all	15, 29, 28	32, 28, 3	2, 32, 10	1, 18
5	움직이는 대상물의 면적	19, 10, 32, 18	15, 17, 30, 26	10, 35, 2, 39	30, 26	26, 4	29, 30, 6, 13	29, 9	26, 28, 32, 3	2, 32	22, 33, 28, 1
6	정지한 대상물의 면적	17, 32	17, 7, 30	10, 14, 18, 39	30, 16	10, 35, 4, 18	2, 18, 40, 4	32, 35, 40, 4	26, 28, 32, 3	2, 29, 18, 36	27, 2, 39, 35
7	움직이는 대상물의 부피	35, 6, 13, 18	7, 15, 13, 16	36, 39, 34, 10	2, 22	2, 6, 34, 10	29, 30, 7	14, 1, 40, 11	25, 26, 28	25, 28, 2, 16	22, 21, 27, 35
8	정지한 대상물의 부피	30, 6	all	10, 39, 35, 34	all	35, 16, 32, 18	35, 3	2, 35, 16	all	35, 10, 25	34, 39, 19, 27
9	속도	19, 35, 38, 2	14, 20, 19, 35	10, 13, 28, 38	13, 26	all	10, 19, 29, 38	11, 35, 27, 28	28, 32, 1, 24	10, 28, 32, 25	1, 28, 35, 23
10	힘	19, 35, 18, 37	14, 15	8, 35, 40, 5	all	10, 37, 36	14, 29, 18, 36	3, 35, 13, 21	35, 10, 23, 24	28, 29, 37, 36	1, 35, 40, 18

<계속>

부록 모순행렬표

개선되는 특성		악화되는 특성									
		21	22	23	24	25	26	27	28	29	30
11	응력 또는 압력	10, 35, 14	2, 36, 25	10, 36, 3, 37	all	37, 36, 4	10, 14, 36	10, 13, 19, 35	6, 28, 25	3, 35	22, 2, 37
12	모양	4, 6, 2	14	35, 29, 3, 5	all	14, 10, 34, 17	36, 22	10, 40, 16	28, 32, 1	32, 30, 40	22, 1, 2, 35
13	물체 구성의 안정성	32, 35, 27, 31	14, 2, 39, 6	2, 14, 30, 40	all	35, 27	15, 32, 35	all	13	18	35, 24, 30, 18
14	강도	10, 26, 35, 28	35	35, 28, 31, 40	all	29, 3, 28, 10	29, 10, 27	11, 3	3, 27, 16	3, 27	18, 35, 37, 1
15	움직이는 물체의 작동시간	19, 10, 35, 38	all	28, 27, 3, 18	10	20, 10, 28, 18	3, 35, 10, 40	11, 2, 13	3	3, 27, 16, 40	22, 15, 33, 28
16	정지한 물체의 작동시간	16	all	27, 16, 18, 38	10	28, 20, 10, 16	3, 35, 31	34, 27, 6, 40	10, 26, 24	all	17, 1, 40, 33
17	온도	2, 14, 17, 25	21, 17, 35, 38	21, 36, 29, 31	all	35, 28, 21, 18	3, 17, 30, 39	19, 35, 24	32, 19, 24	24	22, 33, 35, 2
18	밝기	32	13, 16, 1. 6	13, 1	1, 6	19, 1, 16, 17	1, 19	all	11, 15, 32	3, 32	15, 19
19	움직이는 물체의 소비 에너지	6, 19, 37, 18	12, 22, 15, 24	35, 24, 18, 5	all	35, 38, 19, 18	34, 23, 16, 18	19, 21, 11, 27	3, 1, 32	all	1, 35, 6, 27
20	정지한 물체의 소비 에너지	all	all	28, 27, 18, 31	all	all	3, 35, 31	10, 36, 23	all	all	10, 2, 22, 37

<계속>

개선되는 특성		악화되는 특성									
		21	22	23	24	25	26	27	28	29	30
21	동력	all	10, 35, 38	28, 27, 18, 38	10, 19	35, 20, 10, 6	4, 34, 19	19, 24, 26, 31	32, 15, 2	32, 2	19, 22, 31, 2
22	에너지의 손실	3, 38	all	35, 27, 2, 37	19, 10	10, 18, 32, 7	7, 18, 25	11, 10, 35	32	all	21, 22, 35, 2
23	물질의 손실	28, 27, 18, 38	35, 27, 2, 31	all	all	15, 18, 35, 10	6, 3, 10, 24	10, 29, 39, 35	16, 34, 31, 28	35, 10, 24, 31	33, 22, 30, 40
24	정보의 손실	10, 19	19, 10	all	all	24, 26, 28, 32	24, 28, 35	10, 28, 23	all	all	22, 10, 1
25	시간의 손실	35, 20, 10, 6	10, 5, 18, 32	35, 18, 10, 39	24, 26, 28, 32	all	35, 38, 18, 16	10, 30, 4	24, 34, 28, 32	24, 26, 28, 18	35, 18, 34
26	물질의 양/ 일의 양	35	7, 18, 25	6, 3, 10, 24	24, 28, 35	35, 38, 18, 16	all	18, 3, 28, 40	13, 2, 28	33, 30	35, 33, 29, 31
27	신뢰성	21, 11, 26, 31	10, 11, 35	10, 35, 29, 39	10, 28	10, 30, 4	21, 28, 40, 3	all	32, 3, 11, 23	11, 32, 1	27, 35, 2, 40
28	측정의 정확성	3, 6, 32	26, 32, 27	10, 16, 31, 28	all	24, 34, 28, 32	2, 6, 32	5, 11, 1, 23	all	all	28, 24, 22, 26
29	제조의 정밀도	32, 2	13, 32, 2	35, 31, 10, 24	all	32, 26, 28, 18	32, 30	11, 32, 1	all	all	26, 28, 10, 36
30	대상물에 영향을 주는 외부의 해로움	19, 22, 31, 2	21, 22, 35, 2	33, 22, 19, 40	22, 10, 2	35, 18, 34	35, 33, 29, 31	27, 24, 2, 40	28, 33, 23, 26	26, 28, 10, 18	all

<계속>

부록 모순행렬표

개선되는 특성		악화되는 특성									
		21	22	23	24	25	26	27	28	29	30
31	대상물이 일으키는 해로운 요소	2, 35, 18	21, 35, 2, 22	10, 1, 34	10, 21, 29	1, 22	3, 24, 39, 1	24, 2, 40, 39	3, 33, 26	4, 17, 34, 26	all
32	제조 용이성	27, 1, 12, 24	19, 35	15, 34, 33	32, 24, 18, 16	35, 28, 34, 4	35, 23, 1, 24		1, 35, 12, 18	all	24, 2
33	동작 용이성	35, 34, 2, 10	2, 19, 13	28, 32, 2, 24	4, 10, 27, 22	4, 28, 10, 34	12, 35	17, 27, 8, 40	25, 13, 2, 34	1, 32, 35, 23	2, 25, 28, 39
34	수리 용이성	15, 10, 32, 2	15, 1, 32, 19	2, 35, 34, 27	all	32, 1, 10, 25	2, 28, 10, 25	11, 10, 1, 16	10, 2, 13	25, 10	35, 10, 2, 16
35	적응성/융통성	19, 1, 29	18, 15, 1	15, 10, 2, 13	all	35, 28	3, 35, 15	35, 13, 8, 24	35, 5, 1, 10	all	35, 11, 32, 31
36	장치의 복잡성	20, 19, 30, 34	10, 35, 13, 2	35, 10, 28, 29	all	6, 29	13, 3, 27, 10	13, 35, 1	2, 26, 10, 34	26, 24, 32	22, 19, 29, 40
37	검출 및 측정의 어려움	18, 1, 16, 10	35, 3, 15, 19	1, 18, 10, 24	35, 33, 27, 22	18, 28, 32, 9	3, 27, 29, 18	27, 40, 28, 8	26, 24, 32, 28	all	22, 19, 29, 28
38	자동화 정도	28, 2, 27	23, 28	35, 10, 18, 5	35, 33	24, 28, 35, 30	35, 13	11, 27, 32	28, 26, 10, 34	28, 26, 18, 23	2, 33
39	생산성	35, 20, 10	28, 10, 29, 35	28, 10, 35, 23	13, 15, 23	all	35, 38	1, 35, 10, 38	1, 10, 34, 28	18, 10, 32, 1	22, 35, 13, 24

<계속>

개선되는 특성		악화되는 특성									
		31	32	33	34	35	36	37	38	39	
1	움직이는 대상물의 무게	22, 35, 31, 39	27, 28, 1, 36	35, 3, 2, 24	2, 27, 28, 11	29, 5, 15, 8	26, 30, 36, 34	28, 29, 26, 32	26, 35, 18, 19	35, 3, 24, 37	
2	정지한 대상물의 무게	35, 22, 1, 39	28, 1, 9	6, 13, 1, 32	2, 27, 28, 11	19, 15, 29	1, 10, 26, 39	25, 28, 17, 15	2, 26, 35	1, 28, 15, 35	
3	움직이는 대상물의 길이	17, 15	1, 29, 17	15, 29, 35, 4	1, 28, 10	14, 15, 1, 16	1, 19, 26, 24	35, 1, 26, 24	17, 24, 26, 16	14, 4, 28, 29	
4	정지한 대상물의 길이	all	15, 17, 27	2, 25	3	1, 35	1, 26	26	all	30, 14, 7, 26	
5	움직이는 대상물의 면적	17, 2, 18, 39	13, 1, 26, 24	15, 17, 13, 16	15, 13, 10, 1	15, 30	14, 1, 13	2, 36, 26, 18	14, 30, 28, 23	10, 26, 34, 2	
6	정지한 대상물의 면적	22, 1, 40	40, 16	16, 4	16	15, 16	1, 18, 36	2, 35, 30, 18	23	10, 15, 17, 7	
7	움직이는 대상물의 부피	17, 2, 40, 1	29, 1, 40	15, 13, 30, 12	10	15, 29	26, 1	29, 26, 4	35, 34, 16, 24	10, 6, 2, 34	
8	정지한 대상물의 부피	30, 18, 35, 4	35	all	1	all	1, 31	2, 17, 26		35, 37, 10, 2	
9	속도	2, 24, 35, 21	35, 13, 8, 1	32, 28, 13, 12	34, 2, 28, 27	15, 10, 26	10, 28, 4, 34	3, 34, 27, 16	10, 18	all	
10	힘	13, 3, 36, 24	15, 37, 18, 1	1, 28, 3, 25	15, 1, 11	15, 17, 18, 20	26, 35, 10, 18	36, 37, 10, 19	2, 35	3, 28, 35, 37	

<계속>

부록 모순행렬표

개선되는 특성		악화되는 특성									
		31	32	33	34	35	36	37	38	39	
11	응력 또는 압력	2, 33, 27, 18	1, 35, 16	11	2	35	19, 1, 35	2, 36, 37	35, 24	10, 14, 35, 37	
12	모양	35, 1	1, 32, 17, 28	32, 15, 26	2, 13, 1	1, 15, 29	16, 29, 1, 28	15, 13, 39	15, 1, 32	17, 26, 34, 10	
13	물체 구성의 안정성	35, 40, 27, 39	35, 19	32, 35, 30	2, 35, 10, 16	35, 30, 34, 2	2, 35, 22, 26	35, 22, 39, 23	1, 8, 35	23, 35, 40, 3	
14	강도	15, 35, 22, 2	11, 3, 10, 32	32, 40, 25, 2	27, 11, 3	15, 3, 32	2, 13, 25, 28	27, 3, 15, 40	15	29, 35, 10, 14	
15	움직이는 물체의 작동시간	21, 39, 16, 22	27, 1, 4	12, 27	29, 10, 27	1, 35, 13	10, 4, 29, 15	19, 29, 39, 35	6, 10	35, 17, 14, 19	
16	정지한 물체의 작동시간	22	25, 10	1	1	2	all	25, 34, 6, 35	1	20, 10, 16, 38	
17	온도	22, 35, 2, 24	26, 27	26, 27	4, 10, 16	2, 18, 27	2, 17, 16	3, 27, 35, 31	26, 2, 19, 16	15, 28, 35	
18	밝기	35, 19, 32, 39	19, 35, 28, 26	28, 26, 19	15, 17, 13, 16	15, 1, 19	6, 32, 13	32, 15	2, 26, 10	2, 25, 16	
19	움직이는 물체의 소비 에너지	2, 35, 6	28, 26, 30	19, 35	1, 15, 17, 28	15, 17, 13, 16	2, 29, 27, 28	35, 38	35, 2	12, 28, 35	
20	정지한 물체의 소비 에너지	19, 22, 18	1, 4	all	all	all	all	19, 35, 16, 25	all	1, 6	

<계속>

개선되는 특성		악화되는 특성									
		31	32	33	34	35	36	37	38	39	
21	동력	2, 35, 18	26, 10, 34	26, 35, 10	35, 2, 10, 34	19, 17, 34	20, 19, 30, 34	19, 35, 16	28, 2, 17	28, 35, 34	
22	에너지의 손실	21, 35, 2, 22	all	35, 32, 1	2, 19	all	7, 23	35, 3, 15, 23	2	28, 10, 29, 35	
23	물질의 손실	10, 1, 34, 29	15, 34, 33	32, 28, 2, 24	2, 35, 34, 27	15, 10, 2	35, 10, 28, 24	35, 18, 10, 13	35, 10, 18	28, 35, 10, 23	
24	정보의 손실	10, 21, 22	32	27, 22	all	all	all	35, 33	35	13, 23, 15	
25	시간의 손실	35, 22, 18, 39	35, 28, 34, 4	4, 28, 10, 34	32, 1, 10	35, 28	6, 29	18, 28, 32, 10	24, 28, 35, 30	all	
26	물질의 양/일의 양	3, 35, 40, 39	29, 1 35, 27	35, 29, 25, 10	2, 32, 10, 25	15, 3, 29	3, 13, 27, 10	3, 27, 29, 18	8, 35	13, 29, 3, 27	
27	신뢰성	35, 2, 40, 26	all	27, 17, 40	1, 11	13, 35, 8, 24	13, 35, 1	27, 40, 28	11, 13, 27	1, 35, 29, 38	
28	측정의 정확성	3, 33, 39, 10	6, 35, 25, 18	1, 13, 17, 34	1, 32, 13, 11	13, 35, 2	27, 35, 10, 34	26, 24, 32, 28	28, 2, 10, 34	10, 34, 28, 32	
29	제조의 정밀도	4, 17, 34, 26	all	1, 32, 35, 23	25, 10	all	26, 2, 18	all	26, 28, 18, 23	10, 18, 32, 39	
30	대상물에 영향을 주는 외부의 해로움	all	24, 35, 2	2, 25, 28, 39	35, 10, 2	35, 11, 22, 31	22, 19, 29, 40	22, 19, 29, 40	33, 3, 34	22, 35, 13, 24	

<계속>

부록 모순행렬표

개선되는 특성		악화되는 특성 31	32	33	34	35	36	37	38	39	
31	대상물이 일으키는 해로운 요소	all	all	all	all	all	19, 1, 31	2, 21, 27, 1	2	22, 35, 18, 39	
32	제조 용이성	all	all	2, 5, 13, 16	35, 1, 11, 9	2, 13, 15	27, 26, 1	6, 28, 11, 1	8, 28, 1	35, 1, 10, 28	
33	동작 용이성	all	2, 5, 12	all	12, 26, 1, 32	15, 34, 1, 16	32, 26, 12, 17	all	1, 34 12, 3	15, 1, 28	
34	수리 용이성	all	1, 35, 11, 10	1, 12, 26, 15	all	7, 1, 4, 16	35, 1, 13, 11	all	34, 35, 7, 13	1, 32, 10	
35	적응성/융통성	all	1, 13, 31	15, 34, 1, 16	1, 16, 7, 4	all	15, 29, 27, 28	all	27, 34, 35	35, 28, 6, 37	
36	장치의 복잡성	19, 1	27, 26, 1, 13	27, 9, 26, 24	1, 13	29, 15, 28, 37	all	15, 10, 37, 28	15, 1, 24	12, 17, 28	
37	검출 및 측정의 어려움	2, 21	5, 28, 11, 29	2, 5	12, 26	1, 15	15, 10, 37, 28	all	34, 21	35, 18	
38	자동화 정도	2	1, 26, 13	1, 12, 34, 3	1, 35, 13	27, 4, 1, 35	15, 24, 10	34, 27, 25	all	5, 12, 35, 26	
39	생산성	35, 22, 18, 39	35, 28, 2, 24	1, 28, 7, 10	1, 32, 10, 25	1, 35, 28, 37	12, 17, 28, 24	35, 18, 27, 2	5, 12, 35, 26	all	

출처: 알트슐러 저 40가지 원리(1997, TIC, Worcester)의 수정 자료이며, 인용을 허락받았음.

Chapter Eleven

문제 해결을 위한 모형 평가

서문에서 우리는 독자가 문제해결을 위한 일반 모형을 시험하고 다듬어야 한다고 강조하였다. 트리즈가 유행이기 때문이 아니라, 효과가 있기 때문에 받아드려야 한다.

당신이 트리즈를 사용할 때, 그 과정을 평가하는 다음 두 가지 방법이 있다.

1. 7장에서 공부한 바와 같이 이상적 최종 결과의 평가 기준에 따라 실행 결과를 평가한다.
2. 당신이 습득한 지식과 경험에 따라 트리즈 모형과 도구를 평가한다.

문제 해결을 위한 모형을 사용하는 것은 트리즈 도구들을 배열하고 재구성하는 구조화된 방법을 제공한다. 그리고 당신에게 새로운 지식을 창조하기 위한 시스템을 제공한다. 모순과 이상성 및 그 밖의 기초적 개념들은 새로운 분야에서 더 많은 분석, 심화 그리고 실행을 위해 열려있다. 이 모형들은 당신의 작업을 위한 연구 요소를 가져다준다. 트리즈는 계속적으로 진화하고 있다. 트리즈는 변하지 않는, 의문 없이 사용할 수 있는 얼어붙은 교리가 아니다. 되풀이해서

는 변하지 않는, 의문 없이 사용할 수 있는 얼어붙은 교리가 아니다. 되풀이해서 다음 질문을 해야 한다. "왜 이 모형을 쓸까? 왜 이 도구를 쓸까? 그밖에 다른 것이 왜 없을까?"

당신이 문제를 해결하기 위해 트리즈를 사용할 때 마다, 당신은 당신 자신의 학습을 향상시키고, 다른 사람을 위해서 트리즈 개선을 도와 줄 기회를 갖는다. 어떤 사람들은 8장의 의제에 다른 질문을 추가했다. "이번 트리즈 적용에서 내가 잘한 것이 무엇인가? 다음번에 나는 무엇을 다르게 해야 하는가?"

당신의 문제에 대한 혁신적 해결책을 얻기 위해 이 책에 있는 모형과 도구들을 실행해 보기 바란다. 당신이 그렇게 했을 때, 트리즈 개발에 기여하기 위해 표 11.1의 훈련을 사용할 수 있다.

표 11.1 문제 해결을 위한 모형 평가

1. 어떤 개념, 모형 그리고 도구가 내 작업에 가장 효과적이고 유용한가?

___

___

2. 어떤 점이 더 많은 개발을 요하는가?

___

___

3. 그밖에 생각은?

___

___

당신이 속한 조직에서 이런 생각을 공유할 수 있고, 당신이 사용하는 트리즈 버전을 개선할 수 있다. 또한 세계 각지의 트리즈 공동체들과 이런 생각을 공유할 수 있다.[1]

참고문헌

1. 저자에게 당신의 제안을 e-메일로 보내주세요.
http://www.triz-journal.com/SimplifiedTRIZ/

12

Chapter Twelve

비즈니스를 트리즈로 개선하는 방법

만약 당신이 매니저나 컨설턴트이고, 트리즈에 대하여 들어 본적이 있다면, 아마 다음과 같은 의문을 가질 것이다. “트리즈가 정말로 효과가 있으며 비즈니스을 개선할 것이라고 내가 어떻게 입증할 수 있을까?”

먼저 11장까지 쭉 공부하면서 연습문제를 풀이해 보았다면, 당신은 이미 스스로 트리즈 이용에 능숙할 것이다. 이제 새로운 문제에 부딪히게 되는데, 즉 조직 내의 다른 사람들이 트리즈를 채택하도록 어떻게 도와줄 수 있는가라는 문제이다.

조직에서 일하는 사람들은 개인회사든 정부기관이든 소규모 가게든지 간에 새로운 아이디어를 개발할 수 있는 환경에서 당신 자신의 문제를 해결하는 데 유리하도록 동료에게 트리즈를 지원해 주어야 한다. 개인회사는 경쟁적인 이익을 추구하고(특허권을 얻고, 새로운 표준을 수립하거나, 새로운 개념으로 시장에 1등으로 진입하여 독점 이익을 얻는 것), 공공 조직은 최소 비용으로 최대 이익을 얻고자 할 것이다. 두 조직 모두 트리즈의 혁신적인 창의성을 필요로 한다.

이 장과 다음 장들은 모든 그러한 경우에 도움이 될 것이다. 이 책 전체는 대

이 장과 다음 장들은 모든 그러한 경우에 도움이 될 것이다. 이 책 전체는 대략 다음과 같이 세 부분으로 나눠볼 수 있다.

1. 모순을 분석함으로써 문제를 해결하는 방법(1~7장)
2. 40가지 발명원리와 기술진화 유형을 이용한 시스템 개선(9~10장)
3. 트리즈의 이점을 당신의 조직이 신속하게 이용 가능하도록 트리즈에 대한 체계적인 실행 과정이 제시된, 비즈니스에 트리즈의 적용(12~14장)

마지막 부분에서는 트리즈를 다른 도구 및 방법론들과 어떻게 통합시키는지에 대하여 논의한다. 다음 두 장(13~14장)에서는 두 가지 중요한 개선 시스템인 제약이론(TOC)과 식스시그마와 함께 트리즈의 사용을 자세히 설명한다.

이 장에서는 먼저, 트리즈를 채택하려고 할 때 직면하게 되는 가장 전형적인 장애에 대하여 알아본다. 두 번째로, 그 장애를 어떻게 극복할지 언급하고, 트리즈의 도입을 위한 흐름도를 제시한다. 세 번째 부분에서는 트리즈 도입의 주요 3단계를 연구한다.

12.1 트리즈 채택에 대한 전형적인 장애

조직이 크든 작든, 공적이든 사적이든 트리즈 실행에 따른 동일한 장애는 부딪히게 된다. 그러한 장애를 극복하는 방법도 매우 비슷해서 전형적인 장애에 대하여 알고 있으면 매우 유용하다.

트리즈는 어려운 문제를 혁신적으로 해결할 수 있는 능력을 조직에 부여한다. 근본적으로 트리즈는 아이디어 생성의 양과 질을 향상시킨다. 이 내용을 읽은 사람들의 반응은 다음의 두 가지 중 하나다.

1. 사실이라고 하기에는 너무 좋게 들리는데, 어쩌면 그럴 수도 있겠지. 그저 하나의 과장 광고일 뿐이야. “이 달의 초점” 경영 교육이다.
2. 대단하다! 여기에 그것을 도입해서 모두가 즉시 사용하는 것을 시작해 보자.

당신이 자신의 문제에 대한 창의적인 해결책을 얻기 위해 트리즈를 사용해 왔다면, 1번과 같은 반응을 나타내지는 않을 것이다. 그러나 트리즈의 위력을 경험하지 못한 사람들에게 당신은 무엇을 제시할 수 있는가?

조직이 트리즈를 채택하는 데 있어서 주요한 장애는 인간적인 것이지 기술적인 것이 아니며 예를 들면 다음과 같다.

- **시간**: 모두가 눈앞의 불을 끄느라 너무 바빠서 새로운 화재 예방법을 익힐 시간이 없다.
- **의심**: 다른 "새로운 방법"은 생산성 향상, 고객 만족, 신속한 시장 진입, 높은 투자 회수율(ROI) 혹은 경제적 부가이익 (EVA)등을 지나치게 약속한다.
- **전통적인 프로젝트 관리 시스템**: 전통적인 이정표가 프로젝트의 성공을 평가하고 새로운 프로세스가 이런 이정표와 일치하지 않는다면, 현재 시스템 내에서 일하는 데 큰 압력이 있을 것이다. 예를 들어, 일부 제품 개발 시스템은 절충 연구를 실시하기 위한 시간을 가지고 있다. 문제에 대한 좋은 해결책은 절충을 피하는 것이라고 트리즈는 말한다. 조직이 계속 종래의 시스템을 사용할 것을 요구한다면, 트리즈의 사용은 억제될 것이다.
- **NIH 신드롬**: NIH는 "여기서 발명하지 않았다(not invented here)"라는 뜻이며, 트리즈에 대해서는 두 가지 의미, 즉 "우리 조직에서 발명하지 않았다"와 "우리나라에서 발명하지 않았다"가 있다.
- "이것은 그럭저럭 효과가 있을 수도 있지만, 우리에게는 효과가 없을 것이다." "우리의 문제는 다르고/첨단 기술이며/그들의 데이터베이스에 없고/조정자가 제어하고 있다, 등." 이 말은 사실상 NIH의 하위 범주이다.

12.2 트리즈를 당신의 조직에 도입하는 방법

그림 12.1의 흐름도는 조직에 트리즈를 도입하기 위한 구조화된 방법을 보여주며, 이것이 그러한 장애를 극복하는 데 도움을 줄 수 있다. 이 방법은 문화적 변화의 "트릭"이나 조직 역학 관계의 미묘한 점을 이용하지 않는다. 이것은 전문가와 매니저를 서비스, 엔지니어링, 생산, 유통에 참가시켜 트리즈를 즉시 경험하게 하고, 그들이 자신의 문제에 관하여 혁신적인 결과를 마련하도록 도와

준다. 물론 어떤 조직은 이보다 훨씬 적게 구조화되어 있어서, 단지 모든 사원들에게 이 책을 사서 나눠준 회사가 성공하는 것을 본적도 있다.

이런 즉각적인 창의성 증가 효과로 "의심"이나 "NIH"와 같은 장애가 제거되며, 조직은 핵심요원들의 시간을 재 할당하기 위해서 그 자원, 그리고 강화된 창의성을 사용할 것이다. 트리즈 실행 초기 단계에서, 조직은 많은 새로운 아이디어를 다루는 것이 항상 이득으로 보이지 않는데, 왜냐하면 그러한 좋은 아이디어를 다루기에는 조직이 지닌 자원이 부족할 수 있기 때문이다.[1] 흐름도로 제시된 과정에 대한 이론적 설명(근거)은, 각 단계를 그에 따른 결과(새로운 아이디어, 새로운 개념, 창의성 향상)의 관점에서 분석하고 조직이 그 결과들을 변화시킴으로써 더욱 분명해질 것이다.

12.3 흐름도의 단계별 실행

이 흐름도는 성공적으로 트리즈를 실행할 수 있도록 단계별 윤곽을 상세하게 보여준다. 다음 세 가지 주요 단계는 모든 세부 사항을 포함한다.

1. 혁신의 증가가 필요하다는 결정을 내린다.
2. 파일럿 프로젝트. 트리즈와 트리즈를 가르치는 방법을 그들 주변에서 일하는 사람들과 함께 그 조직의 프로젝트로 시험해 본다. 파일럿 프로젝트의 실행 결과가 성공의 열쇠이다. 왜냐하면 트리즈 해결책이 실제로 어떻게 작용하는지를 조직 전체에게 보여주기 때문이다.
3. 수용. 트리즈가 조직을 운영하는 하나의 표준 방법이 된다.

12.3.1 1단계

1단계는 혁신의 증대가 필요하다는 조직의 결정이다. 이런 결정은 거의 대부분 개인 비즈니스에서는 경쟁적인 압력에 의해, 공공 기관에서는 시민의 요구로 인해 발생하며, 가끔 정규 요구 조건에서 나오기도 한다. 한 명 또는 그 이상의 조직 매니저들이 트리즈의 도입과 제도화를 조직화시키기 위한 트리즈 "챔피언"으로 선정된다. 흔히 이런 챔피언들은 이미 트리즈를 배워 그것으로 조직을 도울 방법을 파악하고 있으며, 그 일에 자신이 임명되도록 하기 위해서 조직의 정책에 대한 자신의 지식을 이용한다. 트리즈에 대하여 아는 사람보다는, 조직 내에

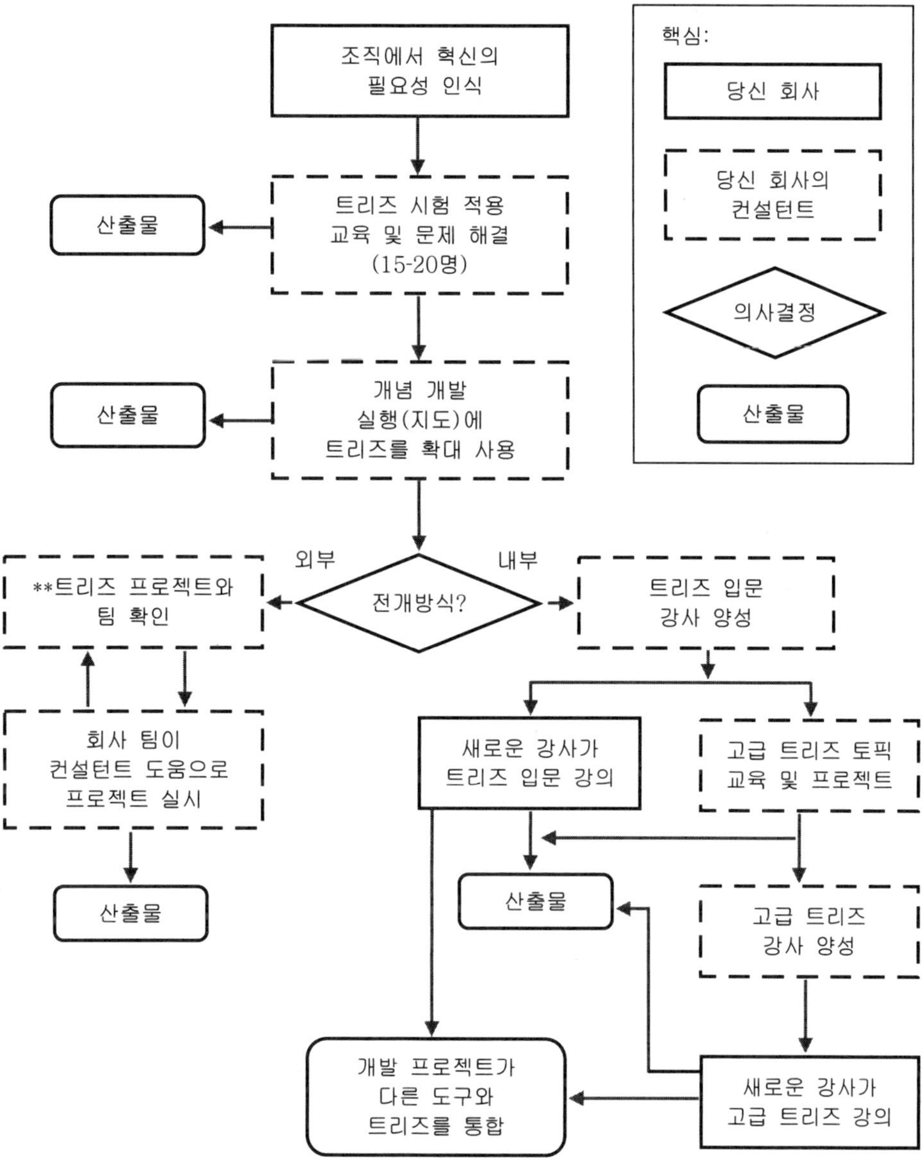

그림 12.1 트리즈 실행을 위한 흐름도. 이것은 가장 구조화된 수준으로, 완전히 자급자족하기를 원하는 대기업을 위한 흐름도이다. 트리즈를 공부하지 않고 바로 이용하고자 하는 기업들은 **표시가 된 박스에서 시작하면 된다. 내부 경로는 조직 내에서 트리즈 전문가의 개발에 대한 것이다. 외부 경로는 외부 전문가를 이용한다. 컨설턴트와 외부 전문가를 이용할지 여부를 선택하는 것은 본문에서 논의한다.

서 일을 잘 처리하는 방법을 아는 존경 받는 사람이 챔피언이 되는 것이 필요하다.

챔피언이 요구를 명백히 밝히고 장애를 처리하는 것은 필수불가결한 일이다. 이것을 시작하는 한 가지 방법은 다음의 질문에 답하는 것이다.

- 혁신의 증대는 정말로 필요한가?
  혁신을 증대시키기 위한 체계적인 방법으로서 트리즈를 다루기 전에, 챔피언은 이 질문에 먼저 대답하거나, 또는 이 질문에 답변하기 위해 기업의 리더십을 가져야만 할지 모른다. 혁신 증대를 위한 동기부여는 고객으로부터, 경쟁자로부터, 또는 통상적인 상황으로부터 나타날 수 있다. 챔피언은 조직이 왜 새로운 방법을 도입하는지를 사람들에게 이해시키기 위해 이런 질문에 대한 대답을 사용할 것이다.

- 트리즈는 우리가 처한 환경에서 효과를 발휘할 것인가?
  자신의 산업(전자, 화학 및 의약 산업, 식품업, 금융 서비스, 보험 그리고 그외)에서 일반적인 트리즈 템플릿과 모형을 처음으로 실시한 기업들은 엄청난 성과를 얻었다. 본문에 제시된 트리즈 사례는 특정 산업을 다룬 것이 아니기 때문에, 그들의 상황에 어떻게 트리즈를 적용해야 할지 파악하기 위해서는 더 많은 노력을 기울여야 했다. 지금까지 트리즈는 수많은 상황에 적용되어 왔으며, 이런 문제는 다소 줄어들었지만, 챔피언은 이 새로운 방법이 효과가 있다는 점을 다른 사람들에게 확신시킬 수 있는 사례를 끊임없이 찾아야 한다.

  참여는 성과를 낳고 성과는 참여를 강화한다. 여기에 제시된 시스템은 성과를 신속하게 얻고 참여를 키워갈 수 있도록 고안된 것이다. 예전의 일하던 방식에서 새로운 시스템으로 변화해야 할 필요성을 명확히 이해하지 못한다면, 아무리 도구가 좋아도 좋은 성과를 낼 수 없다. 이 질문 목록은 변화의 필요성을 명확히 설명해 줄 것이다.

- 우리 조직의 실질적인 문제는 무엇인가?
  (예: 고객 요구 예측의 어려움)

- 우리의 강점은 무엇인가?
  (예: 과학과 기술에 대한 풍부한 지식, 우수한 재무 분석 능력, 탁월한 유통관리, 우수한 의료기술뿐만 아니라 간호 태도의 명성 등)

- 우리의 약점은 무엇인가?
  (예: 고객이 알고 있는 간단한 해결책을 높은 수준의 전문가들이 찾아내는데 어려움이 있고, 고객 문제를 일으키는 잘못된 방식으로 서비스

와 제품이 도입되며, 모든 직원들이 고객 서비스가 우선임을 이해하지는 못하는 등)

- 강점을 보강하고 약점을 없애기 위해서 필요한 것은 무엇인가?
  (예: 자신의 지식을 더욱 효과적으로 이용할 수 있도록 도와주는 모형을 전문가들에게 제공)

⊃ 1장 참조: 왜 사람들은 문제를 풀기 위해 새로운 방법을 찾는가?

12.3.2 2단계

2단계는 트리즈를 도입하기 위한 한 가지 이상의 파일럿 프로젝트의 선택이다. 지원 가능한 파일럿 프로젝트는 경쟁적인 상황이나 정규 변경과정에서 나올 수 있고, 또는 조직의 문제 파악 및 수정 활동 시스템에서 나올 수도 있다. "챔피언"이 고수익과 미래의 교육 사례로써의 유용성의 최적 조합이 될 문제를 선정한다. 좋은 파일럿 프로젝트란 어려운 문제로서 해결할만한 가치가 있는 프로젝트이다. 이런 프로젝트나 문제는 트리즈 기초반 수업의 사례 연구로 사용된다. 때때로 챔피언은 각 수강자들에게 문제를 선택할 것을 요구한다. 다음은 어떤 회사에서 그들의 첫 번째 트리즈 수업에 가져와 우수한 프로젝트를 선택하도록 도와준 메모이다.

트리즈 프로젝트 선택

> 트리즈는 제품, 공정, 업무 처리 상황에 있는 어려운 문제에 대한 혁신적인 해결책을 찾기 위한 수많은 기법을 가지고 있다. 다음은 트리즈 수업에서 사용할 "좋은" 문제의 특성 목록이다.
>
> 우리는 고객이 누구이며, 고객의 요구가 무엇이고, 현재의 시스템이 왜 그들의 요구를 만족시키지 못하는가 알고 있다.
>
> 우리는 문제의 증상만이 아닌, 문제의 근본 원인을 이해한다. 그러나 무엇을 해야 하는지 알지 못한다.
>
> 우리가 무엇을 해야 하는지 왜 알지 못하는가?
>
> 간혹, 그것은 시스템에 모순이 존재하기 때문이다.
>
> 간혹, 그것은 시스템이 현재의 기술 또는 방법론(재료의 강도, 대역폭, 통신, 혹은…)으로 달성할 수 있는 한계에 도달되었기 때문이다.

간혹, 우리는 어디서 시작해야 할지 알지 못한다.

다음 주 트리즈 수업에서 당신은 트리즈 방법을 배울 뿐만 아니라, 이런 방법을 문제해결에 적용할 것이다. 문제를 설명하기 위해 필요한 것은 문서, 그림 등 무엇이든 부디 가져오기 바란다. 다음은 지금까지 있었던 트리즈 수업에서 해결된 문제이다. 이것을 읽어보면 고려해야할 문제는 어떤 종류인지 알게 될 것이다.

업무 처리: 프로젝트 매니저들은 프로젝트 관리 소프트웨어를 사용하는 데에 너무 많은 시간이 걸린다고 불평하며, 데이터를 현재에 반영하지 못한다. 그래서 그들은 그들의 데이터가 현재 것이 아니어서 역동적인 계획을 짤 능력을 갖지 못한다. 시간을 더 들이지 않으면서 모든 데이터를 현재에 반영시킬 수 있는 방법을 찾아라.

업무 처리: 어떤 큰 컨설팅 회사의 구식 전화 시스템은 모든 통화 내역을 기억하며 이로써 해당 고객에게 비용을 청구할 수 있었다. 새로운 시스템은 그러한 기능이 없지만, 일부 계약에 의하면 별도로 전화 요금을 청구해야 한다(새로운 시스템을 설치하기 전에 이것을 고려했어야 한다). 어떻게 해야 하는가?

비즈니스: 회사는 새로운 프로젝트에 대한 투자 여부를 결정하기 위한 표준 방법을 가지고 있다. 많은 사람들은 이 방법이 너무 복잡하다고 생각해서, 그들은 이것을 우회하는 방법을 찾는데, 이것이 어떤 프로젝트에 돈을 투자하고 어떻게 의사 결정을 할 것인지에 대해 큰 혼란을 일으키고 있다. 어떻게 해야 하는가?

측정: 이 공정은 여러 번의 개선을 거쳤으며, 수율은 상당한 수준으로 증가하였다. 고객은 불량 측정을 요구하고, 불량을 충분히 측정하기 위해서 많은 재료 샘플이 소요된다. 대량의 제품 희생 없이 고객들이 수용할 만한 측정 방법을 찾아라.

측정: 고객 규격에 따르면 제품 냉각 과정 중에 측정을 해야 한다. 그러나 제품에 온도계를 삽입하면 온도계 삽입 부위에서 제품의 손상을 가져올 수 있다. 제품을 손상시키지 않고 고객 규격을 따를 수 있는 방법을 찾아라.

공정: 어떤 기계는 원래 종이로 분리된 금속 시트를 고속으로 처리하도록 설계되었다. 그런데 이제 그 기계를 종이 없이 금속 시트를 처리하는데 사용하게 되자, 금속 시트에 심각한 표면 손상이 생기게 되었다. 종이

를 다시 사용할 수는 없는데, 그 이유는 다음에 이어지는 공정때문이다. 빠른 속도에서 시트를 처리할 방법을 찾아라.

공정: 어떤 시스템은 화학제품을 생산하며 물과 혼합된 폐기물을 배출한다. 물을 재순환 시키거나 처리하기에 앞서 폐기물을 제거해야 한다. 현재 시스템은 세 개의 정화 시스템을 필요로 하며(운전 중인 것, 세척되어 있는 것, 대기 중인 것), 이것은 시간이 많이 걸리고 비용이 많이 드는 방법이다(정화 물질을 트럭에 실어, 그것을 재처리 설비로 운반하여 처리한 다음, 그것을 다시 트럭에 실고 돌아와, 트럭에서 꺼내어, 시스템으로 되돌린다). 폐기물 정화 시스템의 비용을 낮출 방법을 찾아내서 제품 비용을 줄여라.

제품: 식품 포장지는 기름을 투과하지 않아야 위생적이면서도 보기에도 좋다. 그러나 (기름과 매우 유사한 성질을 가진) 인쇄 잉크는 포장지에 잘 부착되어 있어야 하는데, 그래야 제품을 식별하고 광고할 수 있다. 포장지를 어떻게 구성해야 하는가?

흐름도에는 점선의 여러 박스가 있는데, 이것은 당신 회사와 함께하는 “컨설턴트”를 의미한다. 챔피언은 컨설턴트의 활용 여부를 판단해야 하며, “예”라는 결정이 내려지면 컨설턴트를 선택할 필요가 있을 것이다. 컨설턴트와 함께 혹은 컨설턴트 없이 일해야 하는 기준을 요약한 표 12.1을 참조하여라.

컨설턴트를 활용하지 않기로 결정하는 경우에도, 당신은 그림 12.1에 제시된 흐름도를 사용할 수 있다. 그렇지만, 트리즈에 관한 책과 연구 논문을 읽고 공공 세미나와 회의에 참석하거나 다른 수단으로 트리즈 교육을 받을 필요가 있다.[2]

표 12.1 당신 조직에 트리즈의 도입을 돕기 위해 컨설턴트를 활용해야 하는가?

예	아니오
당신이 트리즈 교육 전문가를 선택한다면, 직원이 트리즈를 배우고, 교재와 방법을 개발하는 데 걸리는 시간을 훨씬 많이 절약할 수 있다.	소수의 직원들이 스스로 연구하는 것 보다 비용이 훨씬 많이 든다.
컨설턴트가 다른 조직의 성공적인 결과를 보여줄 수 있기 때문에 파일럿 프로젝트 참가자들의 자신감을 높여준다.	일부 조직은 과거에 컨설턴트와 좋지 않은 경험이 있었기 때문에 외부에서 들어오는 것은 무엇이든 거절한다.
컨설턴트의 경험을 바탕으로 더욱 세련된 결과를 얻는다. 자체적인 연구와 프로젝트를 통해서 배우는 것 보다 훨씬 빨리 초보자들이 트리즈의 능숙한 숙련자가 될 수 있다.	컨설턴트에게 회사의 문화와 문제를 교육시키는 데 시간이 걸릴 수도 있다.

컨설턴트를 활용하기로 결정한다면, 컨설턴트를 찾기 위한 이용 가능한 많은 자원들이 있다. 컨설턴트와 강사들은 알트슐러 협회와 유럽 트리즈 협회의 연례 회의에 참가한다(회의 프로그램과 날짜는 트리즈 저널(The TRIZ Journal)의 일정을 참조). 트리즈 저널의 수많은 논문 저자들은 그들 논문에 연락처 정보를 기재하고 있는 활동적인 컨설턴트들이다.

일단 당신이 파일럿 프로젝트를 결정하고 외부 컨설턴트를 이용할지 여부를 판단하였다면, 당신은 파일럿 프로젝트 트리즈 수업을 실시할 준비가 된 것이다. 우리는 경험적 교육 양식을 추천한다. 즉, 강사가 기본 원리를 강의한 다음에, 수업 참가자들이 실제 문제를 해결하도록 지도한다. 이런 교육 양식은 다음과 같은 여러 가지 장점이 있다.

- 선택된 프로젝트 또는 문제에 대하여 발명 해결책의 개념이 형성된다.
- 참가자들 자신이 결과를 도출한다.
- 참가자들이 결과를 분류하는 법을 배우고, 즉시에 장기적인 이득을 얻는다.
- 참가자들이 트리즈 방법론을 충분히 배워서 그것을 스스로 잘 적용하게 된다.

파일럿 프로젝트 결과의 실행은 매우 중요하다. 그 실행 과정에서 많은 새로운 문제들이 생기기 때문에, 수업 참가자들은 새로운 기술을 사용하게 되고 그들이 배운 것의 값진 보완을 받게 된다. 트리즈의 성과가 조직에서 가시화되므로, 새로운 방법의 도입에 대한 반발은 감소되거나 사라진다.

2단계를 성공한 다음에는, 트리즈 "챔피언"과 조직의 리더십은 두 가지 경로 가운데 하나를 고른다. 내부 경로는 내부 트리즈 숙련자 팀을 전부 만들어내는데, 이들의 기량이 향상됨에 따라 외부 강사와 컨설턴트를 대체한다. 외부 경로는 각각의 프로젝트가 확인됨에 따라 컨설턴트를 활용해서 각 팀을 지도한다. 혼합적 접근이 역시 성공적으로 사용되는데, 이는 신속한 결과를 위해 외부 경로를 따르고, 동시에 내부 경로를 미래의 자급자족 발전을 달성하기 위해 따라간다. 외부 경로는 또한 전략 기획을 위해, 전 산업에 대한 기술 예측에 트리즈를 응용하기 위해, 그리고 내부 경로를 개발하는 데 걸리는 기간 동안 제품 플랫폼을 위해 자주 사용된다. 내부 전문가들은 트리즈의 전략적 사용법을 배우고, 고급 주제를 교육받는 동안에는 내부 컨설턴트이자 강사가 된다.

12.4 다른 방법론과 트리즈를 통합함으로써 추가적인 이익 얻기

12.4.1 3단계

3단계는 수용이다. 조직이 자체의 내부 전문가를 양성함에 따라, 그들은 조직의 다른 방법론과 트리즈의 통합에 앞장선다. 그들은 트리즈 실행에 대한 마지막 장애물(기존의 프로젝트 관리 시스템)을 극복할 때 집단 "챔피언"이 된다. 트리즈는 신제품 프로젝트, 공정 개선 프로젝트, 프로세스 리엔지니어링 프로젝트에 강한 영향을 미칠 것이다. 흐름도의 오른쪽 내부 갈림을 따르면 이 장애를 극복할 것이다. 점점 많은 사람들이 트리즈를 배우고 조직이 내부 전문가 기간 요원을 양성함에 따라, 그들은 회사의 모든 다른 도구와 트리즈를 통합할 것이다. 기존 도구와 트리즈를 통합한 다른 사례는 다음과 같다.

- 트리즈/QFD
  품질기능전개(QFD)는 *고객의 소리와* 조직의 기술 능력을 확인하고 우선순위를 매긴 다음, 서비스 및 제품 생산과 설계에 대한 새로운 개념의 우선순위를 매기는 것을 돕는다. 트리즈는 새로운 개념을 생성하고 모순을 해결하는 것을 돕는다.[3~5]

- 트리즈/강건 설계/다구찌 방법
  강건설계는 모든 형태의 낭비와 비용을 최소화하기 위한 정확한 파라미터를 찾아 준다. 트리즈는 이런 파라미터를 얻는 과정을 만드는 방법을 찾아 준다.[6]

- 트리즈/DFM-A
  제조 용이성 설계 및 조립 설계는 제조 및 조립 비용을 낮추고 수율을 높이며 사이클 타임을 단축시키는 설계의 특성을 확인하고 우선 순위를 매긴다. 트리즈는 이런 특성을 실행할 때 직면하는 기술적 문제를 해결한다. 이와 유사하게, 많은 조직은 "사용성 설계"를 위한 내부 지침을 개발해왔으며, 이것을 사용성 설계를 얻는 측면에서 트리즈 창의성이 강화시켜 준다.

- 트리즈/동시 공학(또는 통합된 제품 및 공정 엔지니어링, 또는 제품 개발팀, 또는 공급자/개발자/고객 팀)
  이런 프로젝트 관리 팀은 기술 예측에서부터 개념 설계, 제품 설계에 이르기까지, 그리고 실행 문제해결에서부터 서비스, 수송, 수리 개선에 이르기까지 많은 수준에서 트리즈를 사용한다. [7,8]

트리즈와 QFD 사이의 관계는 "품질 집(house of quality)"[9]이라 불리는 QFD 매트릭스로 잘 설명된다. QFD 팀이 고객을 관찰하고 인터뷰하여 정보를 수집한 다음에, 그림 12.2와 같이 데이터를 표에 정리한다. 그림 12.3은 트리즈의 필요성을 나타내는 QFD 품질 집표 부분을 나타낸다. QFD와 트리즈 사이의 상호 관계에 대해서는 표에 X로 표시한 다섯 가지 명확한 기회가 존재한다.

- 박스8 – 성과 측정 사이의 대립을 해결하라.
- 박스5 – 빈 가로줄. 고객 요구를 충족시키는 수단을 개발하기 위해 트리즈를 사용하라.
- 박스 5 – 빈 세로줄. 불필요한 활동을 제거하기 위해 트리즈를 사용하라(주의 사항: 일부 활동은 최종 고객에게는 명백하지 않은 보통의 이유 때문에 필요할 수도 있다).
- 박스 4 – 성과 측정과 측정 방법을 개발하기 위해 트리즈를 이용하라(박스 7에도 적용).

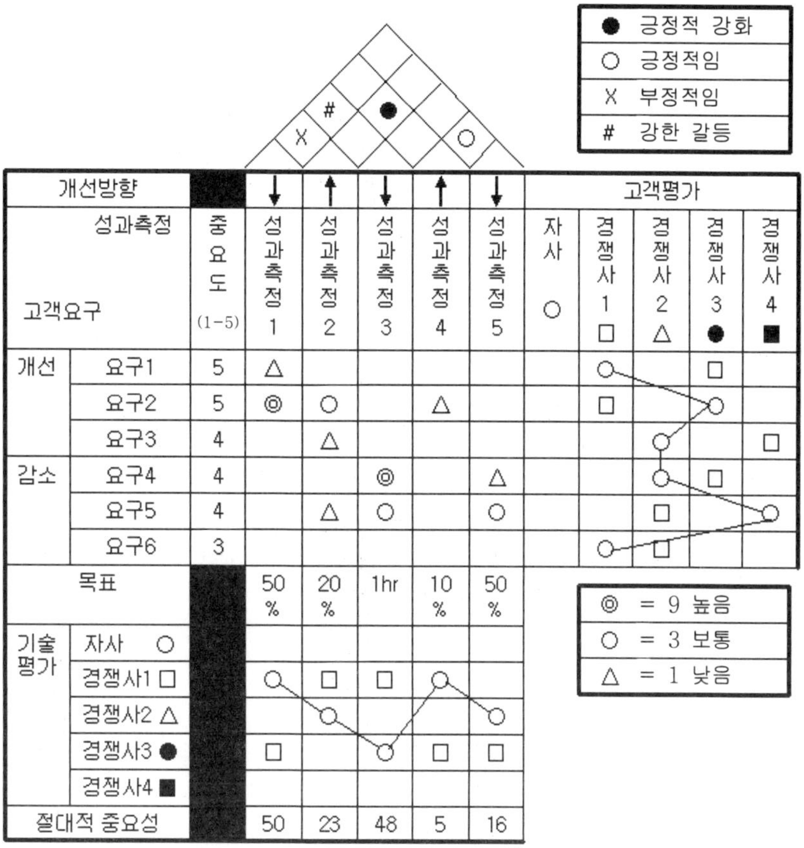

그림 12.2 전형적인 QFD 품질 집표. QFD 방법을 공부하기 위해서는 참고문헌 9를 참조할 것. 이 매트릭스는 요구2와 성과 측정1 사이의 강한 상관관계, 요구2와 성과 측정2 사이의 중간 상호 관계, 요구2와 성과 측정4 사이의 약한 상관관계를 나타낸다. 성과 측정 1과 3 사이에는 강한 대립이 나타나고 성과 측정2와 4 사이에는 긍정적인 강화가 나타난다.

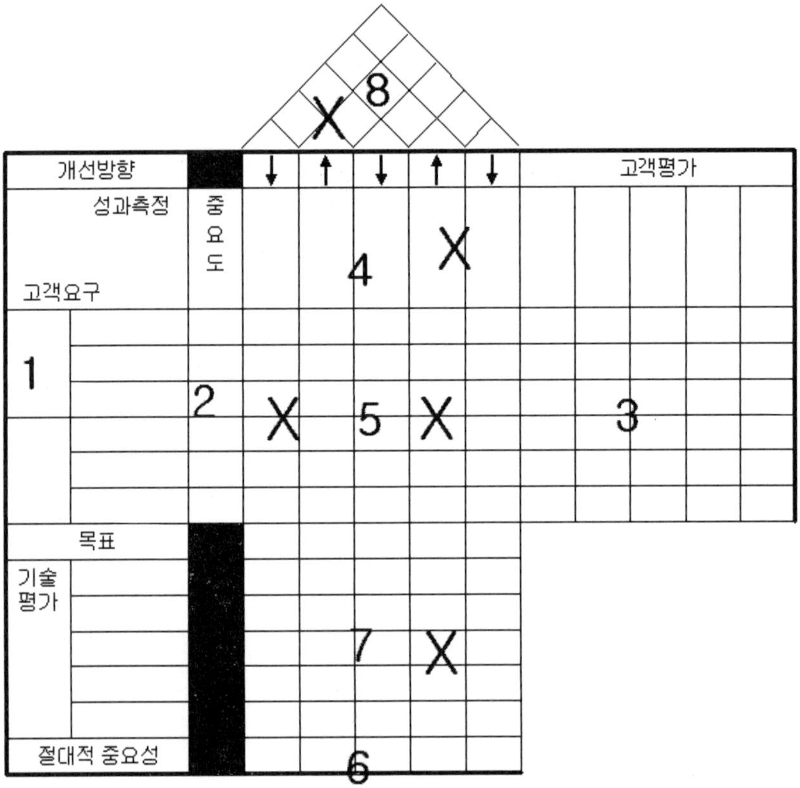

그림 12.3 X는 트리즈의 필요성을 나타내는 QFD 품질 집표 부분을 나타낸다.

예를 들어, 집을 설계할 때 고객들은 집이 탁 트인 느낌을 주면서도 청소하는 데 시간이 적게 걸리기를 바란다고 말할 수도 있다. 이것이 박스1의 "고객 요구"일 것이다. 탁 트인 공간에 해당하는 박스4의 "성과 측정"은 방의 크기와 면적일 수도 있다. 이것은 방을 작게 만들면 가능하겠지만, 집을 빨리 청소하는 것과 대립될 것이다. 이것은 박스8에서 모순으로 표시될 것이다. 트리즈는 이때 이 모순을 해결하기 위해 사용될 것이다. 이것은 다음과 같이 고유 모순으로 간주할 수 있다.

- 방이 커야 하지만(탁 트인 트낌을 주려면) 방이 작아야 하며(청소를 빨리 하려면) 이것은 절충 모순으로 간주될 수 있다.
- 방이 클수록, 청소하는 데 시간이 더 많이 걸린다.

이와 유사하게, 비용 전개표, 생산(혹은 서비스) 계획, 신뢰도표 등과 같은 다른 QFD 표는 각각 QFD를 사용한 경험이 있는 사람에게 트리즈의 필요성을 나타내게 될 영역들이 각각 있다.

다음 두 장은 제약이론(TOC)과 트리즈의 사용, 그리고 식스시그마 및 다른 품질개선 방법과 트리즈의 사용에 대한 광범위한 사례를 제시할 것이다.

이 통합 수준에서, 트리즈는 도구와 방법의 한 가지 시스템이나 도구로 보이는 데서 벗어나, 경쟁적인 이점을 얻고 고객의 요구를 충족시키는 조직의 방법론의 본질적인 부분이 된다. 이 점에 도달할 때까지, 트리즈를 적용할 기회를 그들에게 지속적으로 일깨워 주기 위해서는 교육과 "챔피언십"이 요구될 것이다.

12.5 요 약

- ❖ 조직에 트리즈를 도입하기 위한 주요 단계는 혁신 증대의 필요성 인식, 파일럿 프로젝트에 대한 트리즈 사용, 그리고 트리즈 수용이다.
- ❖ 조직의 리더십은 조직의 문화와 이용 가능한 시간에 따라 컨설턴트를 이용할 것인지 아니면 직원들에게 전체 과정을 하도록 할 것인지, 또는 컨설턴트와 직원을 복합적으로 이용할 것인지 결정할 필요가 있다.
- ❖ QFD, 프로젝트 관리, 제조 용이성 설계 등과 같은 조직에서 이미 사용하고 있는 다른 방법과 트리즈의 통합은 트리즈의 수용을 촉진할 것이다.

당신의 트리즈 실행 계획을 시작하기 위하여 표 12.2의 작업 계획표를 사용하라.

표 12.2 트리즈 실행을 위한 작업 계획표

당신의 트리즈 실행 계획을 시작할 때 다음의 질문에 답변하라.	
1.	자신의 조직에서 누가 훌륭한 챔피언인가?
2.	그 사람은 높은 수준의 경영 후원자를 필요로 하는가?
3.	“그렇다면”, 누가 훌륭한 후원자가 되겠는가?
4.	우리 조직에서 장애는 무엇인가?
5.	트리즈가 강화시킬, 조직의 강점은 무엇인가?
6.	트리즈가 극복하도록 도울, 조직의 약점은 무엇인가?
7.	우리 회사에서 트리즈가 효력을 발휘할 수 있다는 것을 사람들에게 확신시키기 위해 트리즈로 이룬 다른 조직의 성공에 관한 정보를 수집할 필요가 있는가? 그렇다면, 이런 정보를 누가 수집할 것인가?[2]

참고문헌

1. Cowley, M. and Domb, E., *Beyond Strategic Vision: Effective Corporate Action with Hoshin Planning*, Butterworth-Heinemann, Boston 1997, chap. 2.
2. In the U.S., the annual conference of the Altshuller Institute has tutorial sessio ns as well as research sessions. www.aitriz.org. The European TRIZ Associati on holds an annual meeting that is primarily research oriented, www.etria.net. Both meetings are good opportunities to learn TRIZ and to meet consultants an d people from other companies to share experiences. See the Calendar section of *The TRIZ Journal*, www.TRIZ-journal.com, for current dates and listings of public courses and meetings of other professional societies that have TRIZ pro grams.
3. Schlueter, M., QFD by TRIZ, *The TRIZ Journal*, June, 2001, www.TRIZ-journ al.com.
4. Domb, E., and Corbin, D., QFD, TRIZ and Entrepreneurial Intuition The DelCor Interactives International Case Study, *The TRIZ Journal*, September, 1998, w ww.TRIZ-journal.com.
5. Leon-Rovira, N. and Aguayo, H., A new Model of the Conceptual Design Process using QFD/FA/TRIZ, *The TRIZ Journal*, July, 1998, www.TRIZ-journal.com.
6. Matthew Hu, M., Yang, K. and Taguchi, S., Enhancing Robust Design with the Aid of TRIZ and Axiomatic Design, *The TRIZ Journal*, October and November, 2000, www.TRIZ-journal.com.
7. Cavallucci, D. and Lutz, P., Intuitive Design Method(IDM), A New Approach on Design Methods Integration, *The TRIZ Journal*, October, 2000, www.TRIZ-jou rnal.com.
8. Zeidner, L. and Wood, R., The Collaborative Innovation(CI) Process, *The TRIZ Journal*, June, 2000, www.TRIZ-journal.com.
9. Terninko, J., *Step by Step QFD*. Responsible Management, Nottingham, 1995.

Chapter Thirteen

제약이론과 같이 트리즈 이용하기

골드랫(Eliyahu Goldratt)은 1990년대 초에 "제약이론(TOC; Theory Of Constraints)"이라고 알려져 있는 하나의 통합적인 문제 해결 도구를 소개했다. 이장에서는 제약 이론에 이미 친숙한 사람들을 위해 제약이론과 트리즈를 매우 자연스럽게 통합하는 방법을 보여주고자 한다. 제약이론에 대해서 더 많이 알고자 하는 사람에게는 특히 골드랫의 책을,[1~3] 윌리엄 디트머(William Dettmer)의 책과[4,5] 돔(Domb), 디트머와[6] 에드 모오라(Ed Moura)가[7] 쓴 트리즈 저널의 논문을 추천한다.

제약이론 도구 중에서 갈등 해소도(CRD; Conflict Resolution Diagram) 또는 "증발 구름(Evaporating Cloud)"은 갈등을 해결하는데 있어서는 TOC도구 가운데서 가장 강력한 도구 중의 하나이다. 이것은 정식적으로 윈-윈 해결책을 구조화하기 위해서 설계된 몇 가지 방법 중에 하나이다. 그 관점에서 보면 이것은 트리즈와 유사하며, 두 이론 모두 절충을 거부한다.

CRD의 강점은 두 가지 특징이 있다. 첫째, 이것은 갈등의 결정적인 요소를 그림으로 구조화하고 설명하는 탁월한 방법이며, 명백한 증거로부터 시작해서

그림으로 구조화하고 설명하는 탁월한 방법이며, 명백한 증거로부터 시작해서 모든 측면의 궁극적인 목표를 꿰뚫고서 갈등의 근원을 추적한다. 둘째, 이것은 각각의 갈등 요소의 근원이 되는 설명되지 않는 가정을 밝혀내고 확인하게 해준다. 이 가정들이 무엇인가를 아는 것이 "윈-윈" 방식으로 갈등을 해소하기 위한 비결이다.

그러나 대부분의 도구들과 마찬가지로 CRD는 완벽하지 않다. 위에 언급된 것 같은 영역에서 강점이 있는 반면, 한 가지 핵심 영역인 아이디어를 도출하는 분야에서는 다소 취약하다. CRD의 모든 목적이 갈등을 해소하기 위한 아이디어를 얻는 것인데, 이는 제약이론의 용어로 "주입(Injection)"이라고 불린다. 그러나 주입은 약간의 도움이 필요한 CRD 사용의 한 측면이다. 주입을 도출하기 위해서 골드랫은 참조 환경(Reference Environment 또는 대체 환경)이라고 부르는 아이디어를 제시하였다. 브레인스토밍과 마찬가지로 이 접근 방법은 어떤 종류의 문제에서는 효과적일 수 있지만 많은 사람들을 만족시킬 순 없다. CRD를 보완하면서 트리즈는 아이디어를 도출하는 구조적인 접근 방법을 제공한다. 두 가지 도구사이에 탁월한 "맞춤"이 제공된다면 두 기술을 결합할 수 있을 것처럼 보인다.

CRD는 다섯 가지 요소로 구성되어 있다. 즉, 한 개의 공통 목표, 두 개의 갈등을 일으키지 않는 요구 조건, 두 개의 갈등을 일으키는 선행조건(그림 13.1 참조). 이 요구 조건들은 공통 목표를 달성하기 위해 반드시 취해야 할 필요한 행동이다. 각각의 선행조건은 요구 조건중 하나를 만족시키기 위해서 필요한 것이다. "윈-윈" 해결책을 얻는 핵심은 양쪽의 요구 조건을 만족시키는 아이디어에 있는 것이지, 반드시 양족의 전제 조건을 만족시킬 필요는 없다.

윈-윈 해결책을 만들어내기 위해서 CRD를 사용하려면, 보통은 갈등을 일으키는 선행조건들을 명백히 하고, 그 다음에 그 선행조건들이 받쳐 주는 요구 조건들과 그 요구 조건들의 공통 목표를 표현한다. 이런 다섯 개의 요소가 정해진 이후에, 다이어그램의 연결부분 각각과 관련된 가정사항들이 밝혀지도록 "꾀어내는"것이다. 이런 노력의 목적은 처음부터 결점이 있거나 또는 다른 대체 행위에 의해서 유용하지 않게 된 가정들을 분명히 하는 것이다. 최종적으로, 다이어그램의 각 연결에 대한 모든 가정이 드러나고 취약한 부분이 인식될 때, 주입(해결책을 얻기 위한 아이디어)이 만들어져, 대개 갈등을 일으키는 선행조건들중 하나 또는 양쪽 모두를 대체한다. CRD가 명확하게 모순과 갈등을 찾아내고 갈등의 원인을 밝히는 것을 돕는다는 것이 명확한 반면, 트리즈 문제 해결법은 그 갈등을 제거한다.

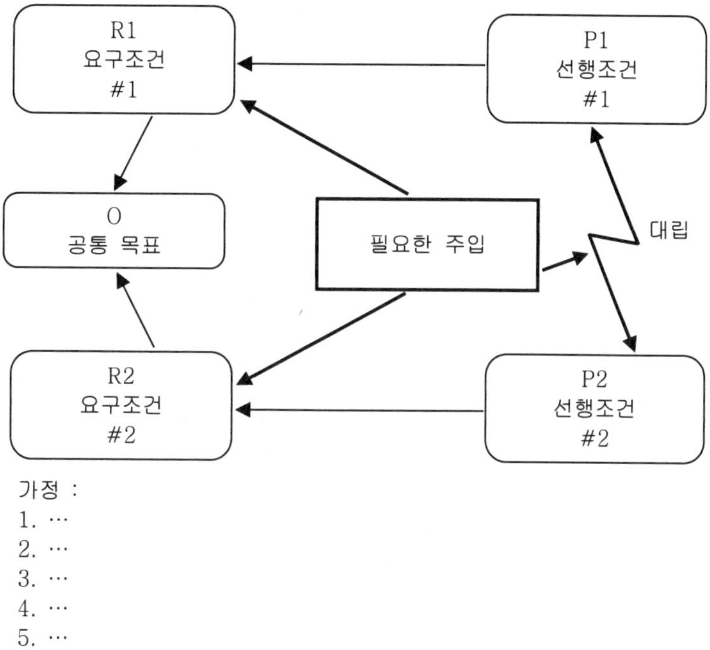

그림 13.1 CRD(갈등 해소도). R1과 R2 는 공동 목표 O를 만족하기 위한 요구조건이다. P1은 R1을 위한 선행조건이고, P2는 R2를 위한 선행조건이다. 그러나 P1과 P2 사이에는 갈등이 있다. 이 갈등을 해소하기 위해서 주입(Injection) 이라고 불리는 아이디어가 사용된다(디트머(Dettmer, H. W.)[6]가 수정한 내용).

CRD와 트리즈가 함께 어떻게 효과적으로 작용하는지를 보기 위해서 복잡한 문제로, 1986년 미국 우주 프로그램의 비극-챌린저 호 사고(이 예제는 앨렌돔(Ellen Domb)과 빌 디트머(Bill Dettmer)가 트리즈 저널 1999년 5월에 게재했던 논문에서 가져 왔다)를 살펴보자.

13.1 챌린저의 현재 상황 나무(Current Reality Tree)

거의 모든 사람들은 챌린저 호 사고 원인에 대해서 알고 있는데, 진짜 근본원인은 언론에서 상당한 관심을 모았던 악명 높은 "O-링"이 아니다. 진짜 근본적인 원인은 그것보다 더 깊은 곳에 있다. 1976년 1월 28일 챌린저 호 폭발을 일으킨 인과 관계 사슬은 1972년의 NASA(미국 우주항공국)의 구매 정책에서부터 시작된다. 그림 13.2 a는 "현재 상황 나무(Current Reality Tree)"의 형태로 사실적인 상황을 표현한 것이다. 우리 예제의 목적상 단지 그 나무의 가장 낮은 수준만을 여기에 나타내었다.

현재 상황 나무는 TOC의 하나의 도구인데, 복잡한 상황을 설명하기 위해 갈등 해소도의 사슬로 사용할 수 있다. 타원형을 지나 다른 사각형으로 가는 화살표들을 보자. 이것을 "만약(IF) 처음 사각형이, 그리고(AND) 두 번째 사각형, … 이 모두 생기면, 그 화살표의 끝에 있는 사각형이 발생될 것"으로 읽어라. 결정적인 근본 원인은, 그 사각형이 제거되거나 개선되면 발생 결과를 막을 수 있는 그런 사각형이다. 이 사각형에는 문제를 해결해 가는 연구 과정에서 발견되는 새로운 원인을 쉽게 삽입할 수 있도록 100번부터 번호를 표시하기 시작한다.

대부분의 복잡한 문제 상황, 특히 자동차 사고와 같이, 많은 요인이 챌린저호 참사에 원인이 되었고, 치명적인 인과 관계 사슬은 몇 개의 중요한 곳에서 중단될지도 모른다. 이 중요한 곳 중 하나가 1977년까지 되돌아갔다. 스페이스 셔틀용 고체 로켓 추진체(SRB: Solid Rocket Booster)를 제공하기로 선정된 계약 회사가 입찰 최저가를 주 근거로 하여 계약을 따냈다. 계약 회사는 이렇게 낮은 가격을 제시할 수 있었던 까닭은 그 설계 개념을 여러 해 동안 우주 계획의 신뢰할 만한 "일꾼"으로 입증된 타이탄 Ⅲ SRB의 설계를 그 크기만 크게 조정하기로 하였기 때문이다. 계약 회사는 이것을 하는 데 어려움을 예상하지 못했다.

그러나 스페이스 셔틀의 SRB를 생산하는 과정에서 중요한 변화가 발생했다. 작은 타이탄 Ⅲ 추진체는 수직으로 조립해 왔다. 그러나 큰 스페이스 셔틀의 추진체는 수평으로 눕혀서 조립해야만 했는데 왜냐하면 기존의 작업대는 훨씬 더 높은 스페이스 셔틀 SRB를 수용할 만큼 크지 않았기 때문이다. 큰 지름에 두께가 얇은 추진체 케이스를 측면으로 눕히는 것은 그 실린더를 약간 평평해지게 하여, 연결점에서 원래 디자인 규격으로 추진체 부품들을 맞추는 것을 불가능하게 만들었다.

계약 회사 엔지니어는 바로 그 추진체의 케이스를 다시 설계할 것을 제안했는데, 그러나 그 제안은 NASA와 계약 회사의 상급 관리자 모두에게 거절당했다. 그 이유는 엄청나게 비싼 비용증가와 그로 인해 생길 일정 지연 때문이었다. 그 때에 생각할 수 있었던 단 한 가지 다른 해결책(주입)은 좀 느슨한 맞춤을 얻기 위해, 즉 둥글지 않은 조각을 맞추기 위해 추진체 부품 연결 중 하나에 피난처 공간(U자형 고리)를 키우는 것이었다. 그들은 그렇게 했다.

불행하게도 이 해결책은 새로운 문제를 만들었다. 그 연결부에서의 넓어진

공간은 추진체의 수평 조립을 가능하게 했지만, 유압 시험(고압 물)은 실제 발사 조건의 단지 1/2 압력에서 추진체 후미 쪽 연결 주위에서 계속해서 누수를 보여주었고 이는 제조 시 허용할 수 없는 결함이다. 추진체의 재설계는 이미 거절되었기 때문에, 계약 회사는 이미 타협한 추진체 디자인에 다른 "응급책"을 적용하라고 강요당했다. 부품들 사이의 맞춤을 더 강화시키기 위해서 후미 쪽 연결에 "쐐기"를 끼우기로 결정되었다. 약 180개의 작은 쐐기가 밀봉을 돕기 위해서 연결 부위에 삽입되었다. 세상이 아는 바와 같이 이 "주입"은 작동되지 않았다. 그러나, 그림 13.2 b의 204~205 엔터티(entity)*에서 사고의 원인이 되는 인과 관계가 깨졌을지도 모르는 첫 번째 곳을 갈등 해소도와 트리즈의 조합에 의해서 우리는 계약 평가 이후에 찾아내었다.

* 역자주: 각 번호의 박스 전부를 나타내는 표현.

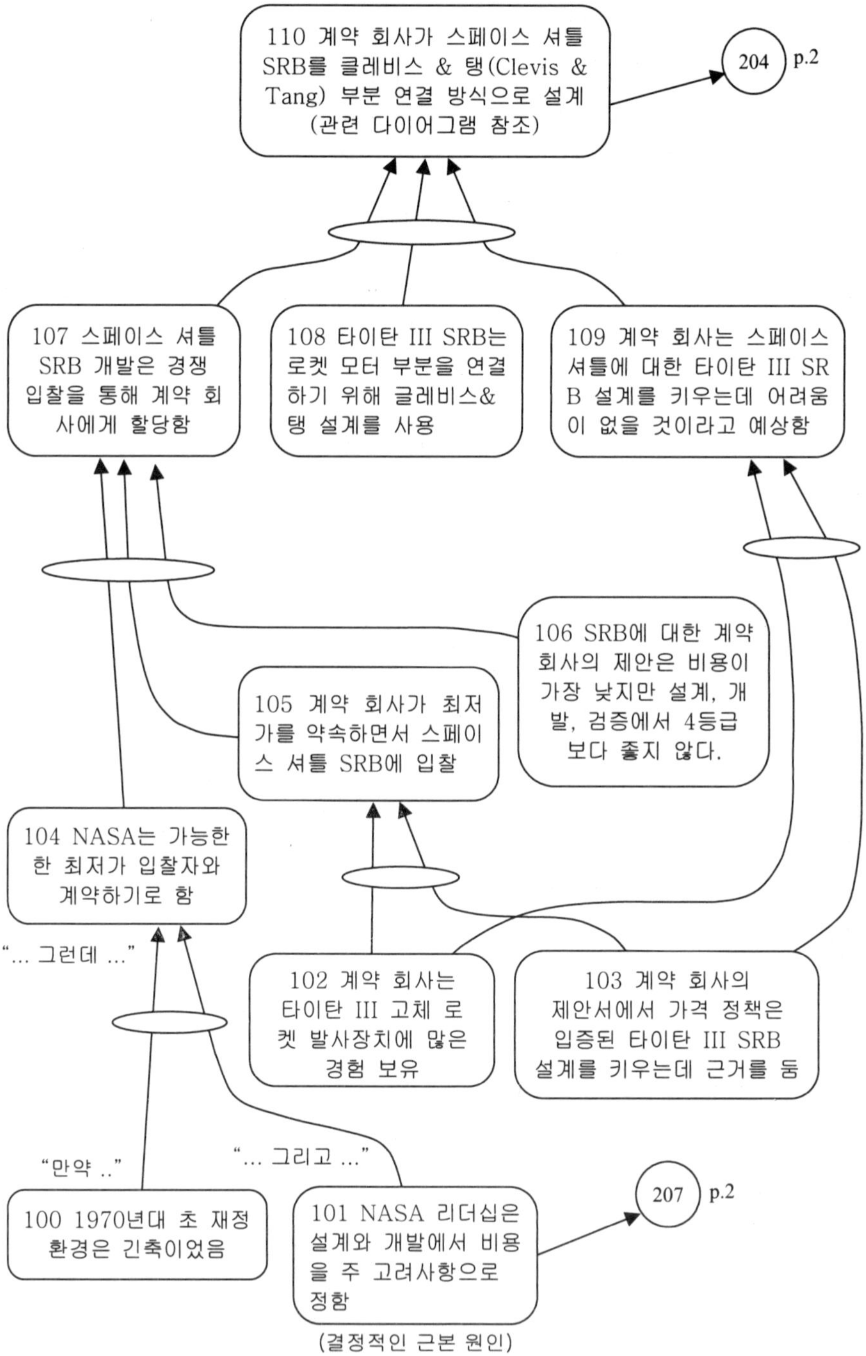

그림 13.2 a 현재 상황 나무: 챌린저 사고. 디트머의 자료를 허락 받아 수정함.

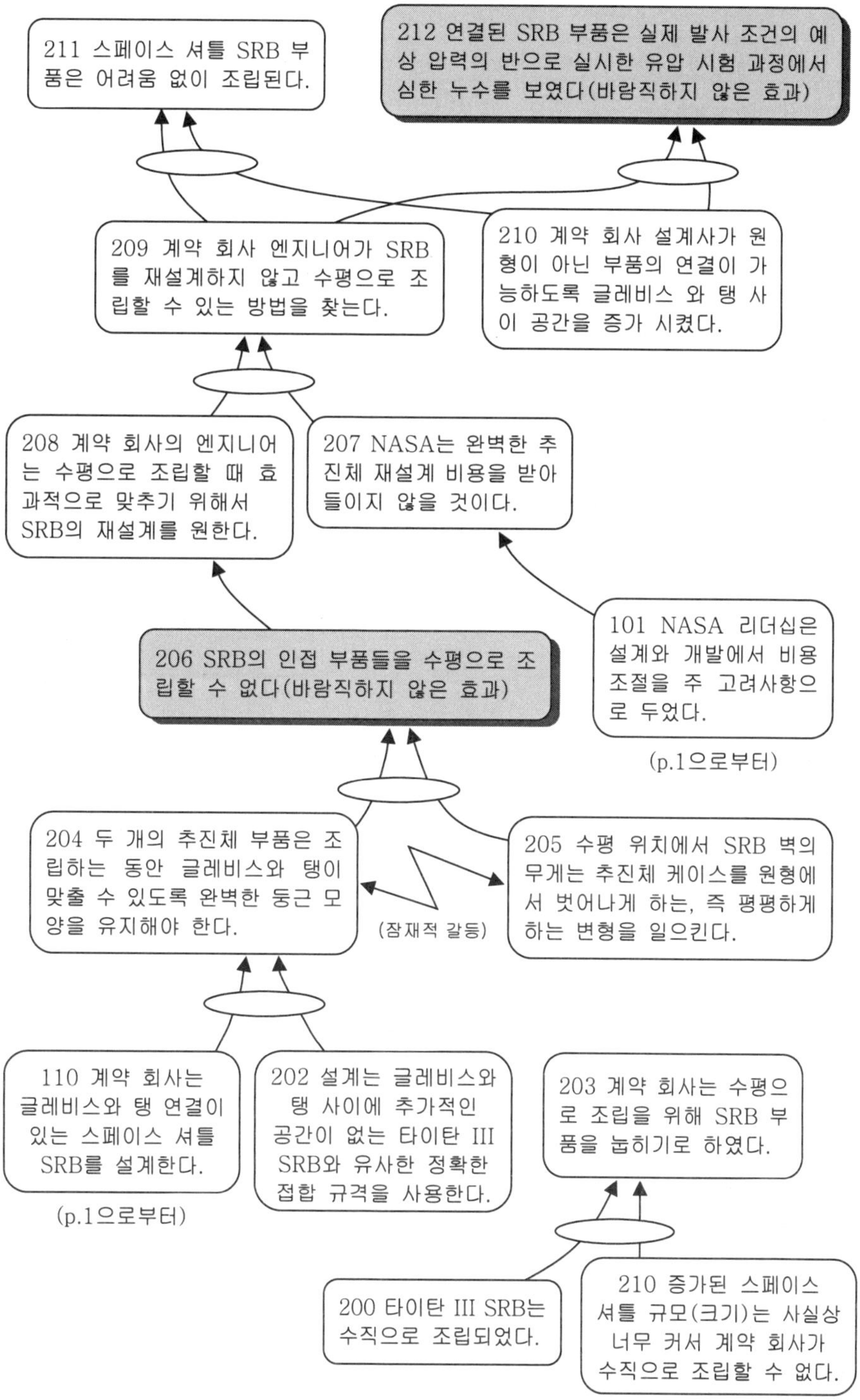

그림 13.2 b 현재 상황 나무: 챌린저 사고. 디트머의 자료를 허락 받아 수정함.

이런 식으로 연결된 몇 개의 연속적 사전에서, 계약 회사의 엔지니어는 갈등 해소도에서 효과적으로 표현할 수 있었던 갈등에 직면했다. 엔지니어가 문제가 있다고 처음 깨달았을 때는 그들이 후미 쪽 연결 부위에 두 개의 로켓 모터 부품을 조립하려고 할 때였다. 추진체 케이스의 형태가 뒤틀렸기 때문에 U 자형의 고리(Clevis)와 슴베(Tang)를 연결할 수 없었다. 이것은 더 작은 타이탄 III SRB이 가졌던 문제와는 같지 않았는데, 수평 조립으로 연결된 더 큰 셔틀 SRB의 크기(단면적) 증가가 이 뒤틀림을 만들어 내었다. 이 전개 단계에서 CRD는 그림 13.3 과 같았을 것이다.

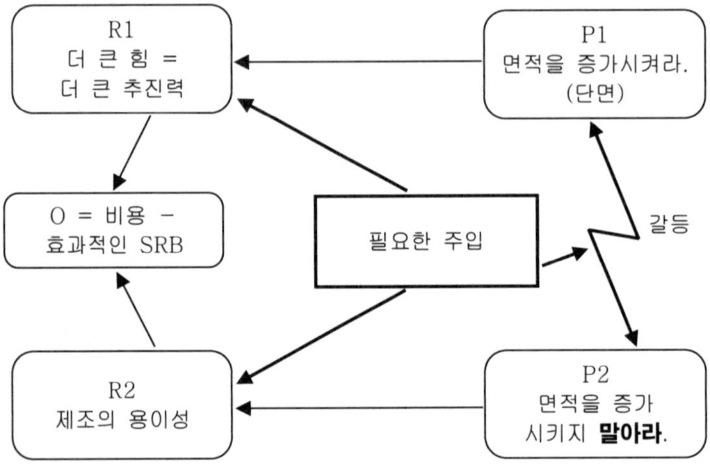

가정 :
1. 더 큰 추진력은 더 큰 추진체를 요구한다.
2. 더 큰 추진체는 더 큰 단면을 요구한다.
3. 제조의 용이성은 모양 통합을 요구한다.
4. 단면적이 작을수록 원형 유지가 용이하다.

그림 13.3 갈등 해소도를 사용한 스페이스 셔틀 SRB 설계의 갈등. 디트머의 자료를 허락 받아 수정함.

NASA와 계약 회사 선임관리자는 엔지니어들에게 몇 가지 제약을 두었다. 엔지니어들은 SRB를 수직 조립하거나 재설계하지 않고 이 문제를 해결할 수 있는 다른 방법을 찾아내야만 했다. 이것은 드문 경우는 아니다. 현실 세계에서는, 때론 가능한 해결책에 대한 경계선이 협상의 여지가 없이 부과되는 일이 자주 있다.

엔지니어들은 연결부의 한 개 부품의 규격을 증가시키기로 결정하였는데 그러면 원형에서 벗어난 SRB 부품은 두 개의 반쪽을 맞추기 위해 약간 “꾸불꾸불한 공간”을 가지게 된다. 이 “주입”은 두 개의 요구 조건을 모두 만족하는 것처럼 보였다. 그러나 뒤이은 유압 실험에서 새로운 문제가 들어났는데, SRB는 수정된 연결부위에서 누수가 일어났고, 그런 누수는 허용할 수 없는 비행 위험을 초래했다. 그들의 첫 번째 주입(규격을 넓히는 것)을 지키려는 시도에서, 그들은 다른 또 한 가지를 추가하기로 결정했다. 이는 충분한 압력을 사용하여 부품을 조립한 후에 압력 누수를 억제하기 위해 연결 부분에 쐐기를 삽입하는 것이 우리가 이제 아는 바와 같이, 이 “응급책”은 불만족스러운 해결책으로서, 그것은 나중에 안전 문제를 일으켰다. 어떻게 트리즈가 안전 문제를 만족하면서 동시에 비용과 조립 용이성의 요구 조건을 만족시킬 수 있는 “혁신적인” 아이디어를 도출하는 데 쓸 수 있는지를 살펴보자.

트리즈의 이상적 최종 결과 도구는 넓은 규모의 문제에 초점을 두게 한다. 이 경우에, 이상적 최종 결과는 “부품이 추가되는 공정이 없고 누수도 없이 항상 간단히 결합된다” 이다. 원래 팀이 이와 같은 진술을 사용했다면 엔지니어들은 “상처에 붙이는” 고약 이상으로 문제를 더 악화시키는 복잡한 해결책을 피했을 지도 모른다.

CRD는 이 문제에 있는 모순을 다음과 같이 식별하였다. 즉, 면적이 증가함에 따라서(개선), 형태(원형)는 더 나빠진다. 이것을 표현하는 다른 방법은 “면적이 증가하면, 제작 용이성이 나빠진다” 이다. 가능한 한 비용을 줄이는 것이 가능한 해결책을 평가하기 위한 결정적인 규칙일 것이다. 트리즈의 가장 오래되고 간단한 도구 중에 하나인, 40가지 발명원리는 이 두 가지 모순을 타협하는 것이 아니라 근본적으로 모순을 없애는 창의적인 해결책으로 빠르게 우리를 안내한다.

그 시기의 기술은 동력의 증가라는 요구사항(R1)은 더 큰 추진체를 요구하게 되어 있어서, 그러면 추진체 케이스의 단면적이 증가(P1)하게 된다. 이것이 물리, 화학의 법칙에 의해서 설계 단계에서 부과된 선행조건이었다. 그것은 엔지니어에게 단 하나의 선택을 준다. 어떻게 단면적을 희생시키지 않고 추진체 케이스의 원형을 유지하게 할 수 있는지 생각하라. 그래서 두 개의 중요한 설계 파라미터는 면적과 형상으로, 단면적이 증가하면 단면의 형상이 나빠진다.

이 모순에 대해서는 모순행렬표는 발명 원리 24번과 34번을 사용하라고 제안한다.

- **발명 원리 24**: 매개체. 매개 운반물이나 매개 공정을 사용해라. 일시

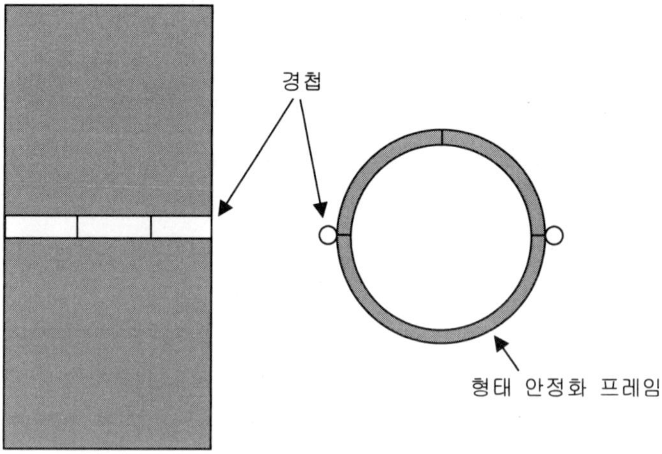

그림 13.4 조립하는 동안 추진체의 형태를 유지하는 방법을 찾기 위해 발명원리 24와 34의 사용. 추진체의 부품을 나눠진 원통형 지그 안에 지그가 열려 있을 때 삽입한 다음 지그를 닫아서, 누출 없이 결합될 수 있는 형태로 추진체 부품을 압착한다. 이 지그를 그 다음 제거하고, 다음 조립에 다시 사용한다. 디트머의 자료를 허락 받아 수정함.

적으로 한 대상물을 다른 대상물(이것은 쉽게 제거될 수 있다)와 합쳐라.

- 발명 원리 34: 폐기와 재생. 그 기능을 수행한 대상물의 일부를 없애거나(용해, 증발 등으로 버림), 또는 작동 중에는 이것을 즉각 변경하라. 역으로는 작동 중에 대상물의 없어진 부분을 복원하라.

이 두 발명 원리를 결합하면 없앨 수 있는(발명원리 34) 중간 매개체(발명원리 24) 또는 "지그"(그림 13.4 참조)를 이용해서 완전 원형 형상으로 조립하기 위해 추진체의 부품을 만드는 아이디어를 얻을 수 있다. 지그가 원형을 유지하게 하고, 부품을 수평으로 움직여 위치를 잡는다. 지그는 그 다음 제거된다. 이 부품들은 원래 맞춤 규격을 느슨하게 하지 않고 성공적으로 연결된다. 이 타이트한 맞춤이 압력의 샘 없이 O-링을 자리 잡고, 밀봉되게 해서 챌린저 폭발이 발생하지 않게 했을 것이다. 물론 때늦은 지혜가 담긴 이와 같이 사례 연구를 하는 것은 무척 쉽다. 그리고 이 사례는 비판하려는 의도는 아니라 사례로 삼기 위한 것이다.

이미 제약이론에 익숙한 사람들은 갈등 해소도가 사람 사이의 조직 행동 양식과 정치 논쟁과 같은 비 기술 갈등을 해결할 때 특히 유용하다는 것을 알고 있다.

CRD 그 자체는 트리즈처럼 시스템 개선의 강력한 도구이다. 함께 사용된다면 각각은 복잡한 갈등 관련 문제에 대해서 더 좋고 더 창의적인 해결책을 얻을 수 있도록 상대를 보완할 수 있을 것이다.

13.2 요 약

❖ 제약 이론에 익숙한 사람들은 현재 상황 나무(Current Reality Tree)와 갈등 해소도가 개별적으로 또는 같이, 문제의 원인을 제거하기 위해서 트리즈의 활용 가능성을 제시한다고 인식할 것이다.

❖ 제약 이론이 이미 조직에서 사용되고 있다면, 트리즈는 이 제약 이론을 더 효과적으로 쓸 수 있게 해주는 방법으로 소개될 수 있다.

참고문헌

1. Goldratt, E.M. and Cox, J., *The Goal*, North River Press, Great Barrington, 1992.
2. Goldratt, E.M., *It's Not Luck*, North River Press, Great Barrington, 1994.
3. Goldratt, E.M., Schragenheim, E. and Ptak, C.A., *Necessary but not Sufficient*, North River Press, Great Barrington, 2000.
4. Dettmer, H.W., *Goldratt's Theory of Constraints*, ASQ Quality Press, 1996.
5. Dettmer, H.W., *Breaking the Constraints to World-Class Performance*, Milwaukee, ASQ Quality Press, 1998.
6. Domb, E. and Dettmer, H.W., Breakthrough innovation in conflict resolution, *The TRIZ Journal*, May, 1999, www.triz-journal.com.
7. Moura, E.C., TOC trees help TRIZ, *The TRIZ Journal*, September, 1999, www.triz-journal.com.

Chapter Fourteen

14 식스시그마 및 다른 품질 개선 시스템과 함께 트리즈를 사용하기

제품, 서비스 및 공정의 품질 개선을 위한 식스시그마는 통계분석과 고객 중심의 방법을 사용하는 비즈니스 기반 시스템이다. 3시그마에서 6시그마로 이동한 회사는 대단히 큰 수익성을 올렸고, 식스시그마를 위한 설계(DFSS)를 사용하는 회사는 그들이 전에 할 수 없었던 매우 높은 수준의 고객 만족과 기술 품질을 갖춘 제품과 서비스를 얻을 수 있음을 반복해서 입증하였다.[1~6] 식스 시스마와 트리즈의 결합은 더욱 빠르게 강력한 결과를 주고 있는데, 왜냐하면 트리즈의 혁신적인 문제해결 방향이 식스시그마로 확인된 이익 창출 기회에 초점을 맞추고 있고, 트리즈의 기술예측 방향이 제품 일생으로 볼 때 정확한 시기에서 신제품을 계획하는 데에 초점을 맞추기 때문이다.

식스시그마의 혁신 전략은 PDCA로 알려져 있는 계획－실행－확인－조치(plan-do-check-act) 방법과 어휘적인 측면에서만 다를 뿐, 개념은 다르지 않다. PDCA 방법은 과거 70년 동안 품질 개선에서, 그리고 우리의 진화 과정을 통한 인간 학습에서 사용되어 왔다.[7,8] 식스시그마의 개선 영역에서 사용되는 트리즈의 도구들은 표 14.1에서 보이는 것처럼 PDCA 모형과 상당한 관련이 있다. 식

의 도구들은 표 14.1에서 보이는 것처럼 PDCA 모형과 상당한 관련이 있다. 식스시그마 방법론이 전통적인 품질개선 방법과 다른 점은 제안된 개선의 비즈니스 성과에 대해서 모든 수준의 식스시그마 적용에 초점을 두고 있다는 것이다.

표 14.1 트리즈의 적용 기회는 식스시그마의 8단계 개선 프로세스 전체에 걸쳐 있다(C, D, E, F 단계를 "MAIC"라 부른다).

PDCA 단계	식스시그마 단계	트리즈 기회
계획	A. 인지	도구/대상 분석, 이상적 최종 결과
계획	B. 정의	도구/대상 분석
계획	C. 측정	기술예측과 모순분석을 사용하여 측정방법 개발과 기기의 개선
계획	D. 분석	모순 분석
계획-실행-확인	E. 개선	신제품, 공정, 서비스 개념을 만듬(고유 모순 또는 절충 제거, 과학 효과)
확인-조치	F. 관리	C와 동일
조치	G. 표준화	E와 동일, 서비스와 제품 배송시스템에 적용
조치, 계획	H. 통합	E와 동일, 전체 개선 시스템에 적용

식스시그마는 그것과 관련된 사람들의 역할에 대해서 특정한 단어를 사용한다. 전형적으로 식스시그마의 챔피언은 개선 프로젝트를 확인하고, 블랙벨트는 표 14.1, A-H로 구분된 8단계를 이용하여 분석과 개선을 수행하는 프로젝트 팀을 지도하거나, 직접 프로젝트 활동을 수행한다. 그린벨트는 프로젝트 팀의 멤버 또는 팀 리더로써 블랙벨트의 모든 능력은 필요하지 않는다면, 경우에 따라서 스스로 프로젝트를 수행하기도 한다. 마스터 블랙 벨트는 블랙벨트와 그린벨트를 가르치며, 블랙벨트와 그린벨트가 프로젝트를 수행함에 따라 그들의 조언자 역할을 한다. 많은 회사에서 블랙벨트와 마스터 블랙벨트는 개선 프로세스를 가속화하기 위하여 고전적 식스시그마 교육뿐만이 아니라 트리즈 교육도 이제 받는다. DFSS는 다음 두 가지 이유 중 하나 때문에 사용된다.

1. 식스시그마 품질 수준에서, 또는 사업적인 이유로 인하여 선택된 모든 품질 수준에서, 식스시그마 기준을 사용하여 기능을 할 수 있는 신제품, 서비스, 또는 공정을 설계하기 위해.

2. 개선이 초기 시스템과는 달리 불연속적인 재설계를 필요로 한다면, 기존 제품이나 서비스, 공정을 개선하기 위해.[4,5] 시그마 이상(소위 "장벽"이라 불림)의 개선은 종종 완전히 새로운 재설계를 필요로 한다.[5]

표 14.2 트리즈 도구와 DFSS의 각 단계 간의 관계

DFSS 단계	트리즈 도구
다세대 계획(Multi-generation plan)	기술 예측, 도구/대상 분석
고객의 소리(VOC)와 품질기능전개 (QFD)의 다른 요소	갈등 해결, 이상적 최종 결과, 측정 방법 개발
개념 개발	전체
상세 설계	전체
최적화	갈등 해결, 트리밍, 문제 해결
확인/실행	갈등 해결, 트리밍, 문제 해결

일반적으로, DFSS는 처음에 회사에서 쓰던 이전 제품 개발 방법론과 융합된다. 그리고 파일럿 프로젝트로 회사가 많은 경험을 축적한 후 식스시그마의 방법론이 발전하게 된다. 표 14.2에 DFSS의 단계와 각각의 단계에서 유용한 트리즈 도구들을 나열하였다.

14.1 식스시그마에 트리즈를 도입하는 방법

식스시그마는 챔피언 또는 프로젝트 스폰서, 마스터 블랙벨트, 블랙벨트, 그린벨트의 계층구조를 갖춘 매우 잘 구성된 시스템으로, 각 수준별로 정의된 비즈니스 지식수준, 기회의 확인, 분석과 관리를 위한 통계 처리, 개선이 있다. 회사는 여러 가지 다른 관점에서, 그리고 많은 서로 다른 방식(교육, 워크숍, 컨설팅 등)으로 이 과정 안에 트리즈를 삽입한다.

1980년대 후반에 이전의 품질개선 활동으로부터 식스시그마 프로세스를 개발한 모토롤라사는 처음으로 트리즈를 식스시그마에 포함시켰다. 트리즈는 지적 재산 조직을 통해서 교육되고 촉진되었다. 식스시그마 방법론은 별도 식스시그마 조직을 통해서 교육되고 촉진되었다. 블랙벨트는 자주 트리즈를 공부하고

문제해결에 트리즈를 이용하고 있지만, 공동의 교육과정은 아직 없다.

식스시그마 시스템으로 경제적인 이익을 얻은 가장 유명한 회사인, 제너럴 일렉트릭과 얼라이드 시그널/하니웰도 비슷하게 느슨한 구조이었다. 이 두 회사는 트리즈의 다양한 방법들과 소프트웨어를 사용하고 식스시그마 프로젝트에 트리즈를 적용하여, 양사 모두 사내에 포켓형 트리즈 지식을 많이 가지고 있다.

포드자동차 사는 90년대 초반 이래로 다양한 방법으로 트리즈 방법론을 사용하였다. 한해에 400명이 USIT(Unified Structured Innovative Thinking) 트리즈 교육을 받았다. 2000~2001년에 포드사는 식스시그마 프로세스의 파일럿 프로젝트 단계에 트리즈를 도입하였다.

다우 케미컬(DOW Chemical)사 역시 2001~2002년에 DFSS와 MAIC(공정 개선)시스템에 트리즈 적용을 실험하였다. 마스터 블랙벨트 여섯 명과 블랙벨트 10명을 포함한 150명 이상의 연구개발 인력들이 트리즈 교육을 받고 그들의 프로젝트에 트리즈를 적용하였다. MAIC에서 블랙벨트의 교육으로 간단한 트리즈 개요가 소개되었고, 그리고 나서 그들은 트리즈 강좌에 등록할지, 혹은 그들의 프로젝트 팀이 혁신적인 문제 해결책을 필요로 할 때 트리즈 전문가를 초빙할지 여부를 결정한다. DFSS에서는 QFD와 트리즈가 통합된 파일럿 프로젝트가 성공함으로써 모든 마스터 블랙벨트들이 문제 해결과 기술 예측을 위해서 트리즈 교육과 아울러 트리즈 관련 소프트웨어의 사용 교육을 받아야 한다는 결정이 내려졌다. 그리고 나서 그들은 필요에 따라 트리즈를 사용하고, BB와 DFSS 팀의 팀원들에게 트리즈를 가르쳤다.

델파이 자동차 시스템스(Delphi Automotive Systems)는 트리즈와 식스시그마 사이의 관계 영역의 정점에 있다. 트리즈는 설계 단계와 공정 최적화 단계에서 반복적으로 사용된다. 이상 시스템, 기능 분석 그리고 반복적 개선의 확인에 있어서 트리즈, 실험계획법, 품질기능전개 및 다른 방법들의 도구와 기법의 중복부분이 델파이 교육 프로그램과 DFSS 프로세스 사용 전반을 통해 강조되고 있다.[9]

세계적으로 활발히 사용되는 그 외의 품질 개선 방법론들이 많이 있다. 1980년대에 전개된 전사적 품질관리(TQM)는 90년대 초에 널리 사용되었고, 이것은 일반적으로 품질 노력에서 중점을 두었던 생산 영역에서 뿐만 아니라 계획, 경영, 영업, 서비스, 고용관계, 제품개발 등의 종합적 비즈니스 영역에서 품질의 필요를 강조하였다. TQM은 이제 비즈니스 영역에서와 마찬가지로 건강관리와 교육 품질 활동에도 넓게 적용되고 있다. ISO-9000과 그것과 관련된 표준 QS-

9000 및 AS-9000은 초기에 표준화와 문서화의 필요성을 강조했으나, 1999년과 2000년 개정에서는 소비자 요구를 이해할 것을, 그리고 기술적 데이터와 소비자에 기반을 둔 지속적인 개선을 행할 것을 더욱 강조하였다. 많은 회사와 정부 기관들은 정식 명칭도 없이 품질 활동을 하고 있다. 그들은 오래 동안 고객 중심, 비즈니스에 중점을 둔 품질 개선에 전념해 왔으므로, 이제 이것이 하나의 분리된 "품질 무엇"이 아닌 조직문화의 한 부분이 되었다.[8] 트리즈는 이 모든 과정에서 유용하다. 트리즈를 사용하는 분명한 방법은 제품과 서비스의 기술적 문제에 한정하는 것이다. 덜 분명할지 모르지만, 다음과 같은 예도 있다.

- 고객 정보를 얻기 위한 창의적인 방법을 찾는데 트리즈를 사용한다. 국제적 비즈니스를 하는 작은 회사는 고객의 소리를 듣고 관찰하기 위해 소비자가 있는 곳으로 직접 갈만한 예산이 없다는 전형적인 문제가 있다. 국제적인 비즈니스를 하는 모든 회사의 문제점은 고객의 문화나 언어에 대한 지식이 부족한 것이다. 스칸디나비아의 어느 전자 회사는 일본인 여성 고객의 소리를 듣기 위한 QFD 목표에서 트리즈의 해결책(자원 활용하기)을 찾아냈다. 그들은 지금까지 생산 일만 해온 한 자회사의 일본 여성 근로자에게 소비자 인터뷰 기술을 교육시켰다. 결과는 탁월하였다.[10]
- 고객의 요구와 조직의 전통적인 일하는 방식 사이에 갈등을 해소하기 위해서 트리즈를 사용한다. 컨설팅 회사 데이터베이스에 고객이 직접 접근하기 위한 많은 전자 비즈니스 아이디어들은 이런 조사로부터 곧바로 나왔다.[11]

만약 당신의 조직이 TOC나, 식스시그마 또는 그외 다른 개선 시스템과 같은 성공적인 구조적 개선 프로세스를 갖고 있다면, 트리즈를 도입하는 가장 좋은 방법은 아마도 갈등을 창의적으로 해결하는데 당신을 도와줄 수 있는 도구 그룹으로서 사용하는 것이다. 조직이 문제해결에 대한 트리즈의 가치를 일단 알게 되면, 기술예측과 전략적 계획에 대한 트리즈의 확장 사용은 자연스러울 것이다.

만약 당신의 조직이 아직 구조화된 개선 프로세스를 갖고 있지 않다면, 트리즈를 도입하는 최선의 방법은 아마도 보통 각 기능 분야에서 그 기능에 맞는 문제 해결 도구로서 사용하는 것이다. 일단 트리즈가 어떤 주요 기능에서 잘 확립되면, 그 유용성이 입증된 것이기 때문에 회사의 나머지 다른 곳으로 퍼질 것이다. 어디에서 시작할 것인가 하는 것은 각 회사마다 특별한 하나의 도전이다. 우리는 제조, 엔지니어링, 고객 서비스, 판매, 서비스 개선, 보증 업무, 품질 관리,

지식경영, 지적 재산 관리, 그리고 그밖에 다른 곳에서 시작한 성공적인 수행 결과를 보아왔다.

참고문헌

1. Domb E., The Role of TRIZ in Six Sigma Management, TRIZCON2000, The Altshuller Institute, May, 2000.
2. Harry, M. and Schroeder, R., *Six Sigma*, Doubleday, New York, 2000.
3. Fisher, A., Rules for Joining the Cult of Perfectability, *Fortune*, Feb. 7, 2000.
4. Harry, M., A new definition aims to connect quality with financial performance, *Quality Progress*, January, 2000.
5. Perez-Wilson, M., *Six Sigma*, Scottsdale AZ, Advanced Systems Consultants, 1999.
6. Pande, P.S., Neuman, R.P. and Cavanagh, R.R., *The Six Sigma Way*, McGraw-Hill, New York, 2000.
7. Mann, D., Contradiction Chain, *The TRIZ Journal*, January, 2000, www.triz-journal.com.
8. Domb, E., Increase Creativity to Improve Quality: TRIZ and the Baldrige Award Criteria, TRIZCON1999, The Altshuller Institute, March, 1999.
9. Brown, A., Jr., The Role of Robust Engineering in Innovation and Continuous Improvement Methodologies, Presented at the ASI Six Sigma Symposium, October, 2000.
10. 11th Annual Symposium of the Quality Function Deployment Institute, June, 2000.
11. Domb, E., and Mann, D., Using TRIZ to Overcome Business Contradictions: Profitable E-Commerce, *The TRIZ Journal*, April, 2001, www.triz-journal.com, and *Proc. Portland Int. Conf. on Managing Engrg. Tech.*, July, 2001.

Chapter Fifteen

요약 : 간략하게 정리한 창의적 문제 해결

문제를 해결하는 데 필요한 간결한 도식적 모형을 2장에서 소개하였고 여러 번 반복하였다. 책이 수중에 없는 상황에서도 트리즈 방법론을 사용할 수 있도록 트리즈를 배우고 이해하는데 모형이 도움을 주게 될 것이다. 필수적인 단계를 기억하기 위해서는 다음 목록이 도움이 될 것이다.

1. 시스템과 문제를 모형화 하여라. 해결책으로 곧바로 뛰어넘지 마라. 문제를 모형화 하고 문제 해결을 위한 전체 일정을 따라가기 위한 빈 작업표를 http://www.triz-journal.com/SimplifiedTRIZ/에서 내려 받을 수 있다는 것을 기억하여라(한국어 빈 작업표는 http://www.sigmatriz.com/자료실-알기쉬운 트리즈 자료실에 올려놓았다).

2. 문제의 이면에 숨은 모순들을 찾도록 하여라. 특히, 하나의 주 고유 모순을 찾도록 하여라. 그 모순을 숨기거나 약화시켜서는 안 된다.

3. 시스템의 자원을 매핑 하여라. 눈에 보이지 않은 유휴 자원을 찾도록 노력하여라. 시스템을 더 복잡하게 만들 것을 요구하는 쉬운 해결책으로 만

력하여라. 시스템을 더 복잡하게 만들 것을 요구하는 쉬운 해결책으로 만족하지 마라.

4. 이상적 최종 결과(IFR)를 정형화하라. 통상적인 타협으로 만족하지 마라.
5. 이상성 기준과 대비하여 해결책을 점검하라. 다음과 같이 질문해 보아라. "주요 모순은 무엇인가?" "그것은 해결되었는가?"
6. 해결책을 더 개발하고 그것을 개선하라. 불완전한 아이디어를 실행하려고 하는 것보다 그 해결책 사이클을 여러 번 반복하는 것이 더 값싸고 쉬운 일이다.
7. 해결책을 개선하기 위해서, 그리고 새로운 아이디어를 얻기 위한 독립된 도구로써 진화 유형과 혁신 원리를 사용하라.
8. QFD, TOC, 식스시그마 등과 같은 조직에서 이미 사용하고 있는 그외의 다른 방법론들과 트리즈를 통합하라.
9. 트리즈를 경직된 공식이 아니라 진화하는 이론으로 보아라. 트리즈 이론과 방법들을 비판적으로 평가하라. 계속해서 당신의 도구들을 개선하라. 그리고 당신이 얻은 것을 발표하라. 이로써 다른 사람들이 이득을 볼 수 있게 하여라.

트리즈의 사용과 실행 단계를 요약하면서 우리는 다시 이 책의 초반부에서 논의했던 트리즈의 배경을 상기 시키고 싶다. 많은 이득을 주면서 비용이 전혀 들지 않은 해결책이 제안된다면, 그것은 또 다른 과장광고라고 즉각적인 반응이 있을지 모른다. 간단한 연습을 해보자. 당신의 직업이나 비즈니스에서 개인적으로 번득였던 순간들을 회상하여라. 분명히 대단히 훌륭한 해결책에 이른 사례들을 갖고 있을 것이다. 고객이 특별히 행복을 느꼈고 당신이 큰 이득을 얻었을 땐 그것들은 아마도 좋은 거래였을 것이다. 또는 모든 사람들이 만족할 수 있도록 사람들 사이의 어떤 어려운 갈등에 대한 서로 도움이 되는(win-win) 해결책을 그럭저럭 해서 찾아내었을 것이다. 아마 많은 부품과 공정의 수가 극적으로 줄어들고, 성능은 개선되고, 비용이 감소한 좋은 공학 해결책을 기억할 지도 모른다. 당신에게 중요했던 몇 가지 문제에 대한 어떤 해결책이라도 사례가 될 수 있을 것이다.

이제 일상적인 해답과는 전혀 다른, 당신이 만든 가장 훌륭한 해결책에 대해 생각해 보아라. 의심할 여지없이, 당신의 가장 좋은 해결책은 비용과 있을지 모를 해로운 부작용에 비해서 매우 큰 이익을 주었을 것이다. 그것들은 시스템의 이상성을 증가시켰고, 시스템의 비용 증가와 시스템이 주는 해로움보다 시스템의 이익 증가가 클 때 이상성은 향상된다. 이상성 근처에 해결책이 있고, 누구나 종종 그것을 달성한다는 것을 우리는 배웠다. 다른 사람들에게 이런 개념을 가르치기 위하여 당신 자신의 사례를 사용하여라.

1장에서, 이 책의 요점은 좋은 해결책을 창출하고 인식하는 것이라고 강조했다. 산업전반에 걸친 좋은 해결책들의 일반적인 특징을 분석하면, 우리는 새로운 아이디어를 개발하기 위한 도구들을 찾을 수 있다. 우리는 도구를 탈 것들에 비교했다. 평범한 운전자도 가장 잘 달리는 사람보다 빠르게 움직인다. 창조성에 대한 다른 연구들은 훌륭한 문제 해결사, 즉 사람의 특성에 주안점을 두고 있다.

창조성과 혁신에 대한 논의가 종종 효과가 없는데, 왜냐하면 단지 사람의 개선만을 다루기 때문이다. 1장에서, 우리는 수십 년 전에 맥그리거(McGregor)가 제시한 X, Y이론에 대해 언급했었다. X이론의 가정은 "사람들로 하여금 적절한 노력을 하도록 하기 위해서는 그들을 벌로써 구속하고 통제하고 지시하고 위협하여야 한다"라고 말한다.[1] 이 가정은 창의성 노력의 결과물 이야기 속에서 펴져있다. 당신은 아마도 다음과 같이 장애인의 증언을 여러 번 들었을 것이다. 그들은 그들을 다치게 한 사고가 엄청난 공적을 이루도록 그들을 도왔다고 말한다. 이런 이야기가 널리 퍼져 있다고 하더라도, 이것을 반론하는 것은 어렵지 않다. "레몬을 레몬주스로 바꾼" 장애인들에 관한 실화가 있지만, 어떤 특별한 성과를 얻지 못하고 고통을 겪은 사람들에 관한 이야기 또한 많이 있다. 사람들은 고난이나 재난 *때문이* 아니라 사고, 박해 또는 가난에도 *불구하고* 그런 결과를 얻는다.

동일하게 혁신을 가로막는 주된 장애는 자원 부족이고, 연구와 설계에 쏟아붓는 돈이 "혁신"의 결과물을 증가시킬 것이라는 믿음이 널리 퍼져 있다. 미첼 포터(Michael Porter)의 학술 연구 몇 편과 포터(Porter)과 스턴(Stern)[2]의 최근 연구는 자본, 부품의 공급자, 그리고 혁신을 지원해 주는 기반을 갖춘 풍부한 환경이 필수적이라는 믿음을 강화시켰다. 분명히 이 가정은 사고 또는 가난이 창의성을 자극한다는 아이디어보다 상식에 더 호소하였다. 그러나 무언가가 더 필요하다.

또 다른 비교가 이것을 설명한다. 읽고 쓰는 능력은 선진국에 널리 퍼진 지능 도구이다. 대규모의 문맹인구를 가진 가난한 나라에서, 경제개발에 필요한 첫 번째 일 중의 하나는 노동자들에게 읽고 쓰는 능력을 갖추어 주는 것이다. 이것은 지능 전달수단이다. 돈은 사람들을 더 창조적이 되도록 해 주지 못한다. 그들은 가난에서 자신들의 가족을 먹여 살리고 살아남기 위해 이미 매우 창조적이다.

복잡하고, 고도로 발달한 사회에서, 빈곤은 분명 덜하지만, 비슷한 그림을 볼 수가 있다. 단순한 브레인스토밍을 위해 사람들에게 더욱 많은 시간과 돈을 투자함으로써 창조성을 개선하려고 노력하는 것은 경주의 승리를 위해 서투른 주자에게 연습할 시간과 돈을 투자하여 그를 마라토너로 바꾸어 보려고 노력하는 것과 같다.

창의성을 얻는 타고난 능력이 사람마다 다르다고 인식하는 대신에, 이 책에서 우리는 타고난 능력에 관계없이 누구나 사용할 수 있는 도구를 집중적으로 다루었다. 여러분은 새로운 도구를 사용하는 방법, 이상성을 증가시키는 규칙, 그리고 이상적 최종결과의 정의를 배웠다.

참고문헌

1. McGregor, D.: *The Human side of Enterprise*, McGraw-Hill, New York, 1960, 34.
2. Porter, M.A. and Stern, S., Innovation: Location Matters. *MIT Sloan Management Review*, Summer, 2001.

16 Chapter Sixteen

시작해 보자

트리즈는 작동한다. 이 책을 읽으면서 연습을 했다면, 당신은 문제에 대한 혁신적인 해결책을 찾고, 시스템의 진화를 이해하며, 아이디어를 더욱 빠르게 발전시키는 데 트리즈가 도움이 된다는 것을 알 것이다.

이 책에서는 트리즈의 그밖에 많은 다른 도구들을 포함시키지 않았는데, 왜냐하면 우리의 목적은 당신에게 트리즈를 빨리 사용하도록 도와주는 것이기 때문이다. 당신이 먼저 당신의 비즈니스와 개인 생활에서 실제문제에 트리즈 방법들을 적용함으로써 여기에 제시된 트리즈 방법들을 숙달하고 나면, 트리즈의 고급 도구를 더 배우고 싶어 할지도 모른다. 그러나 지금 더 많은 도구들을 배우려고 하지 말라고 충고하고 싶다. 이 장의 제목처럼, 시작해 보자.

질문이나 의견을 제시하려는 독자는 http://www.triz-journal.com/SimplifiedTRIZ/을 방문하기 바란다(본 역서에 대한 질문이나 의견은 http://www.sigmatriz.com/자료실-알기쉬운 트리즈 자료실을 이용). 여러분이 제시한 의견은 이 책의 개정판에서 도움을 줄 것이다. 그러나 시작하지 않았다면 질문하거나 이야기할 어떤 것도 갖지 못할 것이다.

Glossary

용어 해설

이 책의 목적 중의 하나는 용어를 가능한 간단하고 정확하게 정의하는 것이다. 오래된 트리즈 용어 일부를 새로운 용어들로 대체하였다. 예를 들면, "기술적 모순" 대신 "절충"으로 명명하였다. 용어들이 주제를 적절하게 잘 반영하는지와 일상생활에서 사용하는 언어 및 산업분야의 전문 언어와 잘 어울리는 지가 용어들을 선택하는 첫 번째 기준이다.

오래된 트리즈 용어와 조화는 두 번째로 고려하였다. 트리즈 공동체에서 사용하던 오래된 용어에 흥미가 있는 독자들은 페이(Fey)[1]와 사브란스키(Savransky)[2]가 제시한 용어 해설을 참조해야 할 것이다.

- 작용(Action): 한 요소가 다른 요소에 미치는 영향, 특히 도구가 대상에 미치는 영향
- 아리즈(ARIZ): 러시아 말인 "algorithm rezbenija izobretatelskib zadacob"의 약어. 영어 번역은 ASIP(algorithm for solving inventive problems)이다. 모순을 분석하고 해결하기 위해 이 단계별 길잡이는 알트슐러가 개발하였다. 알트슐러와 그의 팀은 1956년에서 1985년 사이에 여러

ems)이다. 모순을 분석하고 해결하기 위해 이 단계별 길잡이는 알트슐러가 개발하였다. 알트슐러와 그의 팀은 1956년에서 1985년 사이에 여러 가지 버전의 아리즈를 개발하였다.

- ASIP: 아리즈(ARIZ)를 참조
- 보조 자원(auxiliary resource): 고유 모순이 해결되도록 주 자원을 변경하는 자원
- 갈등(conflict): 모순 참조
- 모순(contradiction): 물체 또는 물체의 성질 사이의 대립. 두 종류의 모순이 있다.

  ① **절충**, 만약 무언가 좋은 것이 생기면, 무언가 나쁜 것도 생기는 상황. 또는 무언가 좋은 것이 더 좋아지면, 무언가 바람직하지 못한 것이 더 악화되는 상황

  ② **고유 모순**은 하나의 물체가 두 개의 반대 성질을 갖는 상황

- 융합(convolution): 유용한 특성과 기능은 유지하면서 시스템 내에 있는 부품과 작업의 수를 줄이는 것. 확장 참조
- 기술적 모순(engineering contradiction): 절충 참조
- 확장(Expansion): 유용한 특성과 기능이 증가하면서 시스템 내에 있는 부품과 작업의 수를 늘이는 것
- 특성(Feature): 시스템의 속성
- 장(Field):상호작용 참조
- 기능(Funtion): 기능이란 용어는 많은 의미를 갖는 확산된 개념이다.

  ① 작용과 작용의 대상물을 포함하는 상호작용(오토바이는 사람을 이동해 준다.)

  ② 작용의 목적(오토바이의 목적은 사람은 즐겁게 해 주는 것일 수 있다.)

  ③ 작용의 결과(오토바이는 소음과 배기가스를 발생시킨다.)

- 이상적 최종결과(IFR)

  ① 시스템과 그 환경 내에 있는 자원을 사용해서 모순을 제거하는 해결책

  ② 전문 용어를 사용하지 않고, 시스템의 이익을 달성하는 데 중점을 둔, 바람직한 결과의 서술

  ③ 대수학적으로 이상성 방정식에서 분모가 0에 가까워질 때 상황

이상성 = ∑이익/(∑비용+∑해로운 요소)

- 고유 모순(Inherent Contradiction): 한 물체가 두 개의 서로 반대 성질을 갖는 상황. 모순과 절충 참조
- 상호작용(Interaction): 시스템의 요소들이 서로 미치는 영향. 작용 참조
- 기구(Instrument): 도구 참조
- 모형(Model): 현상들과 문제들에 대해서 이상화한 간결한 서술. 모형은 관련된 부분과 부분들 사이의 연결을 포함하며 시스템의 진화를 설명한다.
- 대상(Object): 도구에 의해 영향을 받거나 작동되는 시스템의 요소
- 진화의 유형(Pattern of evolution): 시스템의 발전에서 발견되는 규칙. 시스템의 역사에서 연속적인 비슷한 사건의 반복
- 물리적 모순(Physical Contradiction): 고유 모순 참조
- 주 자원(Principal Resource): 고유 모순을 포함하는 가장 중요한 자원. 자원 참조
- 원리(Principle): 혁신 원리. 많은 산업에서 응용할 수 있는 일반적인 해결책. 가장 널리 유용하게 사용되는 해결책 집합은 40가지 발명원리 목록이다.
- 심리적 관성(Psychological inertia): 새로운 방법으로 생각하는 것에 대한 저항. 물리적 관성과 비슷하게, 생각이 힘에 의해 방해 받지 않는다면 똑같은 유형으로 지속한다.
- 자원(Resource): 시스템의 환경 내부나 환경 근처에 이미 존재하며, **모순**을 해결하고 **이상적 최종 결과**를 얻기 위해서 이용 가능한 사물, 정보, 에너지, 시간, 공간 또는 물질의 성질
- 표준해(Standard solution): 모순을 개선하고 제거하는 데 사용되는 시스템의 전형적인 변환. 알트슐러와 그의 팀은 76가지의 표준해결책을 개발하였다.
- 물질과 장 자원(Substance and field resource): 자원 참조
- 시스템(System): 분리된 대상들의 특성 또는 성질에 대해서 줄일 수 없는 특성과 성질을 갖는 그들 사이의 대상과 상호작용의 집합체. 대상 시스

템은 그들 사이의 상호작용 때문에 이들 대상의 합 이상이다. 도구와 대상이 상호작용하는 집합체

- 기술적 모순(Technical contradiction): 절충 참조
- TIPS: 트리즈 참조
- 도구(Tool): 대상에 영향을 주거나 작용하는 요소
- 절충(Tradeoff): 만약 무언가 좋은 것이 생기면, 무언가 나쁜 것도 생긴다. 또는 무언가 좋은 것이 더 좋아지면, 무언가 바람직하지 못한 것이 더 악화된다.
- 트리밍(Trimming): 융합 참조
- 트리즈(TRIZ): 발명문제 해결 이론(TIPS)을 뜻하는 러시아 약어 "teorija rezbenija izobretateskib zadacb"
- 인접개발영역(Zone of Proximal Development): 가능하지만 아직 개발되지 않은 해결책

참고문헌

1. Fey, V., TRIZ Glossary, *Izobretenia,* II, 15, 200.
2. Savransky, S.D., *Engineering of Creativity*, CRC, Boca Raton, 2000.

Tarnslator latter term

역자 후기

1999년 8월 <한국트리즈 연구회>가 결성되어, 몇 명 뜻있는 분들과 함께 용어도 채 익숙하지 못한 트리즈에 대해서 원서 번역으로 "이노베이션 알고리듬", "40가지 원리(그림으로 보는 발명과 문제 해결법)", "체계적인 이노베이션"을 차례로 번역, 출판하면서, 오늘에 이르렀다.

하지만 역자는 창의적 문제해결 이론이라는 이 분야의 마법에 걸려, 이번엔 "알기쉬운 트리즈(Simplified TRIZ)"를 번역 출판하게 되었다. 역자는 이런 일이 비록 비경제적이고 시간을 많이 쓰는 일 일지라도 마법을 풀어달라고 하고 싶지 않다. 왜냐하면 이런 책을 통해 창의적 문제해결을 원하는 많은 기업체, 개인들에게 조금이나마 도움을 드리고, 사적으로는 이 마법이 개인 발전의 이상성을 향상시킨다고 믿기 때문이다.

이 책에서 많은 트리즈 관련 용어가 색인을 통해 정리되었다. 이제 트리즈 용어 한글 표현은 대부분 정리되어 초기 연구회 활동 시에 느꼈던 혼란은 크게 줄어들었지만, 아직도 일부는 논쟁의 여지가 있다고 생각하며, 독자들의 지적을 기다리겠다.

기다리겠다.

이 책은 독자가 자신의 업무나 개인 문제에 사용할 수 있는 트리즈 각 도구용 템플릿을 제공하는데, 이것은 트리즈 교육이나 자습서로 적절하다는 생각이 든다. 특히 원저자는 아리즈(ARIZ), 표준해결책 등과 같이 초보자에게 복잡해 보이는 트리즈 도구(만약 독자가 이 책을 통해 트리즈를 배우고자 하는 열정을 얻는다면, 그러한 도구들은 나중에 공부해도 늦지 않다)를 피하면서, 기본 트리즈 도구 중심으로 알기 쉽게 트리즈를 설명하고자 노력하였다. 예를 들어 이 책은 트리즈의 기본 도구를 설명할 때 몇 가지 사례를 반복해서 사용함으로써 독자의 이해를 돕고자 노력하였다.

이 책의 초벌번역에 참여해준 한국트리즈협회 연구회 회원들에게 감사를 드리며, 그 명단을 본 글 아래 부분에 실었다. 그리고 역자는 2차, 3차 번역 교정에서, 원문에 충실히 하면서, 익숙하지 않은 용어를 쉽게 하고자 노력하였다. 하지만 잘못된 오역이나 틀린 내용이 있다면 모두 역자의 책임이다. 이 과정에 바쁜 회사 업무에서도 시간을 내 번역 원고 교정에 참여해준 윤기섭씨(휴비스)에게 고맙게 생각한다. 이 책의 출판권을 위해 노력해준 손기호씨(보잉사), 출판을 뒤늦게 선뜻 응해주고 최선을 다해준 인터비젼 유영선 사장과 송기수 전무께 감사를 드린다. 또한 한국의 과학발전을 위해 번역 출판에 지원을 해준 한국과학문화재단 측에도 감사하다.

마지막으로, 역자의 트리즈 마법이 풀리지 않아서 트리즈 관련 서적의 번역, 출판 작업을 계속하리라 다짐하면서, 이런 종류의 책을 통해서 알트슐러가 말한 강력한 사고력, 재능 사고를 얻어 우리 모두의 창의력이 일취월장되기를 강력히 희망한다.

역자 김병재, 박성균
2004년 12월

권혁홍(대진대학교 기계설계학과)
김만수(오라이언 시스워크(주))
김병재(명지대학교 산업시스템공학부)
김봉균(한국항공우주산업(주))
김원식(삼성 SDI)
박성균(한국 아이템 개발)
박영수(럭스 컨설팅)
유승현(아주대학교 기계공학부)
이경원(한국산업기술대 기계설계공학과)
이영욱(서초고등학교)
이용규(한국 아이템 개발)
정진하(한국 생산 기술 연구소)
조승호(서울 공업고등학교)
주재만(광주 과학기술원)

Index

찾아보기

– ㅂ –

– ㅅ –

– ⓞ –

- ㉨ -

– ㉧ –

창의적문제해결이론
알기쉬운 트리즈

2022년 8월 1일 3쇄 발행

저 자 김병재, 박성균
발 행 인 송기수
발 행 처 도서출판 GS인터비전
편 집 처 도서출판 GS인터비전
인 쇄 트윈벨미디어
등록번호 제 25100-2016-000050 호
I S B N 978-89-97231-56-0(93500)

주 소 서울 은평구 증산로15길 69, 2층
전 화 02-976-7898
팩 스 02-6468-7898
홈페이지 gsintervision.co.kr
E-Mail gsinter7@gmail.com

정가 25,000원